"在实践中成长"丛书

U0286126

Java 8 基础应用与开发

（第2版）微课版

周清平 钟键 黄云 覃遵跃
QST青软实训　　编著

清华大学出版社
北京

内容简介

本书深入介绍了 Java 基础编程的相关内容，主要涵盖 Java 概述、Java 语言基础、面向对象基础、Java 常用的核心类、类之间的关系、接口、抽象类、异常、泛型与集合。书中所有代码都是在 Java 8 环境下调试运行的，并对 Java 8 的一些新特性进行了全面介绍。

本书由浅入深对 Java SE 技术进行了系统讲解，并且重点突出，强调动手操作能力，以一个项目贯穿所有章节的任务实现，使得读者能够快速理解并掌握各项重点知识，全面提高分析问题、解决问题以及编码的能力。

本书适用面广，可作为高等院校、培训机构的 Java 教材，适用于计算机科学与技术、软件外包、计算机软件、计算机网络、电子商务等专业的程序设计课程的教材。本书适合各种层次的 Java 学习者和工作者阅读。

图书在版编目(CIP)数据

Java 8 基础应用与开发：微课版/周清平等编著. —2 版. —北京：清华大学出版社，2018(2022.12重印)
("在实践中成长"丛书)
ISBN 978-7-302-50356-9

Ⅰ. ①J… Ⅱ. ①周… Ⅲ. ①JAVA 语言—程序设计 Ⅳ. ①TP312.8

中国版本图书馆 CIP 数据核字(2018)第 117660 号

责任编辑：刘 星
封面设计：刘 键
责任校对：时翠兰
责任印制：宋 林

出版发行：清华大学出版社
   网 址：http://www.tup.com.cn，http://www.wqbook.com
   地 址：北京清华大学学研大厦 A 座   邮 编：100084
   社 总 机：010-83470000   邮 购：010-62786544
   投稿与读者服务：010-62776969，c-service@tup.tsinghua.edu.cn
   质量反馈：010-62772015，zhiliang@tup.tsinghua.edu.cn
   课件下载：http://www.tup.com.cn，010-83470236
印 装 者：北京嘉实印刷有限公司
经 销：全国新华书店
开 本：185mm×260mm 印 张：22.5   字 数：546 千字
版 次：2015 年 6 月第 1 版 2018 年 9 月第 2 版 印 次：2022 年 12 月第 7 次印刷
印 数：15501～16500
定 价：69.00 元

产品编号：077941-01

序言

一、为什么要写本书

习近平总书记强调："我们对高等教育的需要比以往任何时候都更加迫切，对科学知识和卓越人才的渴求比以往任何时候都更加强烈。"软件技术是新科技的核心，软件产业是新经济的基石，培养并造就大量具有融合创新能力的软件新工科人才是高等工程教育改革的重要起点和终极目标。随着世界新科技、新产业、新模式、新业态的迅猛发展，为适应"创新驱动发展""互联网＋"等一系列国家重大发展战略的迫切需要，新一轮科技革命和产业变革呼唤软件新工科人才，在这种大背景下，如何快速地学习和掌握一种主流的软件技术并能做到学以致用，是我们编写"在实践中成长"丛书的目的和初衷。

吉首大学与 QST 青软实训以"立德树人"为引领，以《"三育人五对接"产学深度融合培养高素质软件工程人才的探索与实践》（该成果获 2015 年湖南省高等教育教学成果一等奖）专业综合改革工程为依托，在软件新工科的前期探索中做了许多具有前瞻性的有益尝试。本书就是由吉首大学优秀教学团队和 QST 青软实训雄厚的技术专家团队合作编写完成的。校企双方联合成立了教材编写委员会，他们深入产业一线，贴近生产实际，紧跟新科技发展前沿，把握主流技术，遵循新工科教学规律，在编写上突破了传统章节型，推行项目化教学新理念，以新知识、新案例、真实项目为突破口，不断更新教材知识体系和能力训练点，进而以教材为蓝本，创新教学方法和模式，将研讨式"翻转课堂"与"游泳池"（强化项目实战）课程实训新模式有机结合，既有效提高了教材的使用效率，又使学习者巩固深化专业知识，锤炼软件思维，强化技术应用能力，丰富项目管理经验，塑造创新精神，更提升了学习者分析和解决复杂工程问题和社会实际问题的能力。

本书是在吉首大学"高等学校软件工程专业校企深度合作系列实践教材"和 QST 青软实训"在实践中成长"丛书基础上，结合教学改革和新科技革命的最新成果，集中展示校企深度合作成效的一项重要成果，也是产教融合开展新工科建设的一次成功探索。

二、配套资源及服务

QST 青软实训还设计并研发了一系列完整的教学服务产品：

- 教材 PPT、教学大纲、课后习题答案：请到清华大学出版社网站本书页面下载。
- 教学视频、示例源代码：扫描书中二维码观看视频或下载代码（**注意：第一次观看视频或下载代码时，请扫描封四刮刮卡中的二维码进行注册，注册之后即可获取相关资源**）。
- 教学指导手册、实验手册、课程实训手册、企业级项目实战手册：请联系作者获取或购买。

本书代码下载

· 实验设备：请联系作者购买。

建议读者同时订阅本书配套实验手册，实验手册中的项目与教材相辅相成，实验项目均符合各自相关的开发规范，突出了思维训练和实践训练。实验手册中的每个实验提供知识点回顾、功能描述、实验分析以及详细实现步骤，读者可以参照实验手册循序渐进地学习软件项目的开发方法和工具，提升工程实践能力和软件科技创新能力。

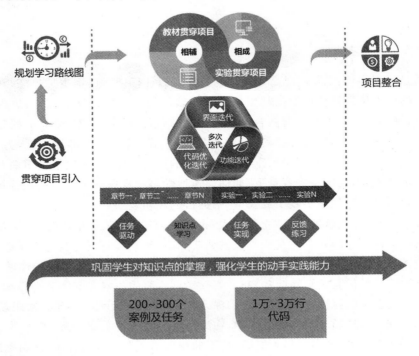

三、U＋新工科教育云(www.eec-cn.com)

QST 青软实训致力于成为产教融合的引领者，在与高校的深度合作中，不断进行课程体系的改革和教学模式的创新。青软实训自主研发"U＋新工科教育云"平台，探索信息化教学模式，深化产教融合的发展。

"U＋新工科教育云"面向高校提供内容、平台及服务的综合解决方案，集教育理念、工程实践为一体，深度嵌入企业级开发平台，通过信息技术与教育教学深度融合，让教学更加简单，人才培养更加高效。

"U＋新工科教育云"深入贯彻了现代工程教育理念，通过线上教育与线下教育的有机结合，实现平台化智慧教学、工程场景和流程的全周期体验，特征如下：

· 高效率：提供数字化教学工具，提高教学效率；提供网络化教学手段，提高学习效率；支持课程资源迭代更新，提高资源利用率。

· 多场景：支持理论课、课程实训课和综合实践课的多场景教学；支持云上教学、云上测验、云上评价和在线毕业设计等。

· 多协同：支持师生互动交流；支持移动学习。

· 高智能：支持智能化辅助教学；支持多维度过程监控；支持全方位质量分析。

目前，"U＋新工科教育云"平台针对课前预习、课中教、学、练和课后复习、自学等教学环节进行设置,提供测试考核、练习实践、讨论答疑、作业批改等教学活动,主要功能包括:教学过程管理、课程内容管理、学生学习管理、考核评价和数据分析。"U+新工科教育云"内容包括软件工程专业课程和企业特色课程两部分,涵盖了移动互联网、云计算、大数据、游戏开发、互联网开发技术、企业级软件开发、嵌入式、物联网及编程基础等领域的课程。

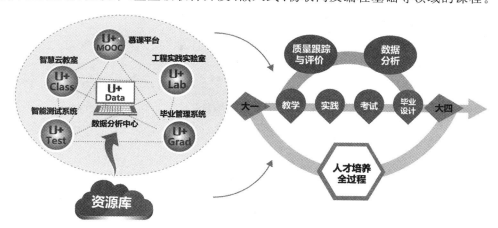

四、致谢

在本书出版之际,特别感谢吉首大学软件学院优秀教学团队和QST青软实训技术专家队伍给予我们的大力支持和帮助。

此外,QST青软实训10 000多名学员也参与了本书的试读工作,并从初学者角度提供了许多宝贵意见,在此一并表示感谢。

在本书写作过程中,由于时间及水平上的原因,可能存在不当之处,敬请读者提出宝贵意见。我们也真诚地希望能与读者共同交流、共同成长,期待再版时能日臻完善。

联系方式:

吉首大学软件学院:http://rjxy.jsu.edu.cn/
QST青软实训:www.itshixun.com
E-mail:QST_book@itshixun.com
锐聘学院在线教育平台:www.moocollege.cn
锐聘学院教材丛书资源网:book.moocollege.cn
U+新工科教育云:www.eec-cn.com

联系电话:0744-8020008
400电话:400-658-0166

周清平
2018年1月

本书不是一本简单的 Java 入门教材,不是知识点的铺陈,而是致力于将知识点融入实际项目的开发中。编写 Java 技术的入门教材,最困难的事情是将一些复杂、难以理解的编程思想让初学者能够轻松理解并快速掌握。本书对每个知识点都进行了深入分析,针对知识点在语法、示例、代码及任务实现上进行阶梯式层层强化,让读者对知识点从入门到灵活运用一步一步脚踏实地进行。

本书的特色是采用一个"Q-DMS 数据挖掘"项目,将所有章节重点技术进行贯穿,每章项目代码层层迭代、不断完善,最终形成一个完整的系统。通过贯穿项目以点连线,多线成面,使得读者能够快速理解并掌握各项重点知识,全面提高分析问题、解决问题以及动手编程的能力。

1. 项目简介

Q-DMS 数据挖掘项目是一个基于 C/S(Client/Server,客户/服务器)架构的系统,由 Q-DMS 客户端和 Q-DMS 服务器端两部分组成:

- Q-DMS 客户端作为系统的一部分,其主要任务是对数据进行采集、分析和匹配,并将匹配成功的数据发送到 Q-DMS 服务器端,同时将匹配成功和未成功的数据分别保存到不同的日志文件中。
- Q-DMS 服务器端用于接收 Q-DMS 客户端发送来的数据,并将数据保存到数据库中,同时将数据归档到文本文件中。Q-DMS 服务器端对接收的数据提供监控和查询功能。

Q-DMS 数据挖掘项目可以对多种数据类型进行采集,例如日志数据信息的采集、物流数据信息的采集等,多种数据信息都是基于继承关系的。

2. 贯穿项目模块

Q-DMS 贯穿项目中所有模块的实现都穿插在本书和《Java 8 高级应用与开发》的所有章节中,每个章节在前一章节的基础上进行任务实现,对项目逐步进行迭代、升级,最终形成一个完整的项目,并将 Java 课程重点技能点进行强化应用。其中,本书基于 DOS 菜单驱动模式完成数据采集、数据匹配以及数据显示功能模块的实现,《Java 8 高级应用与开发》基于 Swing GUI 图形界面用户事件交互模式完成所有剩余模块。

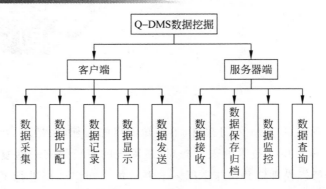

除此之外,我们还提供与本书配套的实验手册,供学生实验课使用,便于学生对知识的应用进行巩固和升级。实验手册中的贯穿项目与教材中的贯穿项目是并行的,两个项目模块之间是对应一致的,如下图所示。

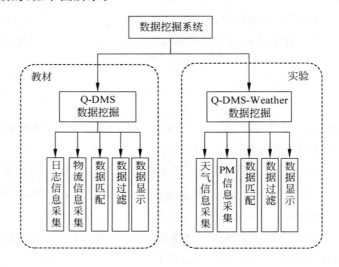

3. 基础章节任务实现

章	目 标	贯穿任务实现
第1章 Java 概述	项目搭建	【任务 1-1】创建 Q-DMS 项目,搭建项目目录层次
第2章 Java 语言基础	菜单驱动	【任务 2-1】使用循环语句实现菜单驱动,当用户选择 0 时退出应用 【任务 2-2】使用数组存储采集的整数数据 【任务 2-3】显示采集的数据,要求每行显示 5 个
第3章 面向对象基础	日志数据信息采集	【任务 3-1】实现日志实体类,日志信息用于记录用户登录及登出状态 【任务 3-2】创建日志业务类,实现日志数据的信息采集及显示功能 【任务 3-3】创建一个日志测试类,演示日志数据的信息采集及显示

章	目　　　标	贯穿任务实现
第 4 章 核心类	物流数据信息采集	【任务 4-1】编写物流信息实体类 【任务 4-2】创建物流业务类,实现物流数据的信息采集及显示功能 【任务 4-3】创建一个物流测试类,演示物流数据的信息采集及显示
第 5 章 类之间的关系	使用继承重构数据采集业务	【任务 5-1】编写基础信息实体类 【任务 5-2】使用继承重构日志、物流实体类,并测试运行 【任务 5-3】编写日志数据匹配类,对日志实体类数据进行匹配 【任务 5-4】编写物流数据匹配类,对物流实体类数据进行匹配
第 6 章 抽象类和接口	使用接口和抽象类实现数据分析和过滤	【任务 6-1】创建数据分析接口 【任务 6-2】创建数据过滤抽象类 【任务 6-3】编写日志数据分析类和物流数据分析类 【任务 6-4】编译一个测试类测试日志、物流数据的分析
第 7 章 异常	增加异常处理	【任务 7-1】菜单驱动增加异常处理,以防用户输入不合法的菜单 【任务 7-2】日志和物流数据采集增加异常处理,以防用户输入不合法的数据 【任务 7-3】自定义数据分析异常类,数据分析处理过程中抛出自定义异常
第 8 章 泛型与集合	使用泛型集合对数据采集、过滤分析以及输出功能进行迭代升级	【任务 8-1】使用泛型集合迭代升级数据分析接口和数据过滤抽象类 【任务 8-2】使用泛型集合迭代升级日志数据分析类 【任务 8-3】使用泛型集合迭代升级物流数据分析类 【任务 8-4】在日志和物流业务类中增加显示泛型集合数据的功能 【任务 8-5】使用泛型集合迭代升级主菜单驱动并运行测试

　　本书由吉首大学的周清平负责全书统稿,钟键、黄云、覃遵跃参与编写,QST 青软实训教育研究院的老师参与本书部分章节和部分项目案例的编写和审核工作。作者均已从事计算机教学和项目开发多年,拥有丰富的教学和实践经验。由于作者水平和时间有限,书中疏漏和不足之处在所难免,恳请广大读者及专家不吝赐教。

　　本书相关资源的获取方式请参阅序言。

编者

2018 年 1 月

章节学习路线图

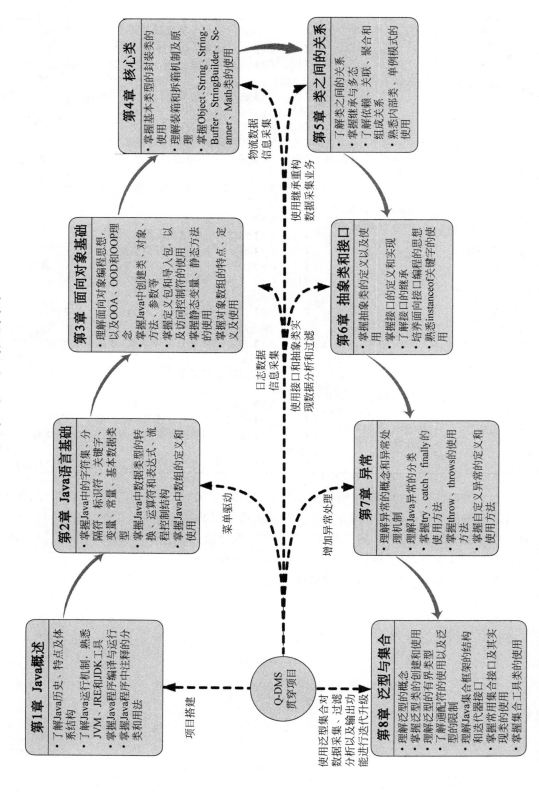

第1章 Java概述
- 了解Java历史、特点及体系结构
- 了解Java运行机制，熟悉JVM、JRE和JDK工具
- 掌握Java程序编译与运行
- 熟悉Java程序中注释的分类及用法

第2章 Java语言基础
- 掌握Java中的字符集、分隔符、标识符、关键字、变量、常量、基本数据类型
- 掌握Java中数据类型的转换、运算符和表达式、流程控制结构
- 掌握Java中数组的定义和使用

第3章 面向对象基础
- 理解面向对象编程思想，以及OOA、OOD和OOP理念
- 掌握Java中创建类、对象、方法、参数等
- 掌握定义包和导入包，以及访问控制符的使用
- 掌握静态变量、静态方法的使用
- 掌握对象数组的特点、定义及使用

第4章 核心类
- 掌握基本类型的封装类的使用
- 理解装箱和拆箱机制及原理
- 掌握Object、String、String-Buffer、StringBuilder、Sc-anner、Math类的使用

第5章 类之间的关系
- 了解类之间的关系
- 掌握类继承与多态、聚合和组成关系
- 了解依赖关系、关联、单例模式的使用
- 熟悉类内部类的使用

第6章 抽象类和接口
- 掌握抽象类的定义和实现
- 掌握接口的定义和实现
- 了解接口的继承
- 培养面向接口编程的思想
- 熟悉instanceof关键字的使用

第7章 异常
- 理解异常的概念和异常处理机制
- 理解Java异常的分类
- 掌握try、catch、finally的使用方法
- 掌握throw、throws抛出的使用方法
- 掌握自定义异常的定义和使用方法

第8章 泛型与集合
- 理解泛型集的概念
- 掌握泛型类的创建和使用
- 理解泛型的有界类型
- 了解通配符的使用以及泛型的限制
- 理解Java集合框架的结构和类代码接口
- 掌握常用集合的使用
- 现实数据升级
- 掌握集合工具类的使用

项目搭建

Q-DMS
贯穿项目

菜单驱动

增加异常处理

使用泛型集合对
数据采集、过滤
分析以及输出以及
能进行迭代升级

日志数据
信息采集
使用接口和抽象类实
现数据分析和过滤

物流数据
信息采集
使用继承重构
数据采集业务

目 录

第3章　面向对象基础 ⋯⋯⋯⋯⋯⋯⋯⋯⋯⋯⋯⋯⋯⋯⋯⋯⋯⋯⋯ 78

视频讲解：12个，共135分钟

第 6 章　抽象类和接口 ································· 197

视频讲解：6 个，共 45 分钟

第7章　异常 ……………………………………………………………………… 225

视频讲解：5 个，共 45 分钟

第 8 章　泛型与集合 ·· 255

视频讲解：10 个,共 115 分钟

第1章

Java概述

任务驱动

任何语言的开发都从环境入手,本章任务是完成"Q-DMS 数据挖掘"系统的环境搭建:
- 【任务 1-1】 创建 Q-DMS 项目,搭建项目目录层次。

学习路线

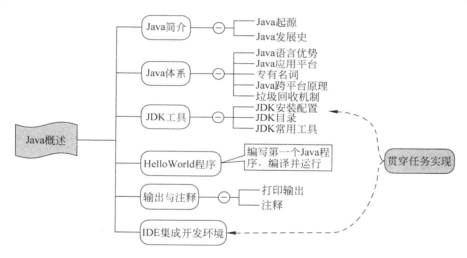

本章目标

知 识 点	Listen(听)	Know(懂)	Do(做)	Revise(复习)	Master(精通)
Java 简介	★				
Java 体系	★	★			
JDK 安装配置	★	★	★		
HelloWorld 程序	★	★	★	★	☆
输出与注释	★	★	★	★	
IDE 集成开发环境	★	★	★		

1.1 Java 简介

Java 是一种可用于编写跨平台应用软件的、面向对象的程序设计语言，是十几年来被广泛应用的编程语言。同时，Java 也是 Java SE、Java EE、Java ME 三种平台的总称。Java 是由 Sun Microsystems 公司于 1995 年 5 月推出的，在当时复杂的计算环境和软件变革时期，这个面向对象的全新程序设计语言几乎在一夜之间就成为软件产业的新宠儿。"Write Once, Run Anywhere(一次编写，到处运行)"的特点使 Java 广泛应用于个人 PC、数据中心、游戏控制台、科学超级计算机、移动电话和互联网等不同的媒介。Java 具有卓越的通用性、高效性、平台移植性和安全性，为其赢得和积累了大量的爱好者和专业社群组织。

视频讲解

从某些层面讲，Java 已经超出了编程语言和平台的范畴，可以理解为一种服务、一类标准，甚至是一种开源自由的思想。

1.1.1 Java 起源

Java 来自于 Sun 公司的一个"绿色项目(Green Project)"，其原本是为家用消费电子产品开发的一个分布式代码系统，目标是把 E-mail 发给电冰箱、电视机等家用电器，对这些电器进行控制以及信息交流。詹姆斯·高斯林(James Gosling)加入到该项目小组，项目小组准备采用 C++，但 C++太复杂，且安全性差，最后高斯林用 C++开发了一种新的语言 Oak(橡树)，以他办公室外的橡树命名，这就是 Java 的前身。Oak 也曾被 Sun 公司用于投标一个交互式电视项目，但结果失败，后来转战进军 Internet。在 1994 年 Oak 被正式更名为 Java，1995 年 5 月在 Sun World 大会上第一次公开发布，得到了广泛的好评。

詹姆斯·高斯林也被人们亲切地称为"Java 之父"。

1.1.2 Java 发展史

从 1995 年 Java 诞生以来，Java 先后经历 8 个版本的变更，当然版权的所有者也由 Sun 公司变为了 Oracle 公司。表 1-1 列出 Java 发展过程中几个重要的里程碑。

表 1-1　Java 发展史

日　　期	版本号	说　　明
1995 年 5 月 23 日	—	Java 语言诞生
1996 年 1 月	JDK 1.0	第一个 JDK 1.0 诞生，还不能进行真正的应用开发
1998 年 12 月 8 日	JDK 1.2	企业平台 J2EE 发布，成为里程碑式的产品，性能提高，有完整的 API
1999 年 6 月	Java 三个版本	标准版(J2SE)，企业版(J2EE)，微型版(J2ME)
2000 年 5 月 8 日	JDK 1.3	JDK 1.3 发布，对 1.2 版进行改进，扩展标准类库
2000 年 5 月 29 日	JDK 1.4	JDK 1.4 正式发布，提高系统性能，修正一些 Bug
2001 年 9 月 24 日	J2SE 1.3	J2SE 1.3 正式发布
2002 年 2 月 26 日	J2SE 1.4	计算能力有了大幅提升

续表

日 期	版本号	说 明
2004 年 9 月 30 日	J2SE 5.0	Java 语言发展史上的重要里程碑,从该版本开始,增加了泛型类、for-each 循环、可变元参数、自动打包、枚举、静态导入和元数据等技术,为了表示该版本的重要性,J2SE 1.5 更名为 Java SE 5.0
2005 年 6 月	Java SE 6.0	发布 Java SE 6.0,此时 Java 的各种版本已更名,取消数字 2,分别更名为 Java EE、Java SE、Java ME
2006 年 12 月	JRE 6.0	Sun 公司发布 JRE 6.0
2009 年 4 月 20 日	—	Oracle 公司以 74 亿美元收购 Sun,获得 Java 版权
2011 年 7 月 28 日	Java SE 7.0	Oracle 公司发布 Java SE 7.0 正式版
2014 年 3 月	Java SE 8.0	又一里程碑,Oracle 公司发布 Java SE 8.0,增加 Lambda、Default Method 等新特性

1.2 Java 体系

1.2.1 Java 语言优势

与其他编程语言相比,Java 具有如下几个方面的语言优势。

1. 资源免费

Java 技术虽然最初由 Sun 公司开发,但是 Java Community Process(JCP,一个由全世界的 Java 开发人员和获得许可的人员组成的开放性组织)可以对 Java 技术规范、参考实现和技术兼容性包进行开发和修订。虚拟机和类库的源代码都可以免费获取,但只能够查阅,不能修改和再发布。

2. 跨平台

Java 是一种与平台无关的语言,它可以跨越各种操作系统、硬件平台以及可移动和嵌入式部件,其源代码被编译成一种结构中立的中间文件(.class,字节码)在 Java 虚拟机上运行。

3. 健壮、安全

Java 一直致力于程序的可靠性和健壮性,并投入了大量的精力进入早期的问题检测和后期的动态(运行时)检测。Java 是一种强类型的语言,其类型检查比 C++ 还要严格,其编译器能够检测出许多在其他语言运行时才能够检测出来的问题。在安全性方面,Java 从一开始就被设计成能够防范各种攻击,包括禁止运行时堆栈溢出(蠕虫等病毒常用的攻击手段)、禁止在自己的处理空间之外破坏内存、未经授权禁止读写文件等,并在不断地完善升级,避免病毒干扰。

4. 高性能

Java 是解释执行的,其速度和其他基于编译器的语言(C 和 C++)相当。为了提高执行速度,Java 引入 JIT(Just In Time,即时)编译技术,可以对执行过程进行优化,如监控经常执行的代码并进行优化、保存翻译过的机器码、消除函数调用(内嵌)等,以加快程序的执行速度。事实上,与其他解释型的高级脚本语言相比,Java 的运行速度随着 JIT 编译器技术的发展越来越接近于 C++。

5. 简单

Java 语言简单易学、使用方便,编程风格类似于 C++,而且摒弃了 C++ 中容易引发程序错误的一些特性,如指针、结构等,语法结构更加简洁统一。在内存管理方法上,Java 提供垃圾内存回收机制,自己负责内存的回收,有效地避免了 C++ 中内存泄漏的问题。Java 还提供了丰富的类库,使开发人员不需要懂得底层的工作原理就可以实现应用开发。

6. 面向对象

Java 是一种完全面向对象的语言,基于对象的编程更符合人的思维模式和编写习惯,已经成为主流的程序设计方式。Java 语言支持继承、重载、多态等面向对象的特性。

7. 动态性

Java 的动态特性是其面向对象设计方法的扩展。Java 允许程序动态地装入运行过程中所需要的类,这是采用 C++语言进行面向对象程序设计所无法实现的。

8. 多线程

Java 内置了对多线程的支持,提供了用于同步多个线程的解决方案。相对于 C/C++,使用 Java 编写多线程应用程序变得更加简单,这种对多线程的内置支持使交互式应用程序能在 Internet 上顺利运行。

1.2.2 Java 应用平台

1999 年,在美国旧金山的 Java One 大会上,Sun 公司公布了 Java 体系架构,该架构根据不同级别的应用开发划分了三个版本:
- Java SE(Java Standard Edition,Java 标准版);
- Java EE(Java Enterprise Edition,Java 企业版);
- Java ME(Java Micro Edition,Java 微型版)。

Java 应用平台如图 1-1 所示。

Java 三个平台应用于不同方向,其中:
- Java SE 是 Java 技术的基础,适用于桌面系统应用程序(Application)、网页小程序(Applet)以及服务器程序的开发。Java SE 主要包括 Java 语言核心技术和应用,如数据库访问、I/O、网络编程、多线程等。
- Java EE 是企业级解决方案,支持开发、部署和管理等相关复杂问题的体系结构,主

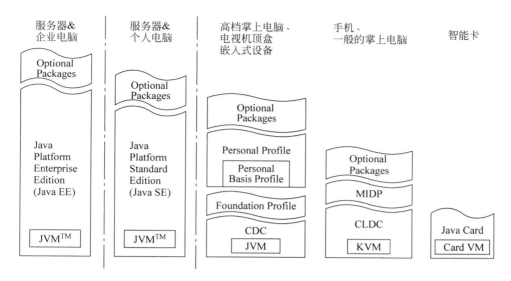

图 1-1 Java 应用平台

要用于分布式系统的开发、构建企业级的服务器应用,例如电子商务网站、ERP 系统等。Java EE 在 SE 基础上定义了一系列的服务、API 和协议等,如 Servlet、JSP、RMI、EJB、Java Mail、JTA 等。

- Java ME 是各版本中最小的,是在 SE 基础上进行裁剪和高度优化,目的是在小型的受限设备上开发和部署应用程序,如手机、PDA、智能卡、机顶盒、汽车导航或家电系统等。Java ME 遵循微型开发规范和技术,如 MIDLet、CLDC、Personal Profile 等。

1.2.3 专有名词

1. JDK

JDK(Java Development Kit,Java 开发工具包)是 Sun 公司提供的一套用于开发 Java 程序的开发工具包。JDK 提供编译、运行 Java 程序所需的各种工具及资源,包括 Java 开发工具、Java 运行环境以及 Java 的基础类库。

2. JRE

JRE(Java Runtime Environment,Java 运行环境)是运行 Java 程序所依赖的环境的集合,包括类加载器、字节码校验器、Java 虚拟机、Java API。JRE 已包含在 JDK 中,但是如果仅仅是为了运行 Java 程序,而不是从事 Java 开发,可以直接下载、安装 JRE。

3. JVM

JVM(Java Virtual Machine,Java 虚拟机)是一个虚构出来的计算机,通过在实际的计算机上仿真模拟各种计算机功能来实现。Java 虚拟机有自己完善的硬件架构,如处理器、堆栈、寄存器等,还具有相应的指令系统。Java 虚拟机屏蔽了与具体操作系统平台相关的信息,只需将 Java 语言程序编译成在 Java 虚拟机上运行的目标代码(.class,字节码),就可以在多种平台上不加修改地运行。Java 虚拟机在执行字节码时,实际上最终还是把字节码解释成具体平台上的机器指令执行。

4. SDK

SDK(Software Development Kit,开发工具包)在 1.2 版本到 1.4 版本时被称为 Java SDK,在某些场合下,还可以看到这些过时的术语。

JVM、JRE 和 JDK 三者有非常紧密的关系,从范围上讲是从小到大的关系,如图 1-2 所示。因此,在计算机上安装 JDK 时,会同时将 JRE 和 JVM 安装到计算机中。

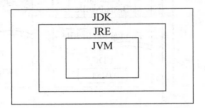

图 1-2　JVM、JRE 和 JDK 的关系

1.2.4　Java 跨平台原理

JVM 在具体的操作系统之上运行,其本身具有一套虚拟机指令,但它通常是在软件上而不是在硬件上实现。JVM 形成一个抽象层,将底层硬件平台、操作系统与编译过的代码联系起来。Java 字节码的格式通用,具有跨平台特性,但这种跨平台建立在 JVM 的基础之上,只有通过 JVM 处理后才可以将字节码转换为特定机器上的机器码,然后在特定的机器上运行。JVM 跨平台原理示意图如图 1-3 所示。

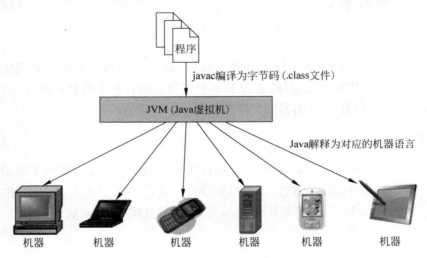

图 1-3　JVM 跨平台原理示意图

JVM 使 Java 程序具有"一次编译、随处运行"的特性,如图 1-4 所示。

- 首先,Java 编译器将 Java 源程序编译成 Java 字节码;
- 其次,字节码在本地或通过网络传送给 JVM;

图 1-4　Java 程序运行机制

- 再次,JVM 对字节码进行即时编译或解释执行后形成二进制的机器码;
- 最后,生成的机器码可以在硬件设备上直接运行。

JVM 执行时将在其内部创建一个运行时环境,每次读取并执行一条 Java 语句会经过三个过程:装载代码、校验代码、执行代码,如图 1-5 所示。

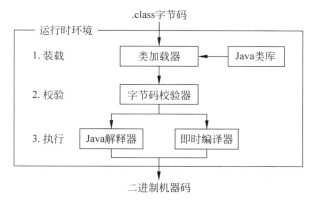

图 1-5　JVM 运行过程

Java 字节码有两种执行方式:

- 解释执行方式。JVM 通过解释器将字节码逐条读入,逐条解释翻译成对应的机器指令。很显然,这种执行方式虽灵活但执行速度会比较慢。为了提高执行速度,引入了 JIT 编译技术。
- 即时编译方式(即 JIT 编译)。当 JIT 编译启用时(默认是启用的),JVM 将解释后的字节码文件发给 JIT 编译器,JIT 编译器将字节码编译成本机机器代码,并把编译过的机器码保存起来,以备下次使用。为了加快执行速度,JIT 目前只对经常使用的热代码进行编译。

通常采用的是解释执行方式。由于 JVM 规格描述具有足够的灵活性,使得将字节码翻译为机器代码的工作具有较高的效率。对于那些对运行速度要求较高的应用程序,解释器可将 Java 字节码即时编译为机器码,从而很好地保证了 Java 代码的可移植性和高性能。

1.2.5　垃圾回收机制

"垃圾回收"(Garbage Collection,GC)就是清理不再使用的对象,释放内存空间。与传统的编程语言(C/C++)不同,Java 程序的内存分配和回收都是由 JRE 在后台自动进行的,不需要程序员控制。

垃圾回收有如下几个特点：

- 内存优化。垃圾回收机制的工作目标是回收无用对象并释放内存空间。事实上，除了释放没用的对象，垃圾回收也可以清除内存记录碎片。
- 动态回收。垃圾回收是一种动态存储管理技术，它自动识别不再被程序引用的对象，并回收。为了更快地让垃圾回收机制工作，可以通过将该对象的引用变量设置为 null，以此暗示垃圾回收机制可以回收该对象。
- 回收的不确定性。垃圾回收一般都是在 CPU 空闲或者内存不足时自动进行的，而程序员无法精确控制垃圾回收的时间和顺序，虽然程序员可以通过调用对象的 finalize()方法或 system.gc()等方法来建议系统进行垃圾回收，但这种调用仅仅是建议，依然不能精确控制垃圾回收的执行时间。
- 占用系统开销。JRE 会使用后台线程来进行检测和控制垃圾回收，其潜在缺点是它的开销影响程序性能；JVM 采用了不同的垃圾回收机制和回收算法以减少对系统的影响。

1.3 JDK 工具

"工欲善其事，必先利其器"。在开发的第一步，必须搭建起开发环境。本书以最新版本的 Java SE Development Kit 8 在 Windows 操作系统的下载、安装与配置作为范例，讲解整个 Java 开发环境的安装及配置过程。

1.3.1 JDK 安装配置

下述内容分步骤实现 JDK 下载、安装及配置。

【步骤 1】 下载 JDK

进入 Oracle 官方网站可以下载最新版本的 JDK。

视频讲解

```
Oracle 官方网站 http://www.oracle.com
JDK 8 的下载地址 http://www.oracle.com/technetwork/java/javase/downloads/
                jdk8 - downloads - 2133151.html
```

JDK 8 的下载界面如图 1-6 所示。

下载 JDK 8 的 Windows x86 版本，即 jdk-8u5-windows-i586.exe 文件，如图 1-7 所示。

注意　由于不同版本的下载地址会经常发生变化，最有效的方法是访问官方网站，通过导航找到下载界面；如果是 64 位操作系统，则下载对应的"x64"版本。

【步骤 2】 安装 JDK

运行 JDK 的安装文件，如图 1-8 所示。

单击"下一步"按钮，出现如图 1-9 所示的对话框。

单击"下一步"按钮进行安装，安装完成后界面如图 1-10 所示。

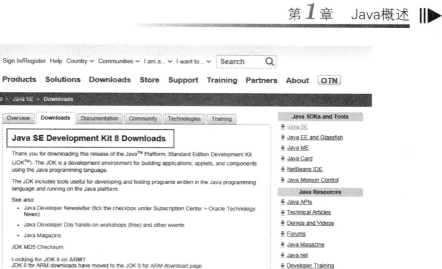

图 1-6　JDK 8 下载界面

Java SE Development Kit 8u5

You must accept the Oracle Binary Code License Agreement for Java SE to download this software.

○ Accept License Agreement　　◉ Decline License Agreement

Product / File Description	File Size	Download
Linux x86	133.58 MB	⬇ jdk-8u5-linux-i586.rpm
Linux x86	152.5 MB	⬇ jdk-8u5-linux-i586.tar.gz
Linux x64	133.87 MB	⬇ jdk-8u5-linux-x64.rpm
Linux x64	151.64 MB	⬇ jdk-8u5-linux-x64.tar.gz
Mac OS X x64	207.79 MB	⬇ jdk-8u5-macosx-x64.dmg
Solaris SPARC 64-bit (SVR4 package)	135.68 MB	⬇ jdk-8u5-solaris-sparcv9.tar.Z
Solaris SPARC 64-bit	95.54 MB	⬇ jdk-8u5-solaris-sparcv9.tar.gz
Solaris x64 (SVR4 package)	135.9 MB	⬇ jdk-8u5-solaris-x64.tar.Z
Solaris x64	93.19 MB	⬇ jdk-8u5-solaris-x64.tar.gz
Windows x86	151.71 MB	⬇ jdk-8u5-windows-i586.exe
Windows x64	155.18 MB	⬇ jdk-8u5-windows-x64.exe

Java SE Development Kit 8u5 Demos and Samples Downloads

Java SE Development Kit 8u5 Demos and Samples Downloads are released under the Oracle BSD License.

Product / File Description	File Size	Download
Linux x86	52.66 MB	⬇ jdk-8u5-linux-i586-demos.rpm
Linux x86	52.65 MB	⬇ jdk-8u5-linux-i586-demos.tar.gz
Linux x64	52.72 MB	⬇ jdk-8u5-linux-x64-demos.rpm
Linux x64	52.7 MB	⬇ jdk-8u5-linux-x64-demos.tar.gz
Mac OS X	53.42 MB	⬇ jdk-8u5-macosx-x86_64-demos.zip
Solaris SPARC 64-bit	12.15 MB	⬇ jdk-8u5-solaris-sparcv9-demos.tar.Z
Solaris SPARC 64-bit	8.29 MB	⬇ jdk-8u5-solaris-sparcv9-demos.tar.gz
Solaris x64	12.2 MB	⬇ jdk-8u5-solaris-x64-demos.tar.Z
Solaris x64	8.24 MB	⬇ jdk-8u5-solaris-x64-demos.tar.gz
Windows x86	54.45 MB	⬇ jdk-8u5-windows-i586-demos.zip
Windows x64	54.55 MB	⬇ jdk-8u5-windows-x64-demos.zip

图 1-7　下载 Windows x86 版本

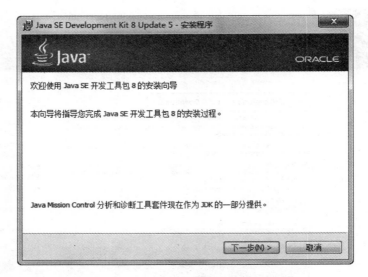

图 1-8　JDK 安装向导

图 1-9　安装目录

【步骤 3】　配置环境变量

配置环境变量主要是在操作系统的系统属性中配置 PATH 和 CLASSPATH 两个变量：

● 配置 PATH 的作用,是为了让操作系统找到指定的 JDK 工具程序；

● 配置 CLASSPATH 的作用,就是让 Java 执行环境找到指定的 Java 程序。

在配置 PATH 和 CLASSPATH 两个环境变量前先配置 JAVA_HOME(JDK 安装根目录),以便使用和维护。

```
JAVA_HOME = C:\Program Files\Java\jdk1.8.0_05
PATH = % JAVA_HOME % \bin;
CLASSPATH = .; % JAVA_HOME % \lib\dt.jar; % JAVA_HOME % \lib\tools.jar
```

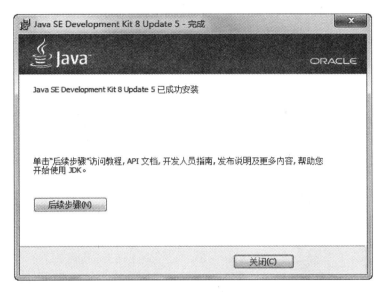

图 1-10　JDK 安装成功

注意　在配置环境变量时,使用英文的分号";"跟其他路径进行间隔。

右击"我的电脑",在图 1-11 的快捷菜单中选择"属性"命令,出现如图 1-12 所示的窗口。

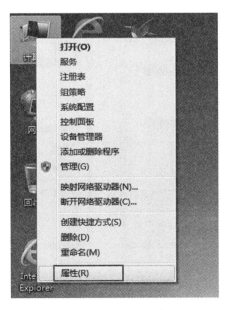

图 1-11　"属性"命令

选择左侧的"高级系统设置"选项,弹出如图 1-13 所示的对话框。

单击"环境变量"按钮,出现如图 1-14 所示的"环境变量"对话框。

单击"新建"按钮,建立 JAVA_HOME 变量,输入 JDK 的安装根目录,如图 1-15 所示。

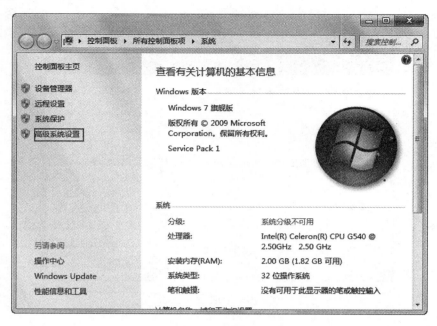

图 1-12　高级系统设置

图 1-13　"系统属性"对话框

图 1-14　"环境变量"对话框

单击"确定"按钮后，再继续新建 CLASSPATH 变量，并设置值为".;%JAVA_HOME%\lib\dt.jar;%JAVA_HOME%\lib\tools.jar"（Java 类、包的路径），如图 1-16 所示。

单击"确定"按钮后，选中系统变量 Path，将 JDK 的 bin 路径设置进去，如图 1-17 所示。

Path 环境变量中通常已经存在一些值，可以使用";"跟其他的路径隔开，再把路径"%JAVA_HOME%\bin"附加上。

图 1-15 JAVA_HOME 设置

图 1-16 CLASSPATH 设置

图 1-17 Path 设置

1.3.2 JDK 目录

JDK 安装完成后,在安装的位置中可以找到如图 1-18 所示的目录。

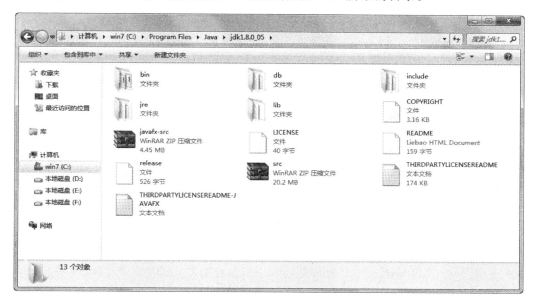

图 1-18 JDK 8 安装目录

JDK 主要目录如下:

- bin——JDK 包中命令及工具所在目录。这是 JDK 中非常重要的目标,它包含大量开发当中的常用的工具程序,如编译器、解释器、打包工具、代码转换器和相关调试工具等。
- jre——运行环境目录。JDK 自己附带的 Java 运行环境。
- lib——类库所在目录。包含了开发所需要的类库(即 Java API)和支持文件。

- db——附带数据库目录。在 JDK 6 以上的版本中附带 Apache Derby 数据库,这是一个 Java 编写的数据库,支持 JDBC 4.0。
- include——包含本地代码的 C 语言头文件的目录。用于支持 Java 本地接口和 Java 虚拟机调试程序接口的本地代码编程。
- src.zip——源代码压缩文件。Java 提供的 API 都可以通过此文件查看其源代码是如何实现的。

注意 JDK 目录根据安装包版本的不同内容会有所删减。

1.3.3 JDK 常用工具

在 JDK 的 bin 目录下,提供了大量的开发工具程序,以下是常用的几个工具:

- javac——Java 语言编译器,可以将 Java 源文件编译成与平台无关的字节码文件(.class 文件)。
- java——Java 字节码解释器,将字节码文件放在不同的平台中解释执行。
- javadoc——文档生成器。可以将代码中的文档注释生成 HTML 格式的 Java API 文档。
- javap——Java 字节码分解程序,可以查看 Java 程序的变量以及方法等信息。
- javah——JNI 编程工具,用于从 Java 类调用 C++代码。
- appletviewer——小应用程序浏览工具,用于测试并运行 Java 小应用程序。
- jar——打包程序。在 JavaSE 中压缩包的扩展名为.jar。

1.4 HelloWorld 程序

视频讲解

JDK 工具安装好后,就可以编写、运行 Java 程序。编写 Java 程序需要注意以下几点:

- Java 是区分字母大小写的编程语言,Java 程序的源代码文件以.java 为后缀。
- 所有代码都写在类体之中,因为 Java 是完全面向对象的编程语言,一个完整的 Java 程序,至少需要有一个类(class)。
- 一个 Java 文件只能有一个公共类(public),且该公共类的类名与 Java 文件名必须相同,但一个 Java 文件可以有多个非公共类。
- 每个独立的、可执行的 Java 应用程序必须要有 main()方法才能运行,main()方法是程序的主方法,是整个程序的入口,运行时执行的第一个方法就是 main()方法。Java 语法对 main()方法有固定的要求,方法名必须是小写的 main,且方法必须是公共、静态、返回类型为空的 public static void 类型,且其参数必须是一个字符串数组。

下面以 HelloWorld 程序为例,详细讲解如何使用记事本和 JDK 中的命令工具来编译、运行 Java 程序。

【步骤 1】　编写 Java 源代码

打开记事本,编写 Java 源代码,并将文件保存为 HelloWorld.java,代码内容如下所示。

【代码 1-1】　HelloWorld.java

```java
public class HelloWorld{
    //程序的入口
    public static void main(String []args){
        //向控制台输出语句
        System.out.println("Hello World!");
    }
}
```

上述代码是一个非常简单的 Java 程序,具体说明如下:

- 代码的第 1 行使用 class 关键字定义了一个名为 HelloWorld 的类。class 关键字前的修饰符为 public,public 也是 Java 的关键字,用来表示该类为公有的,即在整个应用程序中都可以访问到它。因 HelloWorld 类为公共类,所以文件名必须与类名一致,包括大小写也要一致,即该程序的源文件名必须为 HelloWorld.java。
- HelloWorld 类的类体是由一对大括号"{ }"括起来的。
- 代码的第 2 行和第 4 行都是注释,是对代码做出的说明,编译时编译器会忽略这部分内容。
- 代码的第 3 行定义一个 main()方法,即程序的入口。
- 代码的第 5 行是一个输出语句,"System.out.println("Hello World!")"语句的作用是向控制台输出双引号内的文字。通常一个语句书写一行,语句必须以分号";"来结束。

注意　Java 注释有多种,参见本章的后续内容。关于 class 类的定义以及访问修饰符将在第 3 章做详细介绍。此处,HelloWorld 是第一个 Java 程序,目的主要是介绍 Java 开发的步骤。

【步骤 2】　编译 Java 程序

打开一个 DOS 命令提示窗口,并将当前目录切换到 HelloWorld.java 文件所在的目录,然后输入如下命令:

```
javac HelloWorld.java
```

如果一切顺利,javac 工具会对 HelloWorld.java 源代码文件进行编译,并在当前目录下创建一个名为 HelloWorld.class 的字节码文件,如图 1-19 所示。

【步骤 3】　运行 Java 程序

使用 JDK 的 java 工具来运行 Java 程序,在 DOS 命令提示窗口输入如下命令:

```
javac HelloWorld
```

注意,在运行 Java 程序时,不需要包含 class 扩展名。运行结果如下所示:

```
Hello World!
```

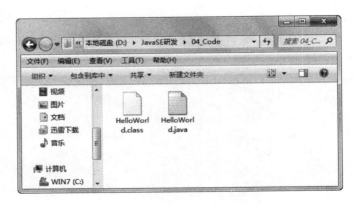

图 1-19　编译后生成.class 文件

如图 1-20 所示,展示 DOS 命令提示窗口下编译、运行 Java 程序。

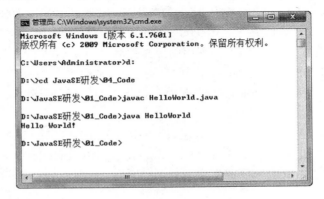

图 1-20　DOS 下编译、运行 Java 程序

注意　在系统"开始"运行菜单中输入 cmd 命令并回车,会打开一个 DOS 命令提示窗口;使用 cd 命令可以进行目录切换。另外,在使用 JDK 的 javac、java 命令进行编译、运行前,需要提前将 JDK 安装目录下的 bin 目录设置到 PATH 环境变量中。

1.5　输出与注释

1.5.1　打印输出

在 HelloWorld 的示例中演示了向控制台输出信息代码,输出的工作是通过打印语句完成的。据统计,打印是在代码中使用频率最高的语句之一,对于初学者来说是验证结果、测试代码、记录系统信息最普遍的方法。

本书介绍两个 Java 中常用的打印方法 System.out.println()和 System.out.print()以便于后续学习中的应用,两者都是向控制台输出信息,不同的是 System.out.println()方法会在输出字符串后再输出回车换行符,而 System.out.print()则不会输出回车换行符。

下述代码展示分别使用两种打印方法实现各种数据的输出。

【代码 1-2】　**PrintSample. java**

```java
public class PrintSample{
    public static void main(String []args) {
        String s = "Hello";
        char c = 'c';
        int i = 0;
        double d = 0.57d;
        float f = 0.11f;
        System.out.print("String is :");
        System.out.println(s);
        System.out.print("char is :");
        System.out.println(c);
        System.out.print("int is :");
        System.out.println(i);
        System.out.print("double is :");
        System.out.println(d);
        System.out.print("float is :");
        System.out.println(f);
    }
}
```

上述代码运行结果如下所示。

```
String is :Hello
char is :c
int is :0
double is :0.57
float is :0.11
```

由于 System. out. println()和 System. out. print()方法支持多达十几种数据类型的输出,几乎任何一种数据类型放到参数中都被输出,所以通过打印向控制台输出也作为一种调试手段被广泛地应用在 Java 的开发中。

1.5.2　注释

视频讲解

注释是对程序代码做出的说明,在编译时,注释的内容不会被编译器处理,所以对于编译和运行的结果不会有任何的影响。但是在复杂项目中,注释往往用来帮助开发人员阅读和理解程序,同时也有利于程序修改和调试。

Java 语言支持单行注释、多行注释和文档注释三种方法。

1. 单行注释

单行注释使用“//”符号进行标记。

【语法】

```
//单行注释
```

单行注释可放置于代码后面或单独成行,标记之后的内容都被视为注释。

【示例】 单行注释

```
public static void main(String []args){
    int i = 0;                          //定义变量 i,并赋初值 0
    //向控制台输出语句
    System.out.println("Hello World!");
}
```

2. 多行注释

多行注释使用"/ * … * /"进行标记,注释内容可以跨越多行,从"/ * "到" * /"之间的内容都被视为注释。

【语法】

```
/ * 多行注释 * /
```

多行标记主要用于注释内容较多的文本,如说明文件、接口、方法和相关功能块描述,一般放在一个方法或接口的前面,起到解释说明的作用,也可以根据需要放在合适的位置。

【示例】 多行注释

```
public static void main(String []args){
    / *
     * System.out.print()输出内容后不换行
     * System.out.println()输出内容后换行
     * /
    System.out.print("Hello World!");
    System.out.println("Here is QST!");
}
```

3. 文档注释

文档注释使用"/ ** … * /"进行标记,其注释的规则与用途相似于多行注释。

【语法】

```
/ ** 文档注释 * /
```

文档注释不同于多行注释的是可以通过 javadoc 工具将其注释的内容生成 HTML 格式 Java API 文档。程序的文档是项目产品的重要组成部分,将注释抽取出来可以更好地供使用者参阅。因此,在实际应用中文档注释应用更为广泛,尤其是对类、接口、构造器、方法的注释应尽量使用文档注释。

【示例】 文档注释

```
/ **
 * @公司 青软实训 QST
 * @作者 研发组
 * /
```

```
public class HelloWorld{
    public static void main(String []args){
        //向控制台输出语句
        System.out.println("Hello World!");
    }
}
```

编写文档注释后,可以通过使用 javadoc 提取文档注释生成 Java API 文档。

javadoc 命令基本语法格式如下。

【语法】

```
javadoc 选项 java 源文件/清单文件
```

【示例】 javadoc 命令

```
javadoc - d .\api *.java
```

上述代码中,"-d"选项是指定 API 文档生成的目录,即需要在当前目录的 api 子目录中生成所有 Java 文件的 API 文档。执行完该命令后,在 api 目录中打开 index.html 就可以看到生成文档的内容。如果希望使用 javadoc 工具生成更详细的文档信息,可以将 javadoc 标记加入到文档注释中,如前述实例中也可以使用"@author"等标记。表 1-2 列举了常用的 javadoc 标记。

表 1-2　常用的 javadoc 标记

标　记	作　　用
@author	指定程序的作者。用于类或接口的注释
@version	指定源文件的版本。用于类或接口前注释
@deprecated	不推荐使用的方法。用于方法的注释
@param	方法的参数的说明信息。用于方法的注释
@return	方法的返回值的说明信息。用于方法的注释
@see	"参见",用于指定交叉参考的内容
@exception	抛出异常的类型。用于方法的注释
@throws	抛出的异常,和 exception 同义

1.6　IDE 集成开发环境

安装配置好 JDK 后可以直接使用记事本编写 Java 程序,但是,当程序复杂到一定程度、规模渐渐增大后,使用记事本就远远满足不了开发的需求。一个好的 IDE 可以起到事半功倍的效果。IDE 集成开发环境具有很多优势:不仅可以检查代码的语法,还可以调试、跟踪、运行程序;此外,通过菜单、快捷键可以自动补全代码,且在编写代码的时候会自动进行编译;运行 Java 程序时,只需单击"运行"按钮即可,大大缩短了开发时间。

目前市面上有各种各样的 Java IDE,值得庆幸的是,最优秀的几款 IDE 都是免费的:

- IBM 公司的 Eclipse。
- Sun Microsystem 公司的 NetBeans。
- Sun 公司的 Java Studio Enterprise。
- Sun 公司的 Java Studio Creator。
- 甲骨文公司的 Oracle JDeveloper。

目前,最流行的两种是 Eclipse 和 NetBeans,为了争当"领头羊",两者之间展开了激烈的竞争。这些年来由于 Eclipse 的开放性、极为高效的 GUI、先进的代码编辑器等特性,在 IDE 的市场占有率上远远超越 NetBeans。由于篇幅所限,本书仅详细介绍 Eclipse 这一款 IDE 工具的下载、安装及使用,详见附录 A。

 注意 本书所有代码都是在 Eclipse 环境下开发,建议用户使用 Eclipse。读者也可以查阅相关资料,尝试使用其他 IDE 工具。

1.7 贯穿任务实现

实现【任务 1-1】

下述内容分步骤实现【任务 1-1】创建 Q-DMS 项目,搭建项目目录层次。

视频讲解　　　视频讲解

【步骤 1】 在 Eclipse 中创建 Q-DMS 项目

选择 File→New→Project 菜单项,如图 1-21 所示。或直接在项目资源管理器窗口中的空白处右击,在弹出的菜单中选择 New→Project 菜单项。

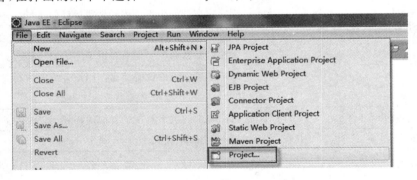

图 1-21　新建项目菜单

弹出 New Project 向导对话框,如图 1-22 所示,选择 Java Project 选项并单击 Next 按钮。

如图 1-23 所示,在弹出的创建项目对话框中输入项目名称 q_dms,并选择相应的 JRE,单击 Next 按钮。

如图 1-24 所示,进入项目设置对话框,在该对话框中不需要做任何改动,直接单击 Finish 按钮。

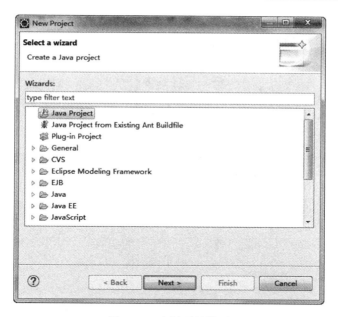

图 1-22　选择项目类型

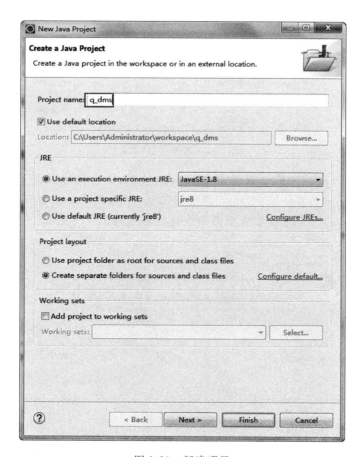

图 1-23　新建项目

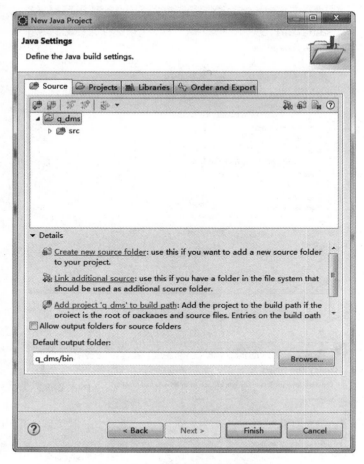

图 1-24　新建项目完成

　　此时,如果 Eclipse 当前的透视图不是 Java 透视图,则会弹出如图 1-25 所示的提示对话框,该对话框询问是否要切换到"Java 透视图"。Java 透视图是 Eclipse 专门为 Java 项目设置的开发环境布局,开发过程中会更方便快捷。直接单击 Yes 按钮。

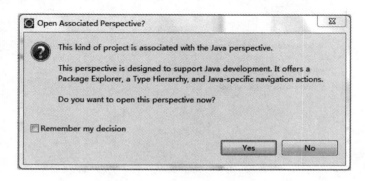

图 1-25　切换视图

　　【步骤 2】　搭建 Q-DMS 项目的目录层次

　　在 Eclipse 左侧的包资源管理器窗口中,选中 q_dms 项目并右击,在弹出的菜单中选择

New→Package 或 New→Folder 菜单项,如图 1-26 所示创建源代码包以及文件目录。

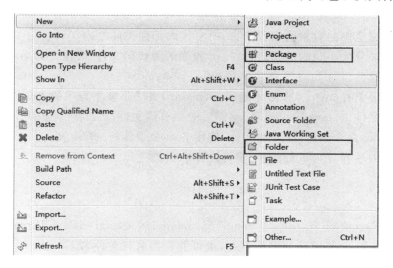

图 1-26　创建包、文件夹

Q-DMS 项目目录层次如图 1-27 所示。

图 1-27　Q-DMS 项目目录层次

本章总结

小结

- Java 之父是詹姆斯·高斯林(James Gosling)
- Java 体系架构分为 3 个平台:Java SE(标准)、Java EE(企业)和 Java ME(微型)
- JDK(Java Development Kit,Java 开发工具包)是 Sun 公司提供的一套用于开发 Java 程序的开发包
- JRE(Java Runtime Environment,Java 运行环境)是运行 Java 程序所依赖的环境的

集合
- JVM(Java Virtual Machine,Java 虚拟机)是一个虚构出来的计算机
- Java 是完全面向对象的编程语言,所有代码都在类体之内
- Java 是区分大小写的编程语言,Java 程序的源代码文件以.java 为后缀
- 公共类的类名与 Java 文件名必须相同
- 程序必须要有 main()方法才能运行,main()方法是整个程序的入口
- Java 源文件以.java 为扩展名,编译后的字节码文件以.class 为扩展名
- 使用 javac 命令编译.java 源文件,使用 java 命令运行.class 文件
- Java 中的注释分为单行注释、多行注释和文档注释

Q&A

1. 问题：Exception in thread "main" java. lang. NoClassDefFoundError。
回答：无该类,文件路径或名称不对,也可能是类名与文件名不一致。
2. 问题：Exception in thread "main" java. lang. NoSuchMethodError：main。
回答：主方法格式错误或缺少主方法。
3. 问题：HelloWorld. java:4:找不到符号。
回答：一般多产生于语法错误。

章节练习

习题

1. 编译 Java 源程序文件时将产生相应的字节码文件,这些字节码文件的扩展名
为_____。
    A. java   B. class   C. html   D. exe
2. Java 的跨平台机制是由_____实现的。
    A. GC   B. Java IDE   C. html   D. JVM
3. 以下用于解释字节码文件的工具是_____。
    A. javac   B. java   C. javadoc   D. jar
4. JDK 安装成功后,_____目录用于存放 Java 开发所需的类库。
    A. bin   B. demo   C. lib   D. jre
5. 下面属于文档注释的标记是_____。
    A. --   B. //   C. /＊…＊/   D. /＊＊…＊/
6. 程序中 main()方法的作用是什么?
7. 简述 Java 跨平台技术的实现原理。

上机

1. 训练目标：程序的编写、编译和运行。

培养能力	不使用 IDE 工具进行程序的编写、编译和运行		
掌握程度	★★★★★	难度	容易
代码行数	30	实施方式	编码强化
结束条件	独立编写,不出错		

参考训练内容

（1）使用记事本编写 Java 程序输出"Write Once,Run Anywhere",并且使用 JDK 的工具编译、运行 Java 程序。

（2）使用记事本编写 Java 程序输出"Java 的三大应用平台 Java SE、Java EE、Java ME",并且实现编译和运行。

2. 训练目标：打印语句。

培养能力	打印语句的语法句式		
掌握程度	★★★★★	难度	容易
代码行数	100	实施方式	编码强化
结束条件	独立编写,不出错		

参考训练内容

（1）编写 Java 程序在屏幕上打印用星号组成的等腰三角形。

（2）编写 Java 程序打印个人信息,个人信息格式如下所示(将粗体部分的数据信息替换为自己的实际信息)。

学号：**JT20111023**

姓名：**张三**

性别：**男**

身高：**168cm**

体重：**54.3kg**

第 2 章

Java 语言基础

任务驱动

本章任务是完成"Q-DMS 数据挖掘"系统的菜单驱动,具体要求如下:

- 【任务 2-1】 使用循环语句实现菜单驱动,当用户选择 0 时退出应用。
- 【任务 2-2】 使用数组存储采集的整数数据。
- 【任务 2-3】 显示采集的数据,要求每行显示 5 个。

学习路线

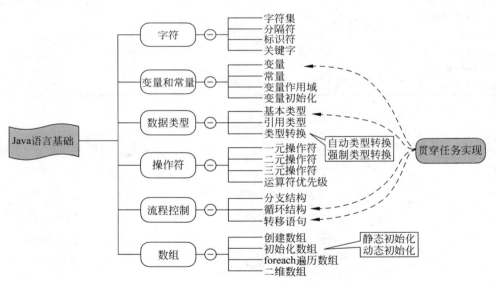

本章目标

知　识　点	Listen（听）	Know（懂）	Do（做）	Revise（复习）	Master（精通）
Java 字符	★	★			
变量和常量	★	★	★	★	★
数据类型	★	★	★	★	★

知　识　点	Listen（听）	Know（懂）	Do（做）	Revise（复习）	Master（精通）
操作符	★	★	★	★	★
流程控制	★	★	★	★	★
一维数组	★	★	★	★	★
二维数组	★	★	★		

2.1　字符

2.1.1　字符集

　　字符是各种文字和符号的总称,包括各国家文字、标点符号、图形符号、数字等。字符集是多个字符的集合,不同的字符集所包含的字符个数也不同。字符集种类较多,常见字符集有 ASCII、GB2312、Unicode 等。计算机要准确处理各种字符集文字,需要进行字符编码,以便计算机能够识别和存储各种文字。

视频讲解

1. ASCII 字符集

　　ASCII(American Standard Code for Information Interchange,美国信息互换标准编码)是基于罗马字母表的一套计算机编码系统。ASCII 字符集主要用于显示现代英语和其他西欧语言,是现今最通用的单字节编码系统。ASCII 使用一个字节对字符进行编码,且字节的最高位都为 0,剩下的 7 位表示一个字符,共 128 个字符,字符值为 0~127。由于英文字母仅有 26 个,再加上其他一些常用符号,总大小也不会超过 128 个,例如,字符"a"被编码为 0x61,字符"b"被编码为 0x62 等。

2. GB2312 字符集

　　GB2312 是中国国家标准的简体中文字符集,全称为《信息交换用汉字编码字符集·基本集》,由原中国国家标准总局发布。GB2312 收录简化汉字及一般符号、序号、数字、拉丁字母、日文假名、希腊字母、俄文字母、汉语拼音符号、汉语注音字母,共 7445 个图形字符,其中包括 6763 个汉字。GB2312 使用双字节表示,第一字节为高字节,第二字节为低字节,高字节使用 0xA1~0xF7,低字节使用 0xA1~0xFE。

3. Unicode 字符集

　　Unicode 是由一个名为 Unicode Consortium 的非营利机构制订的字符编码系统,支持各种不同语言的书面文本的交换、处理及显示。Unicode 为每种语言中的每个字符设定了统一并且唯一的二进制编码,以满足跨语言、跨平台进行文本转换、处理的要求。Unicode 字符是用 16 位(也有 32 位)表示的,足以表示超过 65 000 个不同的字符。Unicode 支持 UTF-8、UTF-16 和 UTF-32 这三种字符编码方案,这三种方案的区别如表 2-1 所示。

表 2-1 Unicode 字符编码方案

类　型	长　度	说　明
UTF-8	长度可变	UTF-8 使用可变长度字节来储存 Unicode 字符,例如 ASCII 字母继续使用 1 字节储存;重音文字、希腊字母或西里尔字母等使用 2 字节来储存;而常用的汉字就要使用 3 字节;辅助平面字符则使用 4 字节
UTF-16	16 位	比起 UTF-8,UTF-16 好处在于大部分字符都以固定长度的 2 个字节(16 位)储存,但 UTF-16 无法兼容 ASCII 编码
UTF-32	32 位	UTF-32 将每一个 Unicode 代码点表示为相同值的 32 位整数

注意　Java 语言中基本所有输入元素都是采用 ASCII,而标识符、字符、字符串和注解则采用 Unicode。

2.1.2　分隔符

Java 中使用多种字符作为分隔符,用于辅助程序编写、阅读和理解。这些分隔符可以分为两类:

- 空白符——没有确定含义,但帮助编译器正确理解源程序,包括空格、回车、换行和制表符(Tab);
- 普通分隔符——拥有确定含义,常用的普通分隔符如表 2-2 所示。

表 2-2 普通分隔符

符　号	名　称	使 用 场 合
( )	小括号	(1) 方法签名,以包含参数列表 (2) 表达式,以提升操作符的优先级 (3) 类型转换 (4) 循环,以包含要运算的表达式
{ }	大括号	(1) 类型声明 (2) 语句块 (3) 数组初始化
[]	中括号	(1) 数组声明 (2) 数组值的引用
< >	尖括号	(1) 泛型 (2) 将参数传递给参数化类型
.	句号	(1) 隔开域或者方法与引用变量 (2) 隔开包、子包及类型名称
;	分号	(1) 结束一条语句 (2) for 语句
,	逗号	(1) 声明变量时,分隔各个变量 (2) 分隔方法中的参数
:	冒号	(1) for 语句中,用于迭代数组或集合 (2) 三元运算符

注意 任意两个相邻的标识符之间至少有一个分隔符,以便于编译程序理解;空白符的数量多少没有区别,使用一个和多个空白符实现相同的分隔作用;分隔符不能相互替换,比如该用逗号的地方不能使用空白符。

2.1.3 标识符

在各种编程语言中,通常要为程序中处理的各种变量、常量、方法、对象和类等起个名字作为标记,以便通过名字进行访问,这些名字统称标识符。

视频讲解

Java 中的标识符由字母、数字、下画线或美元符组成,且必须以字母、下画线(_)或美元符($)开头。

Java 中标识符的命名规则如下:

- 可以包含数字,但不能以数字开头;
- 除下画线“_”和“$”符以外,不包含任何其他特殊字符,如空格;
- 区分字母大小写,例如 abc 和 ABC 是两个不同的标识符;
- 不能使用 Java 关键字。

【示例】 合法的标识符

```
varName
_varName
var_Name
$ varName
_9Name
```

【示例】 非法的标识符

```
Var Name      //包含空格
9 varName     //以数字开头
a + b         //加号“+”不是字母和数字,属于特殊字符
```

2.1.4 关键字

关键字又叫保留字,是编程语言中事先定义的、有特别意义的标识符。关键字对编译器具有特殊的意义,用于表示一种数据类型或程序的结构等,关键字不能用作变量名、方法名、类名以及包名。Java 中常用的关键字如下所示。

abstract	assert	boolean	break	byte
case	catch	char	class	const
continue	default	do	double	else
enum	extends	final	finally	float
abstract	assert	boolean	break	byte
for	goto	if	implements	import

instanceof	int	interface	long	native
new	package	private	protected	public
return	strictfp	short	static	super
switch	synchronized	this	throw	throws
transient	try	void	volatile	while

2.2 变量和常量

视频讲解

2.2.1 变量

变量是数据的基本存储形式,因 Java 是一种强类型的语言,所以每个变量都必须先声明再使用。变量的定义包括变量类型和变量名,其定义的基本格式如下:

【语法】

```
数据类型 变量名 = 初始值;
```

【示例】 定义整型变量

```
int a = 1;                //声明变量并赋初值
```

其中:

- int 是整型类型;
- a 是变量名;
- ＝是赋值运算符;
- 1 是变量的初始值。

变量的声明与赋值可以分开,例如:

```
int a;                    //声明变量
a = 1;                    //给变量赋值
```

可以几个同一数据类型的变量同时声明,变量之间使用逗号","隔开,例如:

```
int i,j,k;
```

2.2.2 常量

常量是指一旦赋值之后其值不能再改变的变量。在 Java 语言中,使用 final 关键字来定义常量,其语法格式如下:

【语法】

```
final 数据类型 变量名 = 初始值;
```

【示例】 定义整型常量

```
final double PI = 3.1416;        //声明了一个 double 类型的常量,初始化值为 3.1416
final boolean IS_MAN = true;     //声明了一个 boolean 类型的常量,初始化值为 true
```

注意 在开发过程中常量名习惯采用全部大写字母,如果名称中含有多个单词,则单词之间以"_"分隔。此外常量在定义时,需要对常量进行初始化,初始化后,在应用程序中就无法再对该常量赋值。

2.2.3 变量作用域

在变量的使用过程中会涉及变量的作用域和初始化,根据作用域范围可以将变量分为两种:局部变量和成员变量。本节重点介绍局部变量,而成员变量将在第 3 章详细介绍。

局部变量被定义在某个程序块内或方法体内,局部变量的作用范围有限,只在相应的程序块内或方法体内有效,超出程序块或方法体则这些变量无效。

注意 程序块就是使用"{"和"}"包含起来的代码块,是一个单独的模块。

声明变量的时候就指明了变量的作用域,出了变量的作用域,则该变量将不能再被访问。注意,在同一个作用域范围内,变量名必须唯一,不能出现两个同名的变量。当声明变量的语句执行时,会在内存中给该变量分配存储空间,当超出变量作用域的范围后,系统就会释放它的值,即变量的生存期受到其作用域的限制。如果在作用域中初始化一个变量,则每次调用该代码块时系统都会重新初始化该变量。

下述代码演示变量的作用域。

【代码 2-1】 VarScope. java

```
public class VarScope {
    public static void main(String[ ] args) {
        //变量 a 的作用域是 main()方法体内
        int a = 10;
        {
            //变量 b 的作用域是当前程序块的两个大括号中{}
            int b = a * a;
            //此处变量 a 和变量 b 都在作用域范围内,都可以访问
            System. out. println("a = " + a + ",b = " + b);
        }
        //此处变量 a 在作用域范围内,可以访问
        System. out. println("a = " + a);
        //错误,此处变量 b 已经不在作用域范围内,不可以访问
        //System. out. println("b = " + b);
    }
}
```

在上述代码中,变量 a 是在 main()方法中声明的,因此其作用域为 main()方法所在的大括号内,在 main()方法体内的代码都可以访问变量 a。另一个变量 b 是在程序块中声明的,因此只有在其所在的程序块中才能访问,超出作用域范围访问变量 b 则会出现错误,编译不通过。

2.2.4 变量初始化

局部变量在使用之前必须进行初始化，即变量必须有值后才能被使用(先写后读)。

变量的初始化有两种方式：

- 在声明变量的同时赋初值；
- 先声明变量，在使用变量前再赋值。

【代码 2-2】 **VarValue.java**

```java
public class VarValue {

    public static void main(String[] args) {
        //声明变量 a 并赋初值
        int a = 10;
        //声明变量 b
        int b;
        //a 已经有值，可以使用
        System.out.println("a = " + a);
        //错误，b 还没有值，不能使用
        //System.out.println("b = " + b);
        //在使用之前先给 b 赋值
        b = 20;
        //正确，b 有值后可以使用
        System.out.println("b = " + b);
    }
}
```

上述代码在声明变量 a 的同时赋初值，之后可以直接对 a 进行使用；声明变量 b 时没有赋初值，此时不能对 b 进行访问，只有先给 b 赋值以后才能访问，即"先写后读"的过程。

2.3 数据类型

定义变量或常量时需要使用数据类型，Java 的数据类型分为两大类：基本类型和引用类型。

- 基本类型是一个单纯的数据类型，表示一个具体的数字、字符或布尔值。基本类型存放在内存的"栈"中，可以快速从栈中访问这些数据。
- 引用类型是一个复杂的数据结构，是指向存储在内存的"堆"中数据的指针或引用(地址)。引用类型包括类、接口、数组和字符串等，由于要在运行时动态分配内存，所以其存取速度较慢。

2.3.1 基本类型

Java 的基本数据类型主要包括如下四类：

- 整数类型：byte、short、int、long；
- 浮点类型：float、double；
- 字符类型：char；

视频讲解

- 布尔类型：boolean。

Java 各种基本类型的大小和取值范围如表 2-3 所示。

表 2-3　基本类型

类型名称	关键字	大小/位	取值范围
字节型	byte	8	$-2^7 \sim 2^7-1$
短整型	short	16	$-2^{15} \sim 2^{15}-1$
整型	int	32	$-2^{31} \sim 2^{31}-1$
长整型	long	64	$-2^{63} \sim 2^{63}-1$
浮点型	float	32	$3.4\mathrm{e}-38 \sim 3.4\mathrm{e}+38$
双精度	double	64	$1.7\mathrm{e}-38 \sim 1.7\mathrm{e}+38$
布尔型	boolean	1	true/false
字符型	char	16	'\u0000' $\sim$ '\uFFFF'

1. 整数类型

整数类型根据大小分为 byte、short、int 和 long 四种，其中 int 是最常用的整数类型，因此通常情况下，直接给出一个整数值默认就是 int 类型。

Java 中整数值有四种表示方式：

- 二进制：每个数据位上的值是 0 或 1，二进制是整数在内存中的真实存在形式，从 Java 7 开始新增了对二进制整数的支持，二进制的整数以“0b”或“0B”开头；
- 八进制：每个数据位上的值是 0,1,2,3,4,5,6,7，其实八进制是由三位二进制数组成的，程序中八进制的整数以“0”开头；
- 十进制：每个数据位上的值是 0,1,2,3,4,5,6,7,8,9，十进制是生活中常用的数值表现形式，因此在程序中如无特殊指明数值默认为十进制；
- 十六进制：每个数据位上的值是 0,1,2,3,4,5,6,7,8,9,A,B,C,D,E,F，与八进制类似，十六进制是由四位二进制数组成的，程序中十六进制的整数以“0x”或“0X”开头。

将十进制数转换成二进制数原理很简单：循环对 2 取余，直到商为 0。

同理，将十进制数转换成八进制数的原理是：循环对 8 取余，直到商为 0。

将十进制数转换成十六进制数的原理是：循环对 16 取余，直到商为 0。

例如，以一个十进制数“19”为例，分别转换成二进制、八进制和十六进制数的示意图如图 2-1 所示。

将二进制、八进制和十六进制数转换成十进制数比较简单：每一位上的数乘以其所在位的权值，再求和。其中，权值是“基数位”的幂运算；二进制的基数是 2，八进制的基数是 8，十进制的基数是 10，十六进制的基数是 16；“位”值是数值所在的位数减 1，即一个数后面还有几个数。依然以 19 为例，其他进制转换成十进制数如下所示：

- 二进制 $0\mathrm{B}10011 = 1 \times 2^4 + 1 \times 2^1 + 1 \times 2^0 = 16 + 2 + 1 = 19$；
- 八进制 $023 = 2 \times 8^1 + 3 \times 8^0 = 16 + 3 = 19$；
- 十进制 $19 = 1 \times 10^1 + 9 \times 10^0 = 10 + 9 = 19$；

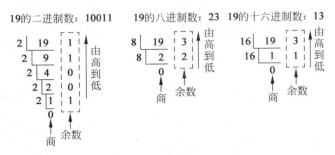

图 2-1　转换示意图

- 十六进制 0X13＝$1\times16^1＋3\times16^0＝16＋3＝19$。

所有数值在计算机底层都是以二进制形式存储,原码是直接将一个数值换算成二进制数,但所有整数值以补码的形式存储,补码的计算规则如下:

- 正数的补码和原码完全相同;
- 负数的补码是其反码加 1,反码是对原码按位取反,其中最高位符号位保持不变。

以一个十进制整数"－19"为例,其原码、反码和补码示意图如图 2-2 所示。

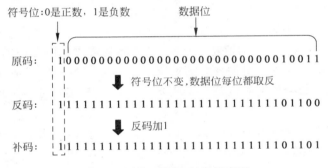

图 2-2　原码、反码和补码示意图

下述代码演示整数类型的不同表示形式。

【代码 2-3】　IntValueDemo.java

```java
public class IntValueDemo {

    public static void main(String[] args) {
        //二进制数
        int a = 0b1001;
        System.out.println("二进制数 0b1001 的值是: " + a);
        //八进制数
        int b = 071;
        System.out.println("八进制数 071 的值是: " + b);
        //十进制数
        int c = 19;
        System.out.println("十进制数 19 的值是: " + c);
        //Integer.toBinaryString()方法将一个整数以二进制形式输出
        System.out.println("19 的二进制表示是: " + Integer.toBinaryString(c));
        //十六进制数
        int d = 0xFE;
```

```
        System.out.println("十六进制数 0xFE 的值是: " + d);
        System.out.println("十六进制数 0xFE 的二进制表示是: " +
            Integer.toBinaryString(d));
        //负数以补码形式存储
        int e = -19;
        System.out.println("-19 的二进制表示是: " + Integer.toBinaryString(e));
    }
}
```

上述代码中，Integer 是 int 基本数据类型所对应的封装类，该类提供一些对整数的常用静态方法，其中 Integer.toBinaryString()方法可以将一个整数以二进制形式输出。

运行结果如下所示：

```
二进制数 0b1001 的值是: 9
八进制数 071 的值是: 57
十进制数 19 的值是: 19
19 的二进制表示是: 10011
十六进制数 0xFE 的值是: 254
十六进制数 0xFE 的二进制表示是: 11111110
-19 的二进制表示是: 11111111111111111111111111101101
```

注意　有关基本类型所对应的封装类以及常用的静态方法将在第 4 章详细介绍。

2. 字符型

Java 语言中字符型 char 是采用 16 位的 Unicode 字符集作为编码方式，因此支持世界上各种语言的字符。char 通常用于表示单个的字符，字符值必须使用单引号(')括起来，例如：

```
char c = 'A';          //声明变量 c 为字符型,并赋初值为'A'
```

字符型 char 的值有以下三种表示形式：

- 通过单个字符来指定字符型值，例如，'A'、'8'、'Z'等；
- 通过转义字符来表示特殊字符型值，例如，'\n'、'\t'等；
- 直接使用 Unicode 值来表示字符型值，格式是'\uXXXX'，其中 XXXX 代表一个十六进制的整数，例如，'\u00FF'、'\u0056'等。

Java 语言中常用的转义字符如表 2-4 所示。

表 2-4　Java 中常用的转义字符

转义字符	说　明	Unicode 编码
\b	退格符	\u0008
\t	制表符	\u0009
\n	换行符	\u000a
\r	回车符	\u000d
\''	双引号	\u0022
\'	单引号	\u0027
\\	反斜杠	\u005c

【示例】 使用转义字符赋值

```
char a = '\'';          //变量 a 表示一个单引号'
char b = '\\';          //变量 b 表示一个反斜杠\
```

2.3.2 引用类型

引用类型变量中的值是指向内存"堆"中的指针,即该变量所表示数据的地址。引用类型与基本类型在内存中存储的区别如图 2-3 所示。

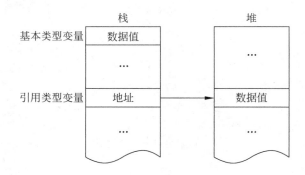

图 2-3 引用类型与基本类型区别示意图

Java 语言中通常有五种引用类型。

- 数组:具有相同数据类型的变量的集合。
- 类(class):变量和方法的集合。
- 接口(interface):一系列方法的声明,方法特征的集合。
- 枚举(enum):一种独特的值类型,用于声明一组命名的常数。
- 空类型(null type):空引用,即值为 null 的类型。空类型没有名称,不能声明一个 null 类型的变量,null 是空类型的唯一值。

注意 空引用(null)只能被转换成引用类型,不能转换成基本类型,因此不要把一个 null 值赋给基本数据类型的变量。

2.3.3 类型转换

在 Java 程序中,不同基本类型的值经常需要相互转换。Java 语言提供七个基本数据类型间的相互转换,转换的方式有两种:自动类型转换和强制类型转换。

视频讲解

1. 自动类型转换

自动类型转换是将某种基本类型变量的值直接赋值给另一种基本类型变量。当把一个数值范围小的变量直接赋值给一个数值范围大的变量时,系统将进行自动类型转换,否则就需要强制类型转换。

Java 中七个基本数据类型间的自动类型转换如图 2-4 所示,顺着箭头方向可以进行自动类型转换。其中,实线箭头表示无信息损失的转换;而虚线箭头则表示在转换过程中可能丢失精度,即会保留正确的量级,但精度上会有一些损失(小数点后所保留的位数)。

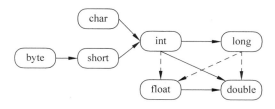

图 2-4　自动类型转换

2. 强制类型转换

当把一个数值范围大的变量赋值给一个数值范围小的变量时,即沿图 2-4 中箭头反方向赋值时,则必须强制类型转换。

【语法】

数据类型变量 1 = (数据类型)变量 2;

【示例】　强制类型转换

```
int a = 56;
char c = (char) a;          //把整型变量 a 强制类型转换为字符型
```

下述代码演示自动类型转换与强制类型转换的应用。

【代码 2-4】　AutoChange. java

```
public class AutoChange {
    public static void main(String[ ] args) {
        byte b = 7;
        char c = 'A';
        int a = 10;
        long l = 789L;
        float f = 3.14f;
        double d = 5.3d;

        int i1 = a + c;            //字符型变量 c 自动转换为整型,参加加法运算
        System. out. println("i1 = " + i1);
        long l1 = l - i1;          //整型变量 i1 自动转换为长整型,参加减法运算
        System. out. println("l1 = " + l1);
        float f1 = b * f;          //字节型变量 b 自动转换为浮点型,参加乘法运算
        System. out. println("f1 = " + f1);
        double d1 = d / a;         //整型变量 a 自动转换为双精度,参加除法运算
        System. out. println("d1 = " + d1);

        int i2 = (int) f1;         //将浮点型变量 f1 强制类型转换为整数
```

```
        System.out.println("i2 = " + i2);
        char c2 = (char) (l / a);
  //整型变量a自动类型转换为长整型后参加除法运算,算出的长整型结果再强制类型转换为字符型
        System.out.println("c2 = " + c2);
    }
}
```

上述代码中有三个赋值语句在数值后面增加"L""f"和"d"这些字符,这些字符用于表明数值的类型,其中:

- 小写的"l"或大写的"L"表明数值是长整型,例如:

long a = 345l; long b = 678L;

- 小写的"f"或大写的"F"表明数值是浮点型,例如:

float a = 3.45f; float b = 6.78F;

- 小写的"d"或大写的"D"表明数值是双精度类型,可以省略,例如:

double a = 3.45d; double b = 6.78D; double c = 9.12;

程序运行结果如下所示:

```
i1 = 75
l1 = 714
f1 = 21.980001
d1 = 0.53
i2 = 21
c2 = N
```

注意 本小节介绍的类型转换都是针对基本数据类型,引用类型的转换会涉及面向对象中的多态,因此关于引用类型的转换将在第5章介绍。

2.4 操作符

操作符也称为运算符,是一种特殊的符号,用来将一个或多个操作数连缀成执行性语句,以实现特定功能。

视频讲解　　　视频讲解　　　视频讲解

Java中的操作符可以分三大类型:

- 一元操作符——只操作一个操作数;
- 二元操作符——操作两个操作数;
- 三元操作符——操作三个操作数。

Java中的操作符分类如表2-5所示。

表 2-5　Java 操作符分类

分　类	说　明	符　号
一元操作符	自增、自减	＋＋、－－
	逻辑非	！
	按位非	～
	强制类型转换	（type）
二元操作符	算术运算	＋、－、＊、/、%
	位运算	&、|、^、＜＜、＞＞、＞＞＞
	关系运算	＞、＞＝、＜、＜＝、＝＝、！＝
	逻辑运算	&&、||
	赋值	＝、＋＝、－＝、＊＝、/＝、%＝、&＝、|＝、^＝、＜＜＝、＞＞＝、＞＞＞＝
三元操作符	三元判断	？：

2.4.1　一元操作符

一元操作符只操作一个操作数,例如,!a、a＋＋、－－a 等,在运算符的两边只有一个操作数。程序中会经常用到一元操作符,下面分别介绍各种一元操作符的使用。

1. 自增、自减

＋＋是自增运算,将操作数在原来的基础上加 1。自增运算时需要注意以下两点:

- 自增运算只能操作单个数值型的变量(整型、浮点型都行),不能操作常量或表达式;
- 自增运算可以放在操作数的前面(前缀自增),也可以放在操作数后面(后缀自增)。

前缀自增的特点是先把操作数自增 1 再放入表达式中运算,例如:

```
int a = 5;
int b = ++a + 8;          //a先自增变为6,再与8相加,最后b的值为14
```

等价于

```
int a = 5;
++a;                      //a自增1,即a=a+1
int b = a + 8;
```

后缀自增的特点是先使用原来的值,当表达式运算结束后再将操作数自增1,例如:

```
int a = 5;
int b = a++ + 8;          //先使用a原来的值进行运算,得出b的值为13,最后a再自增1变为6
```

等价于

```
int a = 5;
int b = a + 8;
a++;                      //a自增1,即a=a+1
```

——是自减运算,用法与++基本相似,只是将操作数的值在原来基础上减 1。

2. 非运算

! 是逻辑非运算,如果操作数为 true,则返回 false;如果操作数为 false,则返回 true。

～是按位非运算,将操作数对应的二进制数的每一位(包括符号位)全部取反,即原来是 0,则为 1;原来为 1,则为 0。

【代码 2-5】 OneOper. java

```java
public class OneOper {

    public static void main(String[] args) {
        int a = 5;
        int b = ++a + 8;                    //a 先自增变为6,再与8相加,最后 b 的值是 14
        System.out.println("b 的值是: " + b);
        int c = a++;
        System.out.println("c 的值是: " + c);
        System.out.println("a 的值是: " + a);
        int d = 10;
        System.out.println("前缀自减 --d 的值是: " + --d);
        System.out.println("当前 d 的值是: " + d);
        System.out.println("后缀自减 d-- 的值是: " + d--);
        System.out.println("当前 d 的值是: " + d);
        boolean flag = true;
        System.out.println("逻辑非: " + !flag);
        int t = 10;                         //二进制是 1010
        //Integer.toBinaryString()以二进制形式输出一个整数
        System.out.println("整数 10 的二进制表示: " + Integer.toBinaryString(t));
        //按位非后的二进制是 11111111111111111111111111110101
        System.out.println("按位非的二进制表示: " + Integer.toBinaryString(~t));
        //按位非后的数值是 -11,因为 11111111111111111111111111110101 是 -11 的补码
        System.out.println("按位非的十进制表示: " + ~t);
    }
}
```

运行结果如下所示:

```
b 的值是: 14
c 的值是: 6
a 的值是: 7
前缀自减 --d 的值是: 9
当前 d 的值是: 9
后缀自减 d-- 的值是: 9
当前 d 的值是: 8
逻辑非: false
整数 10 的二进制表示: 1010
按位非的二进制表示: 11111111111111111111111111110101
按位非的十进制表示: -11
```

2.4.2 二元操作符

1. 算术运算符

算术运算符用于执行基本的数学运算,包括加(＋)、减(－)、乘(＊)、除(/)以及取余(％),如表 2-6 所示。

表 2-6　算术运算符

操作符	描　　述	示　　例	
＋	两个数相加,或两个字符串连接	int a＝5,b＝3; //c 的值为 8 int c＝a＋b;	String s1＝"abc",s2＝"efg"; //s3 的值为"abcefg" String s3＝s1＋s2;
－	两个数相减	int a＝5,b＝3; //c 的值为 2 int c＝a－b;	
＊	两个数相乘	int a＝5,b＝3; //c 的值为 15 int c＝a＊b;	
/	两个数相除	int a＝5,b＝3; //c 的值为 1(整数) int c＝a/b;	double a＝5.1,b＝3; //c 的值为 1.7(浮点数) double c＝a/b;
％	取余:第一个数除以第二个数,整除后剩下的余数	int a＝5,b＝3; //c 的值为 2 int c＝a％b;	double a＝5.2,b＝3.1; //c 的值为 2.1 double c＝a％b;

> **注意** 如果"/"和"％"的两个操作数都是整数类型,则除数不能是 0,否则引发除以 0 异常。但如果两个操作数有一个是浮点数,或者两个都是浮点数,此时允许除数是 0 或 0.0,任何数除以 0 得到的结果是正无穷大(Infinity)或负无穷大(－Infinity),任何数对 0 取余得到的结果是非数:NaN。

【代码 2-6】 **MathOper.java**

```
public class MathOper {

    public static void main(String[] args) {
        int a = 5;
        int b = 3;
        //c 的值为 8
        int c = a + b;
        System.out.println(c);
        //字符串连接
        String s1 = "abc";
        String s2 = "efg";
        //s3 的值为"abcefg"
        String s3 = s1 + s2;
```

```
        System. out. println(s3);
        //两个数相减,结果为 2
        System. out. println(a - b);
        //两个数相乘,结果为 15
        System. out. println(a * b);
        //两个整数相除,结果为 1
        System. out. println(a / b);
        //两个浮点数相除,结果为 1.7
        System. out. println(5.1 / 3);
        //两个整数取余,结果为 2
        System. out. println(a % b);
        //两个浮点数取余,结果为 2.1
        System. out. println(5.2 % 3.1);
        //正浮点数除以 0,结果为 Infinity
        System. out. println(3.1/0);
        //负浮点数除以 0,结果为 - Infinity
        System. out. println(- 8.8/0);
        //正浮点数对 0 取余,结果为 NaN
        System. out. println(5.1 % 0);
        //负浮点数对 0 取余,结果为 NaN
        System. out. println(6.6 % 0);
        //整数除以 0,将引发异常
        System. out. println(3/0);
    }

}
```

运行结果如下所示:

```
8
abcefg
2
15
1
1.7
2
2.1
Infinity
 - Infinity
NaN
NaN
Exception in thread "main" java. lang. ArithmeticException: / by zero
    at MathOper. main(MathOper. java:44)
```

上述运行结果中,当正的浮点数除以 0 得到的结果为 Infinity,而负的浮点数除以 0 得到的结果是-Infinity;浮点数对 0 取余,无论正负,其结果都是 NaN;整数除以 0 将引发异常。

2．位运算符

Java 中的位运算符如表 2-7 所示。

表 2-7　位运算符

操作符	描　　述	示　　例
&	按位与,当两位同时为 1 才返回 1	00101010 & 00001111 = 00001010
|	按位或,只要有一位为 1 即可返回 1	00101010 | 00001111 = 00101111
^	按位异或,当两位相同时返回 0,不同时返回 1	00101010 | 00001111 = 00100101
<<	左移,N<<S 的值是将 N 左移 S 位,右边空出来的位填充 0,相当于乘以 2 的 S 次方	11111000<<1 = 11110000
>>	右移,N>>S 的值是将 N 右移 S 位,左边空出来的位如果是正数则填充 0;如果是负数则填充 1,相当于除以 2 的 S 次方	11111000>>1 = 1111100
>>>	无符号右移,无论正数还是负数,无符号右移后左边空出来的位都填充 0	11111000>>>1 = 0111100

位运算所遵循的真值表如表 2-8 所示。

表 2-8　位运算真值表

A	B	A|B	A&B	A^B
0	0	0	0	0
1	0	1	0	1
0	1	1	0	1
1	1	1	1	0

下述代码综合演示位运算符的使用。

【代码 2-7】　ByteOper．java

```java
public class ByteOper {

    public static void main(String[] args) {
        int a = 0b00101010;
        int b = 0b00001111;
        //按位与
        System.out.println(Integer.toBinaryString(a & b));
        //按位或
        System.out.println(Integer.toBinaryString(a | b));
        //按位异或
        System.out.println(Integer.toBinaryString(a ^ b ));

        int c = 0b11111000000000000000000000000000;
        //左移
        System.out.println(Integer.toBinaryString(c << 1 ));
        //右移
        System.out.println(Integer.toBinaryString(c >> 1));
```

```
        //无符号右移
        System.out.println(Integer.toBinaryString(c>>>1));
    }
}
```

运行结果如下所示：

```
1010
101111
100101
11110000000000000000000000000000
11111100000000000000000000000000
11111000000000000000000000000000
```

3. 关系运算符

关系运算符用于判断两个操作数的大小，关系运算的结果是一个布尔值(true 或 false)。Java 中的关系运算符如表 2-9 所示。

表 2-9 关系运算符

操作符	描 述	示 例
>	大于,左边操作数大于右边操作数,则返回 true；否则返回 false	int a=5,b=3； System.out.println(a>b);//true
>=	大于或等于,左边操作数大于或等于右边操作数,则返回 true；否则返回 false	int a=5,b=3； System.out.println(a>=b);//true
<	小于,左边操作数小于右边操作数,则返回 true；否则返回 false	int a=5,b=3； System.out.println(a<b);//false
<=	小于或等于,左边操作数小于或等于右边操作数,则返回 true；否则返回 false	int a=5,b=3； System.out.println(a<=b);//false
==	等于,两个操作数相等,则返回 true；否则返回 false	int a=5,b=3； System.out.println(a==b);//false

注意 关系运算符中"＝＝"比较特别,如果进行比较的两个操作数都是数值类型,即使它们的数据类型不同,只要它们的值相等,都将返回 true,例如,'a'＝＝97 返回 true,5＝＝5.0 也返回 true。如果两个操作数都是引用类型,则只有当两个引用变量的类型具有继承关系时才可以比较,且这两个引用必须指向同一个对象(地址相同)才会返回 true。如果两个操作数是布尔类型的值也可以进行比较,例如,true＝＝false 返回 false。

下述代码演示关系运算符的使用。

【代码 2-8】 **CompareOper. java**

```
public class CompareOper {

    public static void main(String[] args) {
        int a = 5;
```

```
        int b = 3;
        System.out.println(a + ">" + b + "结果为" + (a > b));
        System.out.println(a + ">=" + b + "结果为" + (a >= b));
        System.out.println(a + "<" + b + "结果为" + (a < b));
        System.out.println(a + "<=" + b + "结果为" + (a <= b));
        System.out.println(a + "==" + b + "结果为" + (a == b));
        //'a'的ASCII值为97,因此相等,结果为true
        System.out.println("'a' == 97 结果为" + ('a' == 97));
    }
}
```

运行结果如下所示:

```
5>3 结果为 true
5>=3 结果为 true
5<3 结果为 false
5<=3 结果为 false
5==3 结果为 false
'a' == 97 结果为 true
```

4. 逻辑运算符

逻辑运算符用于操作两个布尔类型的变量或常量,Java 中的逻辑运算符如表 2-10 所示。

表 2-10　逻辑运算符

操作符	描　　述	示　　例
&&	逻辑与,前后两个操作数都为 true,则返回 true	boolean a＝true,b＝false; System.out.println(a&&b);//false
||	逻辑或,前后两个操作数都为 false,则返回 false	boolean a＝true,b＝false; System.out.println(a||b);//true

布尔运算所遵循的真值表如表 2-11 所示。

表 2-11　逻辑运算真值表

A	B	A && B	A || B
true	true	true	true
true	false	false	true
false	true	false	true
false	false	false	false

下述代码演示逻辑运算符的使用。

【代码 2-9】　LogicOper.java

```
public class LogicOper {

    public static void main(String[] args) {
        //&&
```

```
            System.out.println("true && true = " + (true && true));
            System.out.println("true && false = " + (true && false));
            System.out.println("false && true = " + (false && true));
            System.out.println("false && false = " + (false && false));
            //||
            System.out.println("true || true = " + (true || true));
            System.out.println("true || false = " + (true || false));
            System.out.println("false || true = " + (false || true));
            System.out.println("false || false = " + (false || false));
        }
}
```

运行结果如下所示：

```
true && true = true
true && false = false
false && true = false
false && false = false
true || true = true
true || false = true
false || true = true
false || false = false
```

注意 在逻辑运算时，为了提高运行效率，Java 提供了"短路运算"功能。"&&"运算符检查第一个操作数是否为 false，如果是 false，则结果必为 false，无须检查第二个操作数。"||"运算符检查第一个表达式是否为 true，如果是 true，则结果必为 true，无须检查第二个操作数。因此，对于"&&"当第一个操作数为 false 时会出现短路；对于"||"当第一个操作数为 true 时会出现短路。

下述代码段演示"&&"和"||"运算符的短路功能。因为除数 b＝0，所以直观上两条 if 语句的判断条件中"a/b<1"会产生异常，但是，实际上该代码段仍然能够正常执行，因为在第一条 if 语句中，a<0 为 false，后面的关系表达式与"&&"运算符结合也不会改变整个判断条件为 false 的情况，所以 Java 不会执行 a/b<1 表达式，当然就不会出现异常情况；同理，第二个 if 语句中，a>0 为 true，则后面的关系表达式与"||"运算符结合也不会改变整个判断条件为 true 的情况，所以 Java 也不会执行 a/b<1 表达式。

```
int a = 10, b = 0;
if (a < 0 && a / b < 1)
    System.out.println("逻辑与 && 的短路运算");
if (a > 0 || a / b < 1)
    System.out.println("逻辑或||的短路运算");
```

5. 赋值运算符

赋值运算符用于为变量指定变量值，Java 中使用"＝"作为赋值运算符。通常使用"＝"可以直接将一个值赋给变量，例如：

```
int a = 3;
float b = 3.14f;
```

除此之外,也可以使用"="将一个变量值或表达式的值赋给另一个变量,例如:

```
int a = 3;
float b = a;
double d = b + 3;
```

赋值运算符可与算术运算符、位运算符结合,扩展成混合赋值运算符。扩展后的混合赋值运算符如表 2-12 所示。

表 2-12　混合赋值运算符

混合赋值运算符	示　　例	等　价　于
＋＝	a ＋＝ b	a＝a＋b
－＝	a －＝ b	a＝a－b
＊＝	a ＊＝ b	a＝a＊b
/＝	a/＝b	a＝a/b
％＝	a％＝b	a＝a％b
＆＝	a＆＝b	a＝a＆b
｜＝	a｜＝b	a＝a｜b
＾＝	a＾＝b	a＝a＾b
＜＜＝	a＜＜＝b	a＝a＜＜b
＞＞＝	a＞＞＝b	a＝a＞＞b
＞＞＞＝	a＞＞＞＝b	a＝a＞＞＞b

下述代码演示赋值运算符的使用。

【代码 2-10】　ValueOper. java

```java
public class ValueOper {

    public static void main(String[] args) {
        int a = 8;
        int b = 3;
        System.out.println(a += b);
        System.out.println(a -= b);
        System.out.println(a *= b);
        System.out.println(a /= b);
        System.out.println(a %= b);
        System.out.println(a &= b);
        System.out.println(a |= b);
        System.out.println(a <<= b);
        System.out.println(a >>= b);
        System.out.println(a >>>= b);
    }
}
```

运行结果如下所示:

```
11
5
24
2
2
2
3
24
3
0
```

2.4.3 三元操作符

Java 中只有一个三元操作符是"? :",其语法格式如下:

【语法】

```
表达式? value1 : value2
```

其中:

- 表达式的值必须为布尔类型,可以是关系表达式或逻辑表达式;
- 若表达式的值为 true,则返回 value1 的值;
- 若表达式的值为 false,则返回 value2 的值。

【示例】 三元操作符

```
//判断 a>b 是否为真,如果为真则返回 a 的值,否则返回 b 的值,实现获取两个数中的最大数
a>b ? a : b
```

下述代码用于演示三元运算符的使用。

【代码 2-11】 ThreeOper. java

```java
public class ThreeOper {

    public static void main(String[ ] args) {
        int a = 56;
        int b = 45;
        int c = 78;
        System. out. println("a > b ? a : b = " + (a > b ? a : b));
        System. out. println("a > c ? a : c = " + (a > c ? a : c));
    }
}
```

运行结果如下所示:

```
a > b ? a : b = 56
a > c ? a : c = 78
```

2.4.4 运算符优先级

通常数学运算都是从左到右，只有一元运算符、赋值运算符和三元运算符除外。一元运算符、赋值运算符和三元运算符是从右向左结合的，即从右向左运算。

乘法和加法是两个可结合的运算，即＋、∗运算符左右两边的操作数可以互换位置而不会影响结果。

运算符具有不同的优先级，所谓优先级，是指在表达式运算中的运算顺序。在表达式求值时，会先按运算符的优先级别由高到低的次序执行，例如，算术运算符中采用"先乘除后加减"。表 2-13 列出了包括分隔符在内的所有运算符的优先级，上一行中的运算符总是优先于下一行。

表 2-13 运算符优先级表

优先级（由高到低）	运　算　符
分隔符	.、[]、()、{}、,、;
一元运算	++、--、!、~
强制类型转换	(type)
乘、除、取余	*、/、%
加、减	+、-
移位运算符	>>、>>>、<<
关系大小运算符	>、<、>=、<=
等价运算符	==、!=
按位与	&
按位异或	^
按位或		
逻辑与	&&
逻辑或	||
三元运算符	? :
赋值运算符	=、+=、-=、*=、/=、%=、^=、&=、|=、<<=、>>=、>>>=

注意　不要把一个表达式写得太复杂，如果一个表达式过于复杂，则把它分成多步来完成；不要过多依赖运算符的优先级来控制表达式的执行顺序，以免降低可读性，尽量使用()来控制表达式的执行顺序。

2.5 流程控制

程序是由一系列指令组成的，这些指令称为语句。Java 中有多种语句，有些语句用于控制程序的执行流程，即执行顺序，这样的语句称为"控制语句"。

Java 中的控制语句有以下三大类。

- 分支语句：if 和 switch 语句；
- 循环语句：while、do-while 和 for 循环语句；
- 转移语句：break、continue 和 return 语句。

2.5.1 分支结构

分支结构是根据表达式条件的成立与否,决定执行哪些语句的结构,其作用是让程序根据具体情况选择性地执行代码。

Java 中提供的分支语句有以下两个:

- if 条件语句;
- switch 多分支语句。

1. if 条件语句

if 条件语句是最常用的分支结构,其语法格式如下:

【语法】

```
if(条件表达式 1) {语句块 1}
[else if(条件表达式 2) {语句块 2}]
[else if(条件表达式 3) {语句块 3}]
…
[else {语句块 n}]
```

其中:

- 所有条件表达式的结果为布尔值(true 或 false)。
- 当"条件表达式 1"为 true 时,执行 if 语句中的"语句块 1"部分。
- 当"条件表达式 1"为 false 时,执行 else if 语句,继续向下判断条件表达式,哪个条件表达式成立,执行相应的语句块。
- 当所有条件表达式为 false 时,执行 else 语句中的"语句块 n"部分。
- else if 可以有多个。
- []括起来的 else if、else 可以省略。

根据语法规则,可以将 if 语句分为如下三种形式。

【语法】 形式一

```
if(条件表达式){
    语句块
}
```

下面代码演示 if 条件语句形式一的使用。

```
double score = 88;;
if(score > 60){
    System.out.println("你的成绩合格");
}
```

【语法】 形式二

```
if(条件表达式) {
    语句块
```

```
}else{
    语句块
}
```

下面代码演示 if 条件语句形式二的使用。

```
double score = 88;;
if(score > 60){
    System.out.println("你的成绩合格");
}else{
    System.out.println("你的成绩不合格");
}
```

【语法】 形式三

```
if(条件表达式) {
    语句块
}else if(条件表达式){
    语句块
} else if(条件表达式){
    语句块
}
...//可以有多个 else if 语句
else{
    语句块
}
```

if 语句的这三种形式中,形式一是最简单的,形式二是最常用的,形式三是多分支的。图 2-5 演示 if 语句中常用的"形式二"if-else 语句运行流程。

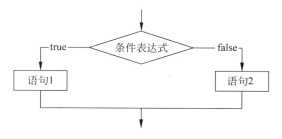

图 2-5 if-else 流程图

下述代码演示 if 条件语句形式三的使用。

【代码 2-12】 **IfDemo. java**

```
public class IfDemo {

    public static void main(String[] args) {
        int g = 67;
        //判断 g 是否是负数
        if (g < 0) {
```

```
            System.out.println("负数");
        }

        //判断 g 是偶数还是奇数
        if (g % 2 == 0) {
            System.out.println("偶数");
        } else {
            System.out.println("奇数");
        }

        //判断 g 的等级
        if (g >= 90) {
            System.out.println("优秀");
        } else if (g >= 80) {
            System.out.println("良好");
        } else if (g >= 70) {
            System.out.println("中等");
        } else if (g >= 60) {
            System.out.println("及格");
        } else {
            System.out.println("不及格");
        }
    }
}
```

运行结果如下所示：

```
奇数
及格
```

2. switch 语句

switch 语句是由一个控制表达式和多个 case 标签组成的，与 if 语句不同的是，switch 语句后面的控制表达式的数据类型只能是 byte、short、char、int 四种类型，boolean 类型等其他类型是不被允许的，但从 Java 7 开始允许枚举类型和 String 字符串类型。

switch 语句的语法格式如下：

【语法】

```
switch (控制表达式){
    case value1 :
        语句 1;
        break;
    case value2 :
        语句 2;
        break;
    ...
    case valueN :
        语句 N;
```

```
        break;
    [default : 默认语句; ]
}
```

其中,switch 语句需要注意以下几点:

- 控制表达式的数据类型只能是 byte、short、char、int、String 和枚举类型。
- case 标签后的 value 值必须是常量,且数据类型必须与控制表达式的值保持一致。
- break 用于跳出 switch 语句,即当执行完一个 case 分支后,终止 switch 语句的执行;只有在一些特殊情况下,当多个连续的 case 值要执行一组相同的操作时,此时可以不用 break。
- default 语句是可选的。用在当所有 case 语句都不匹配控制表达式值时,默认执行的语句。

switch 语句执行顺序是先对控制表达式求值,然后将值依次匹配 case 标签后的 value1,value2,…,valueN,遇到匹配的值就执行对应的语句块,如果所有的 case 标签后的值都不能与控制表达式的值匹配,则执行 default 标签后的默认语句块。switch 语句的执行流程图如图 2-6 所示。

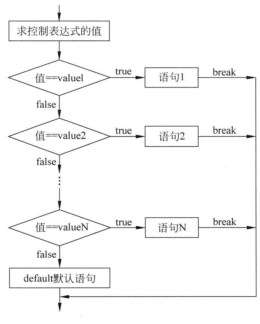

图 2-6　switch 流程图

下述代码使用 switch 语句实现判断成绩的等级。

【代码 2-13】　SwitchDemo1.java

```java
public class SwitchDemo1 {

    public static void main(String[] args) {
        int g = 67;
```

```
        //使用 switch 判断 g 的等级
        switch (g / 10) {
        case 10:
        case 9:
            System.out.println("优秀");
            break;
        case 8:
            System.out.println("良好");
            break;
        case 7:
            System.out.println("中等");
            break;
        case 6:
            System.out.println("及格");
            break;
        default:
            System.out.println("不及格");
        }
    }
}
```

上述代码中先计算"g/10",因 g 是整数,所以结果也是整数,即取整数部分值,例如,67/10＝6;case 10 后面没有语句,将向下进入到 case 9 中,即当值为 10 或 9 时都输出"优秀"。运行结果如下所示:

```
及格
```

从 Java 7 开始增强了 switch 语句的功能,允许控制表达式的值是 String 字符串类型的变量或表达式,下述代码演示 switch 增强功能。

【代码 2-14】 **SwitchDemo2. java**

```
public class SwitchDemo2 {

    public static void main(String[] args) {
        //声明变量 season 是字符串,注意 JDK 版本是 7 以上才能支持
        String season = "秋天";
        //执行 switch 分支语句
        switch (season) {
        case "春天":
            System.out.println("春暖花开.");
            break;
        case "夏天":
            System.out.println("夏日炎炎.");
            break;
        case "秋天":
            System.out.println("秋高气爽.");
            break;
        case "冬天":
            System.out.println("冬雪皑皑.");
```

```
            break;
        default:
            System.out.println("季节输入错误");
        }
    }
}
```

运行结果如下所示：

```
秋高气爽.
```

2.5.2 循环结构

循环结构可以在满足循环条件的情况下反复执行某一段代码,这段被重复执行的代码被称为"循环体"。

Java 语言中提供的循环语句有以下三种：

- for 循环；
- while 循环；
- do-while 循环。

1. for 循环

for 循环是最常见的循环语句,其语法结构非常简洁,一般用在循环次数已知的情形下,即固定循环。for 循环的语句结构如下：

视频讲解

【语法】

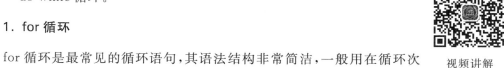

```
for ([初始化表达式];[条件表达式];[迭代表达式]){
    循环体
}
```

其中：

- 初始化表达式只在循环开始之前执行一次；
- 初始化表达式、条件表达式以及迭代表达式都可以省略,但分号不能省,当三者都省略时将成为一个无限循环(死循环)；
- 在初始化表达式和迭代表达式中可以使用逗号隔开多个语句。

for 循环的执行顺序是首先执行初始化表达式,然后判断条件表达式是否为 true；如果为 true,则执行循环体中的语句,紧接着执行迭代表达式,完成一次循环,进入下一次循环；如果为 false,则终止循环。注意,下次循环依然要先判断条件表达式是否成立,并根据判断结果进行相应操作。for 循环执行流程图如图 2-7 所示。

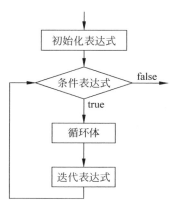

图 2-7　for 循环流程图

下述代码使用 for 循环语句输出 1～10 的数。

【代码 2-15】 ForDemo1.java

```java
public class ForDemo1 {

    public static void main(String[] args) {
        //循环的初始化,循环条件,循环迭代语句都在下面一行
        for (int count = 1; count <= 10; count++) {
            System.out.println(count);
        }
        System.out.println("循环结束!");
    }
}
```

上述代码 count 从 1 开始,只要小于等于 10 就不断循环输出当前 count 值,每次循环体结束,count 值增加 1 并进入下一次循环;当循环 10 次以后,条件不满足则终止循环。

运行结果如下所示:

```
1
2
3
4
5
6
7
8
9
10
循环结束!
```

下述代码使用 for 循环求 1～100 的和。

【代码 2-16】 ForDemo2.java

```java
public class ForDemo2 {

    public static void main(String[] args) {
        //使用 for 循环求 1～100 的和
        int sum = 0;
        for (int i = 1; i <= 100; i++) {
            sum += i;
        }
        System.out.println("1～100 的和是: " + sum);
    }
}
```

上述代码中 for 语句的循环体将循环执行 100 次,每次循环将当前 i 的值加到 sum 中,当循环终止时,sum 的值就是 1～100 的和。

运行结果如下所示：

```
1~100 的和是: 5050
```

for 循环可以嵌套，下述代码使用嵌套的 for 循环打印九九乘法表。

【代码 2-17】 ForDemo3.java

```java
public class ForDemo3 {

    public static void main(String[] args) {
        //嵌套的 for 循环打印九九乘法表
        //第一个 for 控制行
        for (int i = 1; i <= 9; i++) {
            //第二个 for 控制列,即每行中输出的算式
            for (int j = 1; j <= i; j++) {
                //输出 j * i = n 格式,例如 2 * 3 = 6
                System.out.print(j + " * " + i + " = " + i * j + " ");
            }
            //换行
            System.out.println();
        }
    }
}
```

上述代码中第二个 for 循环体中的输出语句使用的是 System.out.print()，该语句输出内容后不换行；而第一个 for 循环体中使用 System.out.println()直接换行。

运行结果如下所示：

```
1 * 1 = 1
1 * 2 = 2 2 * 2 = 4
1 * 3 = 3 2 * 3 = 6 3 * 3 = 9
1 * 4 = 4 2 * 4 = 8 3 * 4 = 12 4 * 4 = 16
1 * 5 = 5 2 * 5 = 10 3 * 5 = 15 4 * 5 = 20 5 * 5 = 25
1 * 6 = 6 2 * 6 = 12 3 * 6 = 18 4 * 6 = 24 5 * 6 = 30 6 * 6 = 36
1 * 7 = 7 2 * 7 = 14 3 * 7 = 21 4 * 7 = 28 5 * 7 = 35 6 * 7 = 42 7 * 7 = 49
1 * 8 = 8 2 * 8 = 16 3 * 8 = 24 4 * 8 = 32 5 * 8 = 40 6 * 8 = 48 7 * 8 = 56 8 * 8 = 64
1 * 9 = 9 2 * 9 = 18 3 * 9 = 27 4 * 9 = 36 5 * 9 = 45 6 * 9 = 54 7 * 9 = 63 8 * 9 = 72 9 * 9 = 81
```

2. while 循环

while 循环语句的语法格式如下：

【语法】

```
while (条件表达式){
    循环体
}
```

视频讲解

while 循环语句的执行顺序是先判断条件表达式是否为 true,如果为 true,则执行循环体内的语句,再进入下一次循环;如果条件表达式为 false,则终止循环。while 循环的执行流程图如图 2-8 所示。

下述代码使用 while 循环实现求 1～100 的和。

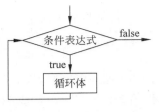

图 2-8　while 循环流程图

【代码 2-18】　WhileDemo.java

```java
public class WhileDemo {

    public static void main(String[] args) {
        //使用 while 循环求 1～100 的和
        int sum = 0;
        int i = 1;
        while (i <= 100) {
            sum += i;
            i++;
        }
        System.out.println("1～100 的和是: " + sum);
    }
}
```

上述代码中 while 循环体的最后一个语句是"i++;",与 for 循环中的迭代表达式一样,进行增量运算,如果没有这条语句会出现死循环。

运行结果如下所示:

```
1～100 的和是: 5050
```

3. do-while 循环

do-while 循环与 while 循环类似,只是 while 要先判断后循环,而 do-while 则是先循环后判断,do-while 至少会循环一次。

do-while 循环的语法结构如下:

【语法】

```
do {
    循环体
} while (条件表达式);
```

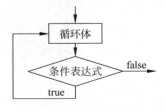

图 2-9　do-while 循环流程图

do-while 循环的执行顺序是先执行一次 do 语句块,然后再判断条件表达式是否为 true,如果为 true,则进入下一次循环;如果为 false,则终止循环。

do-while 语句执行流程图如图 2-9 所示。

下述代码使用 do-while 循环实现求 1～100 的和。

【代码 2-19】　DoWhileDemo.java

```java
public class DoWhileDemo {

    public static void main(String[] args) {
        //使用 do-while 循环求 1~100 的和
        int sum = 0;
        int i = 1;
        do {
            sum += i;
            i++;
        } while (i <= 100);
        System.out.println("1~100 的和是: " + sum);
    }

}
```

上述代码演示 do-while 的功能与 while 一样,其运行结果是一致的。
运行结果如下所示:

```
1~100 的和是: 5050
```

2.5.3　转移语句

Java 语言没有提供 goto 语句来控制程序的跳转,此种做法提高了程序的可读性,但也降低了程序的灵活性。为了弥补这种不足,Java 提供一些转移语句来控制分支和循环结构,使程序员更方便地控制程序执行的方向。

视频讲解

Java 有三个转移语句: break 语句、continue 语句以及 return 语句。

1. break 语句

break 语句用于终止分支结构或循环结构,其主要用于以下三种情况:

- 在 switch 语句中,用于终止 case 语句,跳出 switch 分支结构。
- 在循环结构中,用于终止循环语句,跳出循环结构。
- 与标签语句配合使用,从内层循环或内层程序块中退出。

下述代码使用 break 语句终止循环。

【代码 2-20】 **BreakDemo1.java**

```java
public class BreakDemo1 {

    public static void main(String[] args) {
        for (int i = 1; i <= 10; i++) {
            if (i == 5) {
```

```
                System.out.println("找到目标,结束循环!");
                //终止循环
                break;
            }
            System.out.println(i);              //打印当前的 i 值
        }
    }
}
```

运行结果如下所示:

```
1
2
3
4
找到目标,结束循环!
```

在嵌套的循环语句中,break 语句不仅可以结束其所在的循环,还可以直接结束其外层循环,此时需要在 break 后跟一个标签,该标签用于标识一个外层循环。下述代码演示带标签的 break 语句。

【代码 2-21】 BreakDemo2.java

```java
public class BreakDemo2 {

    public static void main(String[] args) {
        //外层循环,outer 作为标识符
        outer: for (int i = 0; i < 5; i++) {
            //内层循环
            for (int j = 0; j < 3; j++) {
                System.out.println("i 的值为:" + i + " j 的值为:" + j);
                if (j == 1) {
                    //跳出 outer 标签所标识的循环
                    break outer;
                }
            }
        }
    }
}
```

上述代码在外层 for 循环前增加"outer:"作为标识符,当 break outer 时则跳出它所标志的外层循环。

运行结果如下所示:

```
i 的值为:0   j 的值为:0
i 的值为:0   j 的值为:1
```

2. continue 语句

continue 的功能与 break 有点类似,区别是 continue 只是忽略本次循环体剩下的语句,接着进入到下一次循环,并不会终止循环;而 break 则是完全终止循环。

下述代码演示 continue 语句的使用。

【代码 2-22】　**ContinueDemo. java**

```java
public class ContinueDemo {

    public static void main(String[] args) {
        for (int i = 1; i <= 10; i++) {
            if (i == 5) {
                System.out.println("找到目标,继续循环!");
                //跳出本次循环,进入下一次循环
                continue;
            }
            System.out.println(i);          //打印当前的 i 值
        }
    }
}
```

运行结果如下所示:

```
1
2
3
4
找到目标,继续循环!
6
7
8
9
10
```

3. return 语句

return 语句并不是专门用于结束循环的,通常用在方法中,以便结束一个方法。return 语句主要有以下两种使用格式:

- 单独一个 return 关键字;
- return 关键字后面可以跟变量、常量或表达式,例如:

```
return 0;
```

当含有 return 语句的方法被调用时,执行 return 语句将从当前方法中退出,返回到调用该方法的语句处。如果执行的 return 语句是第一种格式,则不返回任何值;如果是第二种格式,则返回一个值。

注意　因本章内容还未涉及方法,此处将不再深入介绍,关于方法中 return 语句的使用将在本书第 3 章再做详细介绍。

【代码 2-23】　**ReturnDemo. java**

```java
public class ReturnDemo {

    public static void main(String[] args) {
        //一个简单的 for 循环
        for (int i = 0; i < 3; i++) {
            System.out.println("i 的值是" + i);
            if (i == 5) {
                //返回,结束 main 方法
                return;
            }
            System.out.println("return 后的输出语句");
        }
    }
}
```

上述代码中使用 return 语句返回并结束 main 方法,相应 for 循环也结束。
运行结果如下所示:

```
i 的值是 0
return 后的输出语句
i 的值是 1
return 后的输出语句
i 的值是 2
return 后的输出语句
```

2.6　数组

视频讲解　　　视频讲解　　　视频讲解

数组是编程语言中常见的一种数据结构。通常,数组用来存储一组大小固定并且类型相同的数据,这些数据可以通过索引进行访问。根据数组存放元素的组织结构,可将数组分为一维数组、二维数组以及多维数组(三维及以上)。程序中经常使用一维数组,而二维以及多维数组都可以转换成一维数组进行处理,因此本书主要介绍一维数组的使用,并简单介绍二维数组,而多维数组不在本书介绍范围中。

2.6.1　创建数组

声明一维数组的语法格式如下:

【语法】

数据类型[ ] 数组名;

或

```
数据类型 数组名[];
```

> 注意　[ ]是一维数组的标识,可放置在数组名前面也可以放在数组名后面,面向对象更侧重放在前面;保留放在后面是为了迎合 C 程序员。

【示例】　声明一维数组

```
int a[];              //声明一个整型数组
float []b;            //声明一个单精度浮点型数组
char []c;             //声明一个字符型数组
double []d;           //声明一个双精度浮点型数组
boolean []e;          //声明一个布尔型数组
```

上述代码只是声明了数组变量,在内存中并没有给数组分配空间,因此还不能访问数组中的数据。要访问数组,需在内存中给数组分配存储空间,并指定数组的长度。

【示例】　给数组分配存储空间

```
int[] array = new int[100];
```

上面语句通过 new 关键字来创建一个整型数组,为数组分配存储空间,其长度为 100,因 array 是 int 类型,因此,系统会在内存中分配 100 个 int 类型数据所占用的空间(100×4 个字节),用以存储 100 个整数。

访问数组中某个元素的语法格式如下:

【语法】

```
数组名[下标索引]
```

其中,数组的下标索引从 0 开始,取值范围必须为 0～(数组的长度-1)。例如,array[0]是数组中的第 1 个元素,array[8]是数组的第 9 个元素,上例中,array 数组的下标范围是 0～99。数组的长度可以通过"数组名.length"进行获取。例如,获取 array 数组的长度可以使用 array.length,上例中,其返回值为 100。

> 注意　数组被创建后,其大小不能改变,但数组中的各个元素值是可以改变的;且访问数组中的元素时,下标索引不能越界,范围必须为 0～length-1,否则容易引发数组越界异常。

下述代码演示一维数组的创建及使用。

【代码 2-24】　ArrayDemo1.java

```
public class ArrayDemo1 {
    public static void main(String args[]) {
        //声明一个整型数组 a
        int[] a;
        //给数组 a 分配存储空间: 10 * 4 个字节
```

```
        a = new int[10];
        //定义一个长度为 10 的双精度浮点型数组
        double[] b = new double[10];
        //定义一个长度为 100 的字符型数组 c
        char[] c = new char[100];
        //定义一个长度为 20 的布尔型数组
        boolean[] d = new boolean[20];
        //定义一个长度为 5 的字符串数组
        String[] s = new String[5];
        /* 下面输出各数组的数组名,注意输出的内容 */
        System.out.println(a);              //输出数组对象的哈希码
        System.out.println(b);              //输出数组对象的哈希码
        System.out.println(c);              //输出字符型数组中的内容
        System.out.println(d);              //输出数组对象的哈希码
        System.out.println(s);              //输出数组对象的哈希码
        System.out.println(" ***************** ");
        /* 下面输出各数组中第一个元素的值,注意输出的内容 */
        System.out.println(a[0]);
        System.out.println(b[0]);
        System.out.println(c[0]);
        System.out.println(d[0]);
        System.out.println(s[0]);
        System.out.println(" ***************** ");
        /* 下面输出各数组的长度 */
        System.out.println("a.length = " + a.length);
        System.out.println("b.length = " + b.length);
        System.out.println("c.length = " + c.length);
        System.out.println("d.length = " + d.length);
        System.out.println("s.length = " + s.length);
    }
}
```

运行结果如下所示:

```
[I@1db9742
[D@106d69c

[Z@52e922
[Ljava.lang.String;@25154f
*****************
0
0.0

false
null
 *****************
a.length = 10
b.length = 10
c.length = 100
d.length = 20
s.length = 5
```

　　分析运行结果,可以看到直接输出数组名时会输出一些如"[I@de6ced"的特殊信息,其实这些信息是数组对象的哈希码(使用十六进制显示)。但字符型数组比较特别,输出字符型数组名时没有输出数组对象的哈希码,而是输出一个空字符串"",这是因为在 Java 中会将一个字符型数组看成一个字符串,输出该字符串的内容而不是地址。

　　当数组使用 new 分配存储空间后,数组中的元素会具有默认初始值,其中:

- 数值类型的数组初始值为 0;
- 布尔类型的为 false;
- 字符型的为'\0'(字符串结束标识);
- 引用类型的则为 null(空引用)。例如,字符串 String 就是引用类型。

　　数组在内存中的组织结构如图 2-10 所示,数组变量名存放在栈里,而数组元素存放在堆里;数组名中存放的数据是数组的首地址,根据首地址可以找到数组中的每个元素;系统为数组分配的存储空间是连续的、指定长度的且大小固定不变的。

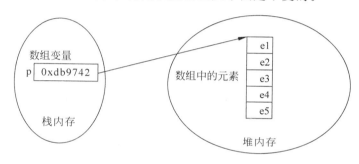

图 2-10　数组在内存中的组织结构

　　由上述内容可以总结出创建数组时系统会完成以下三步操作:

(1) 在栈内存中创建一个数组变量;

(2) 在堆内存中给数组分配存储空间;

(3) 初始化数组中的元素值(即给数组元素初始化一个相应数据类型的默认值)。

2.6.2　初始化数组

　　程序应用中数组元素的值经常是指定值,而非默认值,此时就需要将数组进行初始化。Java 中数组的初始化方式有两种:静态初始化和动态初始化。

1. 数组静态初始化

　　数组的静态初始化,就是在定义数组的同时就对该数组进行初始化,示例如下所示:

【示例】　数组静态初始化

```
int[] a = {1,2,3,4,5};
```

　　上面语句定义了一个整型的数组 a,在"="后面使用"{}"对其初始化,大括号中的各个数据之间使用","分隔开。此时数组的长度由大括号中数值的个数决定,因此数组 a 的长度为 5。

对数组静态初始化时不要指定数组的大小,即"[ ]"中不要有数字,否则将引发错误;但可以使用 new,下面示例同样实现数组的静态初始化。

【示例】 数组静态初始化

```
int[] a = new int[]{1,2,3,4,5};
```

2. 数组动态初始化

数组的动态初始化,就是将数组的定义和数组的初始化分开进行,示例如下:

【示例】 数组动态初始化

```
int[] a = new int[2];          //定义一个长度为 2 的整型数组
a[0] = 1;                      //第一个元素赋值为 1
a[1] = 2;                      //第二个元素赋值为 2
```

上述代码对数组中的每个元素分别赋值,指定其对应的值。当数组元素多且数据有规律时,可以使用循环语句对数组中的各元素进行赋值,示例如下:

【示例】 数组动态初始化

```
int[] array = new int[10];     //定义一个长度为 10 的整型数组
for (int i = 0; i < 10; i++) {
    array[i] = i + 1;
}
```

下述代码演示数组的使用。

【代码 2-25】 **ArrayDemo2. java**

```java
public class ArrayDemo2 {

    public static void main(String[] args) {
        //定义并初始化数组,使用静态初始化
        int[] a = { 5, 7, 20 };
        //定义并初始化数组,使用动态初始化
        int[] b = new int[4];
        for (int i = 0; i < b.length; i++) {
            b[i] = i + 1;
        }
        //循环输出 a 数组的元素
        System.out.println("数组 a 中的元素是: ");
        for (int i = 0, len = a.length; i < len; i++) {
            System.out.print(a[i] + " ");
        }
        System.out.println();
        //输出 b 数组的长度
        System.out.println("b 数组的长度为: " + b.length);
        System.out.println("数组 b 中的元素是: ");
        //循环输出 b 数组的元素
        for (int i = 0, len = b.length; i < len; i++) {
```

```
            System.out.print(b[i] + " ");
        }
        System.out.println();
        //因为a是int[]类型,b也是int[]类型,所以可以将a的值赋给b
        //也就是让b引用指向a引用指向的数组
        b = a;
        //再次输出b数组的长度
        System.out.println("b数组的长度为: " + b.length);
    }
}
```

运行结果如下所示:

```
数组a中的元素是:
5 7 20
b数组的长度为: 4
数组b中的元素是:
1 2 3 4
b数组的长度为: 3
```

2.6.3 foreach 遍历数组

从 JDK 1.5 之后,Java 提供了一种更简单的循环:foreach 循环,这种循环遍历数组和集合更加简洁。使用 foreach 循环遍历数组和集合元素时,无须获得数组和集合长度,也无须根据索引来访问数组元素和集合元素,foreach 循环自动遍历数组和集合的每个元素。

当使用 foreach 循环来输出数组或集合中的元素时,通常不要对循环变量进行赋值,虽然这种赋值在语法上是允许的,但没有太大的意义,而且极容易引起错误。

foreach 语句的语法结构如下所示:

【语法】

```
for(数据类型 变量名:数组名)
```

其中,foreach 语句中的数据类型必须与数组的数据类型一致。

下述代码演示 foreach 语句的使用。

【代码 2-26】 ForeachDemo.java

```java
public class ForeachDemo {

    public static void main(String[] args) {
        //定义并初始化数组,使用静态初始化
        int[] a = { 5, 7, 20 };

        //使用foreach语句遍历输出a数组中的元素
        System.out.println("数组a中的元素是: ");
        for (int e : a) {
            System.out.println(e);
        }
```

```
    }
}
```

运行结果如下所示：

```
数组 a 中的元素是：
5
7
20
```

上述代码中 foreach 语句的代码如下：

```
for (int e : a) {
    System.out.println(e);
}
```

其功能等价于下面一段代码：

```
for (int i = 0; i < a.length; i++) {
    System.out.println(a[i]);
}
```

对比之后会发现 foreach 语句非常简练，因此在遍历输出数组或集合元素时经常采用此种方式。

2.6.4 二维数组

如果一维数组中的每个元素还是一维数组，则这种数组就被称为"二维数组"。二维数组经常用于解决矩阵方面的问题。

定义二维数组的语法格式如下：

【语法】

```
数据类型[][]数组名；
```

【示例】 二维数组

```
int[][] a;
```

二维数组的创建及初始化与一维数组类似，也可以使用静态初始化和动态初始化两种，示例如下：

【示例】 创建二维数组并初始化

```
int[][] a = {{1,2},{3,4},{5,6}}        //静态初始化
int[][] b = new int[2][2];             //动态初始化
b[0][0] = 1;                           //第 1 行第 2 个元素赋值
b[0][1] = 2;                           //第 1 行第 2 个元素赋值
b[1][0] = 3;                           //第 2 行第 1 个元素赋值
b[1][1] = 4;                           //第 2 行第 2 个元素赋值
```

使用二维数组时,通过指定数组名和各维的索引来引用,各维的索引号依然从 0 开始。图 2-11 为上述代码中二维数组 b 在内存中的存储情况。

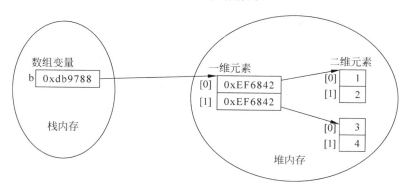

图 2-11 内存中的二维数组

下述代码演示二维数组的使用。

【代码 2-27】 Array2DDemo.java

```java
public class Array2DDemo {

    public static void main(String[] args) {
        //二维数组静态初始化
        int[][] a = { { 1, 2, 3 }, { 4, 5, 6 } };
        System.out.println("数组 a 一维长度：" + a.length);
        System.out.println("数组 a 二维长度：" + a[0].length);
        System.out.println("数组 a 中的元素：");
        //使用嵌套的 for 循环输出
        for (int i = 0; i < a.length; i++) {
            for (int j = 0; j < a[i].length; j++) {
                System.out.print(a[i][j] + " ");
            }
            System.out.println();
        }
        System.out.println(" -------------------------- ");
        //二维数组动态初始化,一维和二维都指定长度
        int[][] c = new int[3][4];
        //使用嵌套的 for 循环初始化二维数组
        for (int i = 0; i < c.length; i++) {
            for (int j = 0; j < c[i].length; j++) {
                c[i][j] = i + j;
            }
        }
        System.out.println("数组 c 中的元素：");
        //使用嵌套的 for 循环输出
        for (int i = 0; i < c.length; i++) {
            for (int j = 0; j < c[i].length; j++) {
                System.out.print(c[i][j] + " ");
```

```
            }
            System.out.println();
        }
        System.out.println(" --------------------------- ");
        //声明二维数组时,只给出一维长度
        int[][] d = new int[2][];
        //二维长度不等
        d[0] = new int[3];
        d[1] = new int[4];
        //初始化
        for (int i = 0; i < d.length; i++) {
            for (int j = 0; j < d[i].length; j++) {
                d[i][j] = i + j;
            }
        }
        System.out.println("数组 d 中的元素: ");
        //使用嵌套的 for 循环输出
        for (int i = 0; i < d.length; i++) {
            for (int j = 0; j < d[i].length; j++) {
                System.out.print(d[i][j] + " ");
            }
            System.out.println();
        }
    }
}
```

上述代码使用嵌套的 for 循环对二维数组进行初始化或输出,其中外层 for 控制行,内层 for 控制列,每行结束时才换行。运行结果如下所示:

```
数组 a 一维长度: 2
数组 a 二维长度: 3
数组 a 中的元素:
1 2 3
4 5 6
 ---------------------------
数组 c 中的元素:
0 1 2 3
1 2 3 4
2 3 4 5
 ---------------------------
数组 d 中的元素:
0 1 2
1 2 3 4
```

2.7 贯穿任务实现

2.7.1 实现【任务 2-1】

下述代码实现 Q-DMS 贯穿项目中的【任务 2-1】使用循环语句实现菜单驱动,当用户选择 0 时退出应用。

【任务 2-1】 **MenuDriver. java**

```java
package com.qst.dms.dos;
import java.util.Scanner;
public class MenuDriver {

    public static void main(String[] args) {
        //建立一个从键盘接收数据的扫描器
        Scanner scanner = new Scanner(System.in);
        while (true) {
            //输出菜单
            System.out.println(" *********************** ");
            System.out.println(" * 1、数据采集   2、数据匹配 * ");
            System.out.println(" * 3、数据记录   4、数据显示 * ");
            System.out.println(" * 5、数据发送   0、退出应用 * ");
            System.out.println(" *********************** ");
            //提示用户输入要操作的菜单项
            System.out.print("请输入菜单项(0～5): ");
            //接收键盘输入的选项
            int choice = scanner.nextInt();
            switch (choice) {
            case 1:
                System.out.println("数据采集中...");
                break;
            case 2:
                System.out.println("数据匹配中...");
                break;
            case 3:
                System.out.println("数据记录中...");
                break;
            case 4:
                System.out.println("数据显示中...");
                break;
            case 5:
                System.out.println("数据发送中...");
                break;
            case 0:
                //应用程序退出
                System.exit(0);
            default:
                System.out.println("请输入正确的菜单项(0～5)!");
```

```
            }
        }
    }
}
```

上述代码中用到 java. util. Scanner 类创建一个从键盘接收数据的扫描器,System. in 指代键盘。使用 Scanner 类的 nextInt()方法可以从键盘上接收一个整数。while(true)是一个死循环,只有当用户输入 0 时,程序才执行 System. exit(0)退出整个应用程序,否则一直输出菜单。

运行结果如下所示:

```
*************************
*  1、数据采集   2、数据匹配  *
*  3、数据记录   4、数据显示  *
*  5、数据发送   0、退出应用  *
*************************
请输入菜单项(0～5):1
数据采集中...
*************************
*  1、数据采集   2、数据匹配  *
*  3、数据记录   4、数据显示  *
*  5、数据发送   0、退出应用  *
*************************
请输入菜单项(0～5):2
数据匹配中...
*************************
*  1、数据采集   2、数据匹配  *
*  3、数据记录   4、数据显示  *
*  5、数据发送   0、退出应用  *
*************************
请输入菜单项(0～5):3
数据记录中...
*************************
*  1、数据采集   2、数据匹配  *
*  3、数据记录   4、数据显示  *
*  5、数据发送   0、退出应用  *
*************************
请输入菜单项(0～5):4
数据显示中...
*************************
*  1、数据采集   2、数据匹配  *
*  3、数据记录   4、数据显示  *
*  5、数据发送   0、退出应用  *
*************************
请输入菜单项(0～5):5
数据发送中...
*************************
*  1、数据采集   2、数据匹配  *
```

```
*  3、数据记录    4、数据显示  *
*  5、数据发送    0、退出应用  *
***************************
请输入菜单项(0~5)：0
```

从运行结果可以看出只有当用户输入 0 时，退出整个应用，程序不再输出菜单。

注意　此处仅介绍使用 Scanner 类接收键盘输入的整数，关于 Scanner 类其他方法的具体使用参见第 4 章内容。

2.7.2　实现【任务 2-2】

下述代码实现 Q-DMS 贯穿项目中的【任务 2-2】使用数组存储采集的整数数据。

【任务 2-2】　**DataInput. java**

```java
package com.qst.dms.dos;
import java.util.Scanner;
public class DataInput {
    public static void main(String[] args) {
        //声明一个整型数组
        int[] data = new int[10];
        //建立一个从键盘接收数据的扫描器
        Scanner scanner = new Scanner(System.in);
        //循环采集 10 个数据
        for(int i = 0; i < data.length; i++){
            System.out.print("请输入第" + (i + 1) + "个采集数据：");
            data[i] = scanner.nextInt();
        }
        //循环输出采集的数据
        for(int i = 0; i < data.length; i++){
            System.out.print(data[i] + " ");
        }
        System.out.println();
    }
}
```

运行结果如下所示：

```
请输入第 1 个采集数据：33
请输入第 2 个采集数据：45
请输入第 3 个采集数据：65
请输入第 4 个采集数据：12
请输入第 5 个采集数据：33
请输入第 6 个采集数据：21
请输入第 7 个采集数据：89
请输入第 8 个采集数据：78
请输入第 9 个采集数据：77
请输入第 10 个采集数据：90
33 45 65 12 33 21 89 78 77 90
```

2.7.3 实现【任务 2-3】

下述代码实现 Q-DMS 贯穿项目中的【任务 2-3】显示采集的数据,要求每行显示 5 个。

【任务 2-3】 **DataShow. java**

```java
package com.qst.dms.dos;
import java.util.Scanner;
public class DataShow {
    public static void main(String[] args) {
        //声明一个整型数组
        int[] data = new int[10];
        //建立一个从键盘接收数据的扫描器
        Scanner scanner = new Scanner(System.in);
        //循环采集 10 个数据
        for (int i = 0; i < data.length; i++) {
            System.out.print("请输入第" + (i + 1) + "个采集数据:");
            data[i] = scanner.nextInt();
        }
        //使用 foreach 语句显示采集的数据
        int i = 0;
        for (int e : data) {
            System.out.print(data[i] + " ");
            //控制每行显示 5 个
            i++;
            //当 i 是 5 的倍数时换行
            if (i % 5 == 0) {
                System.out.println();
            }
        }
    }
}
```

运行结果如下所示:

```
请输入第 1 个采集数据: 77
请输入第 2 个采集数据: 89
请输入第 3 个采集数据: 90
请输入第 4 个采集数据: 67
请输入第 5 个采集数据: 54
请输入第 6 个采集数据: 35
请输入第 7 个采集数据: 23
请输入第 8 个采集数据: 11
请输入第 9 个采集数据: 66
请输入第 10 个采集数据: 77
77 89 90 67 54
35 23 11 66 77
```

本章总结

小结

- Java中数据类型分为两类：基本数据类型和引用类型
- 局部变量在使用之前必须进行初始化
- 一元运算符有：＋＋、－－、～、！
- 算术运算符有：＋、－、＊、/、％
- 位运算符有：～、&、|、^、>>、>>>、<<
- 关系运算符有：>、>=、<、<=、==、!=
- 逻辑运算符有：!、&&、||
- 三元运算符是"？："
- Java中通常使用()来改变运算符的优先级
- Java的分支语句有if-else、switch-case
- Java的循环语句有for、while、do-while、foreach
- Java的转移语句有break、continue、return
- 数组用来存储一组相同数据类型的数据结构
- 数组的下标索引是从0开始,其取值范围必须为0～(数组的长度－1)
- Java中数组是静态结构,其大小不能改变

Q&A

1. 问题：Exception in thread "main" java.lang.ArrayIndexOutOfBoundsException：10。
回答：引发数组下标越界异常。
2. 问题：Exception in thread "main" java.lang.ArithmeticException：/ by zero。
回答：因整数除以0而引发算术异常。

章节练习

习题

1. 下面赋值语句中,不正确的是_____。
   A. float f= 2.3；   B. float f = 5.4f；
   C. double d = 3.1415；   D. double d = 3.14d；
2. 下面语句的输出结果是_____。

```
int x = 4;
System.out.println ("value is " + ((x>4)?99.9 : 9);
```

A. 输出结果为：value is 99.9　　　B. 输出结果为：value is 9

C. 输出结果为：value is 9.0　　　D. 输出结果为：语法错误

3. 下面代码片段：

```
switch(m){
    case 0: System.out.println("case 0 ");
    case 1: System.out.println("case 1 ");break;
    case 2: break;
    default: System.out.println("default");
}
```

当 m 的值为 0 时，将会输出_____。

A. case 0　　　　　　　　　　　B. case 0

　　case 1

C. case0 case1 default　　　　　D. default

4. for 循环的一般形式为：

```
for(初值；终值；增量)
```

以下对 for 循环的描述中，正确的是_____。

A. 初值、终值、增量必须是整数

B. for 循环的次数是由一个默认的循环变量决定

C. 初值和增量都是赋值语句，终值是条件判断语句

D. for 循环是一种计次循环，每个 for 循环都带有一个内部不可见循环变量，控制
for 循环次数

5. 在 Java 中，如下代码段的输出结果为_____。

```
public static void main(String [ ]args) {
    int num = 1;
    while(num < 6){
        System.out.print(num);
        if(num/2 == 0)
            continue;
        else
            num++;
    }
}
```

A. 12345　　　　B. 135　　　　C. 24　　　　D. 死循环

6. 关于循环说法错误的是_____。

A. while 循环是先判断条件表达式是否为 true，如果为 true，则执行循环体

B. do-while 则是先循环后判断，do-while 至少会循环一次

C. for()括号中的分号可以一个也不要

D. for 循环也是先判断再循环

7. 以下哪种创建数组不正确_____。

    A. int[] a = {1,2,3,4,5};

    B. int[] a = new int[2];

    C. int[][] b = new int[][2];

    D. int[][] b = new int[2][];

上机

1. 训练目标：循环语句的熟练使用。

培养能力	逻辑思维、判断能力		
掌握程度	★★★★★	难度	难
代码行数	150	实施方式	编码强化
结束条件	独立编写，不出错		
参考训练内容			
(1) 使用 for 循环输出等腰三角、菱形。			
(2) 使用 while 循环输出 2000—2100 年中的闰年			

2. 训练目标：数组的使用。

培养能力	熟练掌握一维数组的使用		
掌握程度	★★★★★	难度	中
代码行数	100	实施方式	编码强化
结束条件	独立编写，不出错		
参考训练内容			
(1) 定义整型数组，从键盘上接收数据，求所有数据的和。			
(2) 输出数组中的偶数			

第3章

面向对象基础

 任务驱动

本章任务是完成"Q-DMS 数据挖掘"系统的日志实体类及日志数据信息采集及输出：

- 【任务 3-1】 实现日志实体类，日志信息用于记录用户登录及登出状态。
- 【任务 3-2】 创建日志业务类，实现日志数据的信息采集及显示功能。
- 【任务 3-3】 创建一个日志测试类，演示日志数据的信息采集及显示。

 **学习路线**

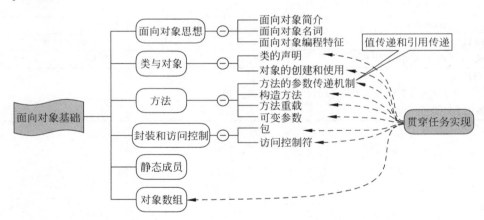

 **本章目标**

知 识 点	Listen（听）	Know（懂）	Do（做）	Revise（复习）	Master（精通）
面向对象思想	★	★			
类与对象	★	★	★	★	★
方法	★	★	★	★	★
封装和访问控制	★	★	★	★	★
静态成员	★	★	★	★	
对象数组	★	★	★	★	

3.1 面向对象思想

面向对象是以现实生活中客观存在的事物(即对象)来构造软件系统，并在系统构造中尽可能运用人类的自然思维方式，强调直接以事物对象为中心来思考、分析问题，并根据事物的本质特征将其抽象为系统中的对象，作为系统的基本构成单位。面向对象解决问题的思路使得系统能够直接反映问题，并保持事物及其相互关系的本来面貌。

视频讲解

3.1.1 面向对象简介

面向对象没有明确的定义。起初，面向对象是专指在程序设计中采用封装、继承、多态和抽象等设计方法。但是，随着面向对象应用的扩展，早期的定义显然已经不再适合。如今，面向对象已经超越程序设计的界限，扩展到其他范围，如人工智能、CAD、分布式系统等领域。面向对象的思想也已经涉及软件开发的各个方面，例如，面向对象的分析(Object Oriented Analysis，OOA)、面向对象的设计(Object Oriented Design，OOD)以及面向对象编程(Object Oriented Programming，OOP)。

面向对象的分析(OOA)是从确定需求或者业务的角度，按照面向对象的思想来分析业务。

面向对象的设计(OOD)是一个中间过渡环节，其主要作用在 OOA 的基础上进一步规范化整理，从而建立所要操作的对象以及相互之间的联系，以便能够被 OOP 直接接受。

面向对象编程(OOP)则是在前两者的基础上，对数据模型进一步细化。OOP 是根据真实的对象来构建应用程序模型。OOP 是当今软件开发的主流设计范型，精通 OOP 是编写出高品质程序的关键。

虽然面向对象没有明确定义，但可以从两个角度进行不同层次的理解。

- 从世界观的角度认为：面向对象的基本哲学是认为世界是由各种各样具有自己的运动规律和内部状态的对象所组成的；不同对象之间的相互作用和通信构成了完整的现实世界。因此，人们应当按照现实世界这个本来面貌来理解世界，直接通过对象及其相互关系来反映世界。这样建立起来的系统才能符合现实世界的本来面目。
- 从方法学的角度认为：面向对象的方法是面向对象的世界观在开发方法中的直接运用。面向对象强调系统的结构应该直接与现实世界的结构相对应，是围绕现实世界中的对象来构造系统，而不是围绕功能来构造系统。

3.1.2 面向对象名词

面向对象的基本名词包括对象、类、类的关系、消息和方法。

1. 对象

一切事物皆对象，人们要进行研究的任何事物，从最简单的整数到复杂的飞机等均可以看作对象;对象不仅可以表示具体的事物,还可以表示抽象的规则、计划或事件。一个对象可以通过使用数据值来描述自身所具有的状态。对象还具有行为,通过行为可以改变对象的状态。对象将数据和行为封装于一体,实现了两者之间的紧密结合。

例如,自己使用的计算机就是一个对象,该计算机的特征(状态)包括 CPU 主频 3.6GHz、RAM 大小是 4.00GB、操作系统类型是 64 位、操作系统是 Windows 7 旗舰版等,该计算机的行为包括启动该计算机、关闭该计算机、启动 Word、启动 QQ 等。自己制订的暑假旅行计划也是一个对象,该计划的特征(状态)包括出发日期、结束日期、旅行路线、住宿酒店等,该计划的行为包括预订酒店、预订交通工具、预订景点门票等。

2. 类

类是具有相同或相似性质的对象的抽象。因此,对象的抽象是类;类的实例化就是对象。例如,"人"是一个类,而"李四"则是人类的一个具体实例化的对象。类由"特征"和"行为"两部分组成,其中"特征"是对象状态的抽象,通常使用"变量"来描述类的特征,又称为"属性";"行为"是对象操作的抽象,通常使用"方法"来描述类的行为。类和对象需要在程序中定义并操作使用,其中对象的"属性"提供数据,而"方法"则对这些数据进行相应的操作处理,使开发者与数据隔离而无须获知数据的具体格式,从而使得数据得以保护。类与对象之间的关系如图 3-1 所示,计算机类是一个模板,指明计算机的属性和行为;而"张三的计算机"和"李四的计算机"是计算机类实例化的两个具体对象。

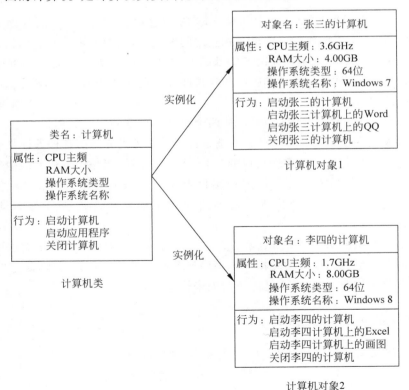

图 3-1　类与对象之间的关系

注意 一个类可以有多个实例化对象,而对象则只是具体的一个事物。例如,"熊猫"是一个类,而"熊猫盼盼"则是一个对象。

3. 类的关系

类和类之间具有一定的结构关系。类的关系主要有两种:继承关系和关联关系。继承关系是"一般—具体"的结构关系;关联关系是"整体—部分"的结构关系。

4. 消息和方法

消息能够使对象之间进行通信。当一个对象 A 发送消息给另一个对象 B 时,对象 B 就开始执行一个操作,通俗理解为:对象 A 在内部调用了对象 B 的一个方法就是向 B 发送了一个消息。方法是类的行为实现,一个方法有方法名、参数以及方法体。

3.1.3 面向对象编程特征

目前,程序设计分为结构化程序设计(Structured Programming,SP)和面向对象程序设计(OOP)。结构化程序设计采用自顶向下、逐步求精及模块化的程序设计方法,该方法使用顺序、选择、循环三种基本控制结构构造程序。面向对象程序设计是围绕封装了数据及相关操作的模块而进行的编程方式。面向对象编程的三个特征是封装、继承和多态。

1. 封装性

封装性就是把对象的状态(成员属性)和行为(成员方法)结合在一起,形成一个不可分割的独立单位(对象),并且尽可能对外隐藏对象的内部细节,仅保留有限的对外接口与外部发生联系。例如,空调的温度调节装置(对象)封装了温度监测、信号处理、输出控制等功能,作为用户只需要通过遥控器中的调节温度按钮(对外接口)来控制温度的高低,而静音按钮和定时按钮就不能实现温度高低的控制,并且用户不知道空调如何实现温度调节功能(隐藏内部实现细节)。

2. 继承性

继承性是指子类自动继承父类的属性和方法,这是类之间的一种关系。在定义和实现一个子类的时候,可以在一个父类的基础之上加入若干新的内容,原来父类中所定义的内容将自动作为子类的内容。例如,"人"这个类抽象了这个群体的基础特性,而"学生"和"老师"除了具备"人"所定义的基础特性之外,各自又具有各自的特殊性。图 3-2 所示为父类和子类之间的继承关系。

继承性是面向对象程序设计语言不同于其他语言的最重要的特点。在软件开发中,类的继承性使所建立的软件具有开放性、可扩充性,这是信息组织与分类的行之有效的方法;通过类的继承关系,使公共的特性能够共享,提高代码的可重用性、减少冗余,同时简化了对象、类的创建工作量,规范了类

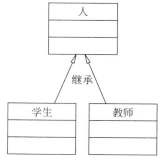

图 3-2 继承图

的等级结构。

3. 多态性

多态性是指相同的操作、过程可作用于多种类型的对象上并获得不同的结果。不同的对象,收到同一消息可以产生不同的结果,即具有不同的表现行为,这种现象称为多态性。多态性允许每个对象以自身的方式去响应共同的消息,以此增强软件的灵活性和可重用性。例如,一只温顺的猫收到"吃"这个消息后会吃一条鱼,而一只可爱的兔子收到"吃"这个消息后会吃一根胡萝卜。实现多态方式包括重载和覆盖,后续章节将详细阐述该知识点。

3.2　类与对象

Java 是面向对象的程序设计语言,使用 Java 语言定义类以及创建对象是其面向对象的核心与本质,也是 Java 成为面向对象语言的基础。

3.2.1　类的声明

类(class)定义了一种新的数据类型,是具有相同特征(属性)和共同行为(方法)的一组对象的集合。类的声明就是定义一个类,其语法格式如下:

视频讲解

【语法】

```
[访问符][修饰符] class 类名 {
    [属性]
    [方法]
}
```

其中:

- 访问符用于指明类、属性或方法的访问权限,可以是 public(公共)、protected(受保护)、private(私有)或默认;
- 修饰符用于指明所定义的类的特性,可以是 abstract(抽象)、static(静态)或 final(最终)等,这些修饰符在定义类时不是必需的,需要根据类的特性进行使用;
- class 是 Java 关键字,用于定义类;
- 类名是指所定义类的名字,类名的命名与变量名一样必须符合命名规范,Java 中的类名通常由一个或多个有意义的单词连缀而成,每个单词的首字母大写,其他字母小写,例如,PersonBase、DataDao;
- 左右两个大括号({})括起的部分是类体;
- 属性是类的数据成员(也称成员变量),用于描述对象的特征,例如,每一个人类对象都有姓名、年龄和体重,这些数据是所有人类都具备的特征;
- 方法是类的行为(也称成员方法),是对象能够进行的操作,例如,每一个人类对象都需要说话,说话就是一个方法、类的一个行为。

下述代码以人类为例,实现 Person 类的声明。

【代码 3-1】 **Person. java**

```java
//声明 Person 类
public class Person {
    /* 属性,成员变量 */
    //姓名
    private String name;
    //年龄
    private int age;
    //地址
    private String address;

    /* 方法 ,属性对应的获取和设置方法(get/set) */
    public String getName() {
        return name;
    }

    public void setName(String name) {
        this.name = name;
    }

    public int getAge() {
        return age;
    }

    public void setAge(int age) {
        this.age = age;
    }

    public String getAddress() {
        return address;
    }

    public void setAddress(String address) {
        this.address = address;
    }

    //输出信息
    public void display() {
        System.out.println("姓名:" + name + ",年龄:" + age + ",地址:" + address);
    }
}
```

上述代码中定义了一个名为 Person 的类,它有三个属性,分别是 name、age 和 address; 而且对三个属性提供对应的 getXXX()和 setXXX()方法,其中 getXXX()方法用于获取属性的值,而 setXXX()方法用于设置属性的值;另外又提供一个 display()方法用于输出属性数据信息。Person 类中声明的三个属性都是私有的(private),只能在类体之内进行访

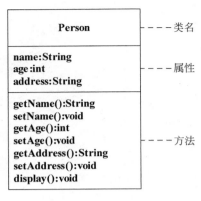

图 3-3　Person 类

问；而七个方法都是公共的（public），在类体之外也可以访问。

注意　上述代码中使用的 this 关键字以及方法的具体定义参见本章后续内容，此处代码只用于展现类的结构。

Person 类的结构如图 3-3 所示。

从结构上分析，类由属性和方法组成。类的定义非常简单，通过 class 关键字声明，其后跟类的名字；类中声明的变量（属性）被称为实例变量（instance variable）或成员变量，定义在类中的方法和属性被称为类的成员（members）。在类中，实例变量由定义在该类中的方法进行操作，由方法决定该类中的数据如何使用。

3.2.2　对象的创建和使用

完成类的定义后，就可以使用这种新类型来创建该类的对象。创建对象需要通过使用 new 关键字，其语法格式如下：

视频讲解

【语法】

```
类名 对象名 = new 类名();
```

【示例】　创建对象

```
Person p = new Person();
```

上面一行代码使用 new 关键字创建了 Person 类的一个对象 p。new 关键字为对象动态分配（即在运行时分配）内存空间，并返回对它的一个引用，且将该内存初始化为默认值。

创建对象也可以分开写，代码如下：

```
Person p;            //声明 Person 类型的对象 p
p= new Person(); //使用 new 关键字创建对象,给对象分配内存空间
```

上述代码创建一个类的对象都经过如下两步：

● 第一步，声明类的一个变量，即定义该类的一个对象，此时在栈上会分配空间存储对象在堆中的地址（即对象的引用）；

● 第二步，创建该对象的实际物理空间，即在堆中为该对象分配空间，并把此空间的地址（即引用）赋给该变量（对象名），此步骤是通过使用 new 关键字来实例化该类的一个对象。

所有类的对象都是动态分配空间，以创建的 Person 类的对象 p 为例，在内存中的示意图如图 3-4 所示。

声明对象后，如果不想给对象分配存储空间，则可以使用 null 关键字给对象赋值，例如：

```
Person p = null;
```

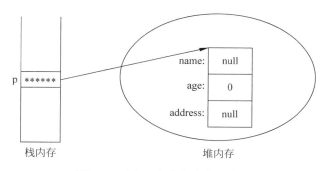

图 3-4　对象 p 在内存中的示意图

null 关键字表示"空",用于标识一个不确定的对象,即该对象的引用为空。因此可以将 null 赋给引用类型变量,但不可以赋给基本类型变量,例如:

```
int num = null;          //是错误的
Object obj = null;       //是正确的
```

null 本身虽然能代表一个不确定的对象,但 null 不是对象,也不是类的实例。null 的另外一个用途就是释放内存,在 Java 中,当某一个非 null 的引用类型变量指向的对象不再使用时,若想加快其内存回收,可让其指向 null,这样该对象将不再被使用,并由 JVM 垃圾回收机制去回收。

注意　类的成员变量具有默认初始值,整数类型的自动赋值为 0,带小数点的自动赋值为 0.0,boolean 的自动赋值为 false,其他各种引用类型变量自动赋值为 null。判断一个引用类型数据是否为 null,使用"＝＝"等号来判断。

创建对象之后,接下来就可以使用该对象。使用对象大致有以下两个作用:

● 访问对象的属性,即对象的实例变量,格式是"对象名.属性名";

● 调用对象的方法,格式是"对象名.方法名()"。

如果访问权限允许,类里定义的成员变量和方法都可以通过对象来调用,例如:

```
p. display();          //调用对象的方法
```

下述代码演示 Person 对象的创建及使用过程。

【代码 3-2】　PersonDemo. java

```
public class PersonDemo {
    public static void main(String[] args) {
        //创建 Person 类的一个对象 p
        Person p = new Person();
        //使用对象 p,调用 display()方法显示对象各成员变量的默认值
        p.display();
    }
}
```

运行结果如下所示:

```
姓名: null,年龄: 0,地址: null
```

3.3 方法

方法是类的行为的体现,定义方法的语法格式如下所示:

【语法】

```
[访问符] [修饰符] <返回类型> 方法名([参数列表]) {
    //方法体
}
```

其中:

- 访问符和修饰符与类的声明中使用方式一样;
- 返回类型是该方法运行后返回值的数据类型,如果一个方法没有返回值,则该方法的返回类型为 void;
- 参数列表是方法运行所需要的特定类型的参数;
- 方法体是左右两个大括号(⟨⟩)括起的部分,用于完成方法功能的实现。

【示例】 类的方法声明

```
public String getName() {
    return name;
}
public void display() {
    System.out.println("姓名:" + name + ",年龄:" + age + ",地址:" + address);
}
```

上述代码中,getName()方法使用 return 语句返回 name 属性值,因 name 属性值是字符串类型,所以 getName()方法的返回类型也是 String 类型;display()方法中没有 return 语句,因此该方法的返回类型是 void 类型。

3.3.1 方法的参数传递机制

方法可以带参数,通过参数可以给方法传递数据,例如:

【示例】 带参数的方法

```
public void setName(String name) {
    this.name = name;
}
```

上述代码定义了一个带参数的 setName()方法,参数在方法名后的小括号内。一个方法可以带多个参数,多个参数之间可以使用逗号隔开,例如:

【示例】 带多个参数的方法

```
public int add(int a, int b) {
    return a + b;
}
```

上述代码中 add() 方法带两个参数,分别是 a 和 b,这两个参数之间使用",",隔开。

根据参数的使用场合,可以将参数分为"形参"和"实参"两种:

- 形参是"声明方法"时给方法定义的形式上的参数,此时形参没有具体的数值,形参前必须有数据类型,其格式是"方法名(数据类型形参)";
- 实参是"调用方法"时程序给方法传递的实际数据,实参前面没有数据类型,其使用格式是"对象名.方法名(实参)"。

形参本身没有具体的数值,需要实参将实际的数值传递给它之后才具有数值。实参和形参之间传递数值的方式有两种:

- 值传递(call by value)。
- 引用传递(call by reference)。

1. 值传递

值传递是将实参的"值"传递给形参,被调方法为形参创建一份新的内存拷贝来存储实参传递过来的值,然后再对形参进行数值操作。值传递时,实参和形参在内存中占不同的空间,当实参的值传递给形参后,两者之间将互不影响,因此形参值的改变不会影响原来实参的值,如图 3-5 所示。

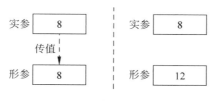

图 3-5　值传递

注意　在 Java 中,当参数的数据类型是基本数据类型时,实参和形参之间是按值传递的。

下述代码演示参数的值传递。

【代码 3-3】 **ValueTransferDemo. java**

```java
//参数值传递
public class ValueTransferDemo {
    //声明 swap()方法 ,此时的 a 和 b 是形参
    public static void swap( int a, int b) {
        //下面三行代码实现 a、b 变量的值交换
        //定义一个临时变量来保存 a 变量的值
        int tmp = a;
        //把 b 的值赋给 a
        a = b;
        //把临时变量 tmp 的值赋给 a
        b = tmp;
        System.out.println("swap 方法里,a 的值是" + a + "; b 的值是" + b);
    }
    public static void main(String[ ] args) {
```

```
        int a = 6;
        int b = 9;
        System.out.println("调用 swap 方法前,变量 a 的值是" + a + "; 变量 b 的值是" + b);
        //调用 swap()方法,此时的 a 和 b 是实参
        swap(a, b);
        System.out.println("调用 swap 方法后,变量 a 的值是" + a + "; 变量 b 的值是" + b);
    }
}
```

运行结果如下所示:

调用 swap 方法前,变量 a 的值是 6; 变量 b 的值是 9
swap 方法里,a 的值是 9; b 的值是 6
调用 swap 方法后,变量 a 的值是 6; 变量 b 的值是 9

通过运行结果可以看出:main()方法中的实参 a 和 b,在调用 swap()方法之前和之后,其值没有发生任何变化;而声明 swap()方法时的形参 a 和 b,并不是 main()方法中的实参 a 和 b,只是 main()方法中的实参 a 和 b 的复制品,在执行 swap()方法时形参值发生变化。

下面通过示意图来演示程序值传递的执行过程。

(1) Java 程序总是从 main()方法开始执行,main()方法中定义了变量 a 和 b,两个变量在内存中的存储示意图如图 3-6 所示。

(2) 当程序调用 swap()方法时,系统进入 swap()方法,并将 main()方法中的变量 a 和 b 作为参数传入 swap(),此时传入 swap()方法的只是 a、b 的副本,而不是 a、b 本身。进入 swap()方法后程序产生四个变量,这四个变量内存如图 3-7 所示。

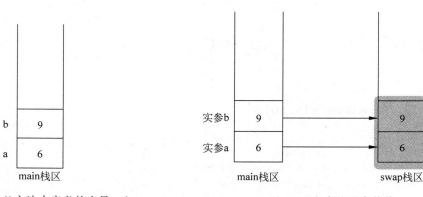

图 3-6　main()方法中定义的变量 a、b　　　　图 3-7　实参给形参传值

(3) 程序在 swap()方法中交换 a、b 的值,此时内存如图 3-8 所示,swap()中形参的值改变,而 main()方法栈区中的实参 a、b 并未有任何改变,这就是值传递的实质。

2. 引用传递

引用传递是将实参的"地址"传递给形参,被调方法通过传递的地址获取其指向的内存空间,从而在原来的内存空间直接进行操作。引用传递时,实参和形参指向内存中的同一空间,因此当修改了形参的值时,实参的值也会改变,如图 3-9 所示。

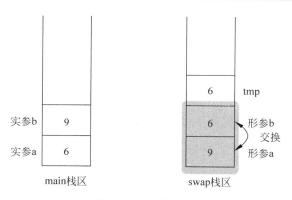

图 3-8 形参值改变

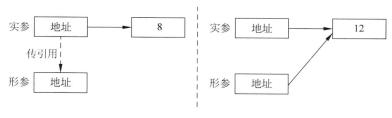

图 3-9 引用传递

注意 在 Java 中,当参数的数据类型是引用类型时,如类、数组,实参和形参之间是按引用传递的。

下述代码演示参数的引用传递。

【代码 3-4】 **ReferenceTransferDemo.java**

```java
//参数引用传递
//定义一个数据类 Mydata
class Mydata{
    public int a;
    public int b;
}

public class ReferenceTransferDemo {
    //声明 swap()方法,此时的 data 是形参
    public static void swap(Mydata data) {
        //下面三行代码实现 data 的 a,b 两个成员变量的值交换
        //定义一个临时变量来保存 data 对象的 a 成员变量的值
        int tmp = data.a;
        //把 data 对象的 b 成员变量值赋给 a 成员变量
        data.a = data.b;
        //把临时变量 tmp 的值赋给 data 对象的 b 成员变量
        data.b = tmp;
        System.out.println("swap 方法里,a 成员变量的值是" + data.a +
            ";b 成员变量的值是" + data.b);
        //把 data 直接赋为 null,让它不再指向任何有效地址
```

```
        }
        public static void main(String[] args) {
            //创建一个 Mydata 类的对象 data
            Mydata data = new Mydata();
            //给 data 对象中的成员变量赋值
            data.a = 6;
            data.b = 9;
            System.out.println("调用 swap 方法前,a 成员变量的值是" + data.a +
                "; b 成员变量的值是" + data.b);
            //调用 swap()方法,此时的 data 是实参
            swap(data);
            System.out.println("调用 swap 方法后,a 成员变量的值是" + data.a +
                "; b 成员变量的值是" + data.b);
        }
    }
```

运行结果如下所示：

```
调用 swap 方法前,a 成员变量的值是 6; b 成员变量的值是 9
swap 方法里,a 成员变量的值是 9; b 成员变量的值是 6
调用 swap 方法后,a 成员变量的值是 9; b 成员变量的值是 6
```

通过执行结果可以看出,data 对象的成员变量 a 和 b 在调用 swap()方法前后发生了变化,因为被传递的是一个对象,对象是引用类型,所以实参会将地址传递给形参,它们都指向内存同一个存储空间,此时的形参相当于实参的别名,形参值的改变会直接影响实参值的改变。

下面通过示意图来演示程序引用传递的执行过程。

(1) Java 程序总是从 main()方法开始执行,main()方法中创建了一个 MyData 类的对象 data,并对该对象的两个成员变量分别赋值,此时内存中的示意图如图 3-10 所示。

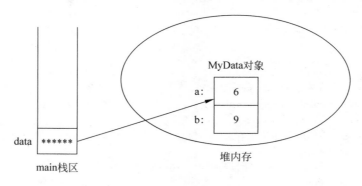

图 3-10　main()方法中创建的 data 对象

(2) 当程序调用 swap()方法时,系统进入 swap()方法,并将 main()方法中的 data 对象作为参数传入 swap(),此时 main()方法中的实参 data 会将其地址传给 swap()方法中的形参 data,这样实参和形参都指向同一个对象,内存示意图如图 3-11 所示。

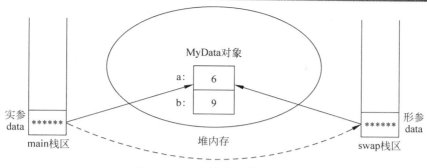

图 3-11　实参给形参传递引用

（3）程序在 swap() 方法中交换成员变量 a、b 的值，此时内存如图 3-12 所示，形参的值改变，实参的值也会改变，这就是引用传递的实质。

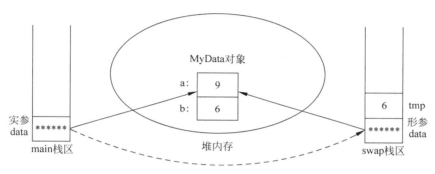

图 3-12　形参、实参值改变

3.3.2　构造方法

构造方法（也称为构造函数）是类的一个特殊方法，用于创建对象时初始化对象中的属性值。前面内容在讲述创建 Person 对象时，对象中的属性都被初始化成默认值（数值类型的默认值为 0，引用类型默认为 null），如果想在创建对象时给属性初始化其他的值，则需要通过类的构造方法来完成。

视频讲解

构造方法的方法名必须与类名一致，且没有返回类型，即使是 void 也没有。构造方法的语法结构如下所示：

【语法】

```
[访问符] 类名([参数列表]){
    //初始化语句;
}
```

下述代码在原来 Person 类的基础上增加一个构造方法。

【代码 3-5】　**Person. java**

```
//声明 Person 类
public class Person {
```

```
/* 属性,成员变量 */
//姓名
private String name;
//年龄
private int age;
//地址
private String address;
//构造方法
public Person(String name,int age,String address){
    this.name = name;
    this.age = age;
    this.address = address;
}
//...省略
}
```

上述代码中 Person 类增加了一个构造方法,该构造方法带三个参数,分别是 name、age 和 address,因为这三个参数名分别与 Person 类中定义的三个属性名相同,为了避免在赋值过程中产生混淆,所以使用 this 关键字进行区分。

1. this 关键字

this 关键字代表当前所在类将来产生的对象,即将来用该类 new 出来的对象,用于获取当前类的对象的引用,以便解决变量的命名冲突和不确定性问题。当方法的参数或者方法中的局部变量与类的属性同名时,会产生冲突,所以类的属性就被屏蔽,此时需要通过使用"this.属性名"的方式才能访问类的属性,如图 3-13 所示。

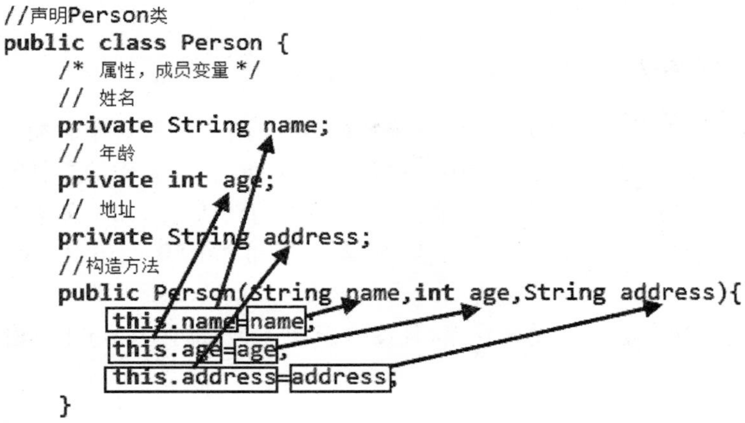

```
//声明Person类
public class Person {
    /* 属性,成员变量 */
    // 姓名
    private String name;
    // 年龄
    private int age;
    // 地址
    private String address;
    //构造方法
    public Person(String name,int age,String address){
        this.name=name;
        this.age=age;
        this.address=address;
    }
}
```

图 3-13　this 关键字

当然,在没有同名的情况下,可以直接使用属性的名字,而不需要使用 this 进行指明。例如,可以修改参数名,使其与属性不产生冲突,代码如下所示:

```
public Person(String n,int a,String add){
    name = n;
    age = a;
    address = add;
}
```

2. 初始化对象的过程

定义完一个带参数的 Person() 构造方法后,就可以通过此构造方法来创建一个 Person 对象。修改原来的 PersonDemo 代码后如下所示:

【代码 3-6】 **PersonDemo. java**

```
public class PersonDemo {
    public static void main(String[ ] args) {
        //创建 Person 类的一个对象 p
        //Person p = new Person();
        Person p = new Person("赵克玲",35,"青岛");
        //使用对象 p,调用 display()方法显示对象各成员变量的默认值
        p.display();
    }
}
```

运行结果如下所示:

姓名:赵克玲,年龄:35,地址:青岛

使用构造方法初始化对象也可以先声明,再创建,即下述两种写法是等价的。

```
Person p = new Person("赵克玲",35,"青岛");        //声明对象并实例化
```

等价于

```
Person p;                                      //声明对象
p = new Person("赵克玲",35,"青岛");              //实例化对象
```

以对象 p 为例,其初始化的过程经历以下四个步骤:

(1) 当执行"Person p;"时,系统为引用类型变量 p 分配栈内存空间,此时只是定义了名为 p 的变量,还未进行初始化工作,如图 3-14 所示。

(2) 执行语句"p = new Person("赵克玲",35,"青岛");"时,会首先在堆内存中创建一个 Person 类型的对象,并对各属性的值进行默认的初始化,此时内存中的情况如图 3-15 所示。

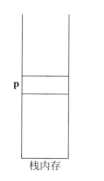

图 3-14 步骤(1)执行后的内存情况

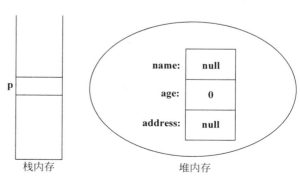

图 3-15 步骤(2)执行后的内存情况

（3）接下来会执行 Person 类的构造方法,继续此对象的初始化工作,构造方法中对属性进行赋值,此时内存中的情况如图 3-16 所示。

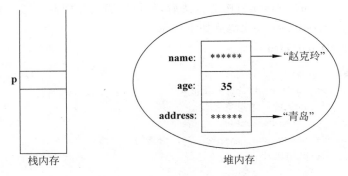

图 3-16　步骤(3)执行后的内存情况

（4）至此,一个 Person 类型对象的构造以及初始化已经完成,最后执行"="号赋值操作,将新创建的对象内存空间的首地址赋给对象 p,此时内存中的情况如图 3-17 所示。

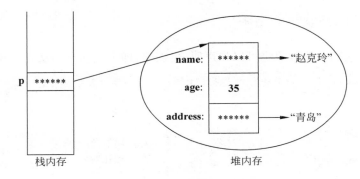

图 3-17　步骤(4)执行后的内存情况

经过上面四个步骤,引用类型变量 p 和一个具体的对象建立了联系,此时变量 p 称为该对象的一个引用。

3. 默认构造方法

如果在类中没有定义任何的构造方法,则编译器将会自动加上一个不带任何参数的构造方法,即默认构造方法,该方法不存在于源程序中,但可以使用。例如,Person 类没有提供任何构造方法时,可以使用下面语句创建对象:

```
Person p = new Person();
```

一旦创建了自己的构造方法,默认的构造方法将不复存在,上面的语句将无法执行。不过如果还想使用的话,则可以显式地写出来,下述代码则在 Person 原来基础上增加一个默认构造方法。

【代码 3-7】　Person.java

```
public class Person {
```

```
/* 属性,成员变量 */
//姓名
private String name;
//年龄
private int age;
//地址
private String address;
//默认构造方法
public Person(){
}
//构造方法
public Person(String name, int age, String address){
    this.name = name;
    this.age = age;
    this.address = address;
}
//...省略
}
```

上述代码在 Person 类中提供两个构造方法：一个是无参构造方法；另一个是带三个参数的构造方法。Java 允许一个类中定义多个构造方法，这属于构造方法的重载，构造方法重载时只需参数列表不同即可。

3.3.3　方法重载

视频讲解

在 Java 程序中，如果同一个类中两个或两个以上方法的方法名相同，但参数列表不同，则被称为方法重载。对于重载的方法，编译器根据方法的参数来进行方法绑定。

进行方法重载时，需要遵守以下三条原则：
- 在同一个类中；
- 方法名相同；
- 参数列表不同，即参数的个数或对应位置上的类型不同。

注意　方法的返回值不是方法签名的一部分，因此进行方法重载的时候，不能将返回值类型的不同当成两个方法的区别。

方法重载是同一个类中多态性的一种表现，重载的方法经常用来完成功能相似的操作。

下述代码使用方法的重载实现 int、float、double 不同数据类型的加法运算。

【代码 3-8】　OverloadDemo. java

```java
//方法重载
public class OverloadDemo {
    public int add(int a, int b) {
        return a + b;
    }

    public float add(float a, float b) {
```

```
        return a + b;
    }

    public double add(double a, double b) {
        return a + b;
    }

    public static void main(String args[]) {
        //定义一个 OverloadDemo 对象
        OverloadDemo obj = new OverloadDemo();
        //求两个 int 数的和,并输出
        System.out.println(obj.add(8, 6));
        //求两个 float 数的和,并输出
        System.out.println(obj.add(5.1F, 6.8F));
        //求两个 double 数的和,并输出
        System.out.println(obj.add(3.1415926, 8.6));
    }
}
```

上述代码在同一个类中定义了三个同名方法,方法名都为 add(),但参数分别是 int、float 和 double 这三个数据类型,实现了方法的重载。编译器在编译到调用 add()方法的代码时,程序会根据实参的数据类型自动匹配对应的方法,以便完成不同数据类型任意搭配的加法操作,运行结果如下所示:

```
14
11.9
11.7415926
```

除了普通方法外,构造方法也可以重载。当然,构造方法的名称一定相同,因此,一个类中声明多个构造方法一定是重载,重载的构造方法的参数列表一定不同。

【示例】 构造方法重载

```
public class MyClass {
    int myData;
    public MyClass() {
    }
    public MyClass(int myData){
        this. myData = myData;
    }
}
```

上述代码中声明的 MyClass 类中定义了两个构造方法:一个是不带参数的构造方法;另一个是带参数的构造方法,这两个构造方法的参数是不同的,从而实现了构造方法的重载。

3.3.4 可变参数

前面讲述方法时定义的参数个数都是固定的,而从 JDK 1.5 之后,Java

视频讲解

允许定义方法时参数的个数可以变化,这种情况称为"可变参数"。定义可变参数非常简单,只需在方法的最后一个参数的数据类型后增加3个点(...)即可,其具体语法格式如下:

【语法】

```
[访问符][修饰符]<返回类型> 方法名([参数列表],数据类型...变量) {
    //方法体
}
```

【示例】 可变参数

```
public int add( int a, int... b) {
    //...省略
}
```

上述代码中参数 b 是一个可变参数,该参数可以接受多个参数值,多个参数值被当成数组传入。

可变参数需要注意以下几点:

- 可变参数只能处于参数列表的最后;
- 一个方法中最多只能包含一个可变参数;
- 可变参数的本质就是一个数组,因此在调用一个包含可变参数的方法时,既可以传入多个参数,也可以传入一个数组。

下述代码演示可变参数的应用。

【代码 3-9】 **ChangeParamDemo. java**

```
//可变参数
public class ChangeParamDemo {
    public static int add( int a, int... b) {
        int sum = a;
        //可变参数 b 被当成数组进行处理
        for (int e : b) {
            sum += e;
        }
        return sum;
    }

    public static void main(String[ ] args) {
        //调用 add()方法,带 2 个参数
        System. out. println("3 + 4 = " + add(3, 4));
        //调用 add()方法,带 3 个参数
        System. out. println("3 + 4 + 5 = " + add(3, 4, 5));
        //调用 add()方法,带 4 个参数
        System. out. println("3 + 4 + 5 + 6 = " + add(3, 4, 5, 6));
        //定义一个整型数组
        int[] nums = { 7, 8, 9, 10, 11, 12 };
```

```
            //调用 add()方法,给可变参数 b 传入一个数组 nums
            System.out.println("sum = " + add(6, nums));
        }
    }
```

上述代码在调用 add()方法时,参数列表中除了第一个参数外,剩下的参数都以数组的形式传递给可变参数。例如,add(3,4,5,6)中的 4、5、6 这三个数会组成一个数组传给可变参数 b。因此,可以给可变参数传递多个参数,也可以直接传入一个数组,例如,add(6, nums)。

运行结果如下所示:

```
3 + 4 = 7
3 + 4 + 5 = 12
3 + 4 + 5 + 6 = 18
sum = 63
```

3.4 封装和访问控制

3.4.1 包

视频讲解

Java 引入包(package)的机制,提供了类的多层命名空间,解决类的命名冲突、类文件管理等问题。包可以对类进行组织和管理,使其与其他源代码库中的类分隔开,只需保证同一个包中不存在同名的类即可,以确保类名的唯一性,避免类名的重复。

借助于包可以将自己定义的类与其他类库中的类分开管理。Java 中的基础类库就是使用包进行管理的,例如,java. lang 包、java. util 包等。在不同的包中,类名可以相同,例如,java. util. Date 类和 java. sql. Date 类,这两个类的类名都是 Date,但分别属于 java. util 包和 java. sql 包,因此能够同时存在。

1. 定义包

定义包的语法格式如下:

【语法】

```
package 包名;
```

使用 package 关键字可以指定类所属的包,定义包需要注意以下几点:
- package 语句必须作为 Java 源文件的第一条非注释性语句;
- 一个 Java 源文件只能指定一个包,即只有一条 package 语句,不能有多条 package 语句;
- 定义包之后,Java 源文件中可以定义多个类,这些类将全部位于该包下;
- 多个 Java 源文件可以定义相同的包。

【示例】 定义包

```
package mypackage;
```

上述语句声明了一个名为 mypackage 的包。在物理上，Java 使用文件夹目录来组织包，任何声明了 package mypackage 的类，编译后形成的字节码文件(.class)都被存储在一个 mypackage 目录中。

与文件目录一样，包也可以分成多级，多级的包名之间使用"."进行分隔。

【示例】 定义多级包

```
package com.qst.chapter03;
```

上述语句在物理上的表现形式将是嵌套的文件目录，即 com\qst\chapter03 目录，所有声明了 package com.qst.chapter03 的类，其编译结果都被存储在 chapter03 子目录下。

> **注意** 在物理组织上，包的表现形式为目录，但并不等同于手工创建目录后将类复制过去就行，必须保证类中代码声明的包名与目录一致才行。为保证包名的规范性，建议以"公司域名反写.项目名.模块名"的形式创建不同的子包，例如，com.qst.chapter03.comm 包，com.qst 是反写的公司域名，chapter03 是项目名，comm 是模块名。

2. 导入包

Java 中一个类可以访问其所在包中的其他所有的类，但是如果需要访问其他包中的类，则可以使用 import 语句导入包。Java 中导入包的语法格式如下：

【语法】

```
import 包名.*;              //导入指定包中所有的类
```

或

```
import 包名.类名;           //导入指定包中指定的类
```

下述代码导入 java.util 包中所有的类，以及导入自己定义的 com.qst.chapter03.entity 包中的 Student 类。

【示例】 导入包

```
import java.util.*;
import com.qst.chapter03.entity.Student;
```

导入包之后，可以在代码中直接访问包中的这些类，例如：

```
Date nowDate = new Date();              //Date 位于 java.util 包
Student stu = new Student();
```

当然，也可以不使用 import 语句导入相应的包，只需在使用的类名前直接添加完整的包名即可。例如，上述的代码也可以使用如下方式：

```
java.util.Date nowDate = new java.util.Date();
com.qst.chapter03.entity.Student stu = new com.qst.chapter03.entity.Student();
```

当程序中导入两个或多个包中同名的类后,如果直接使用类名,编译器将无法区分,此时就可以使用上述方式,在类名前面加上完全限定的包名。例如,代码中使用下面两条语句分别导入 java.util 包和 java.sql 包:

```
import java.util. * ;
import java.sql. * ;
```

此时,如果类中编写"Date now = new Date();",编译器将无法确定使用哪个 Date 类,如果出现这种情况,就可以使用完全限定包名的方式进行解决,例如:

```
java.util.Date nowDate = new java.util.Date() ;
java.sql.Date nowSql = new java.sql.Date();
```

注意 "*"指明导入当前包的所有类,但不能使用"java.*"或"java.*.*"这种语句来导入以 java 为前缀的所有包的所有类。一个 Java 源文件只能有一条 package 语句,但可以有多条 import 语句,且 package 语句在 import 语句之前。

下述代码演示包的使用。

【代码 3-10】 Student.java

```
//定义包
package com.qst.chapter03.entity;

public class Student {
    //属性
    private String name;                    //姓名
    private String className;               //班级
    private int score;                      //成绩

    //属性的 get/set 方法
    public String getName() {
        return name;
    }

    public void setName(String name) {
        this.name = name;
    }

    public String getClassName() {
        return className;
    }

    public void setClassName(String className) {
        this.className = className;
    }
```

```
    public int getScore() {
        return score;
    }

    public void setScore(int score) {
        this.score = score;
    }
    //不带参数的默认构造方法
    public Student() {
    }

    //带参数的构造方法
    public Student(String name, String className, int score) {
        this.name = name;
        this.className = className;
        this.score = score;
    }

    //输出信息
    public void display() {
        System.out.println("姓名: " + this.name);
        System.out.println("班级: " + this.className);
        System.out.println("成绩: " + this.score);
    }
}
```

上述代码使用 package 关键字定义了一个 com.qst.chapter03.entity 包,则源代码中声明的 Student 类就属于此包,其他包中的类要想访问 Student 类则必须导入此包。

【代码 3-11】　PackageDemo.java

```
//定义包
package com.qst.chapter03;
//导入包
import com.qst.chapter03.entity.*;
public class PackageDemo {

    public static void main(String[] args) {
        //创建 Student 类的一个对象
        Student stu = new Student("张三", "一年级 2 班", 90);
        stu.display();
    }
}
```

上述代码定义的 PackageDemo 类与 Student 类不在同一个包中,因此需要使用 import 关键字导入 com.qst.chapter03.entity 包中的类后,才可以直接使用 Student 类。

运行结果如下所示:

```
姓名:张三
班级:一年级 2 班
成绩:90
```

3.4.2 访问控制符

视频讲解

面向对象的分类性需要用到封装,为了实现良好的封装,需要从如下两方面考虑:

- 将对象的成员变量和实现细节隐藏起来,不允许外部直接访问;
- 把方法暴露出来,让方法对成员变量进行安全访问和操作。

因此,封装实际上把该隐藏的隐藏,该暴露的暴露,这些都需要通过Java访问控制符来实现。

Java的访问控制符对类、属性以及方法进行声明和控制,以便隐藏类的一些实现细节,防止对封装数据未经授权的访问和不合理的操作。实现封装的关键是不让外界直接与对象属性交互,而是要通过指定的方法操作对象的属性。

Java提供了三个访问控制符:private(私有)、protected(受保护)和public(公共),分别代表了三个不同的访问级别,另外还定义了一个不加任何访问控制符的默认访问级别friendly(友好),共四种访问控制级别。

Java的四种访问控制级别由小到大区别如下:

- private(当前类访问权限)——被声明为private的成员只能被当前类中的其他成员访问,不能在类外看到;
- 默认friendly(包访问权限)——如果一个类或类的成员前没有任何访问控制符,则获得默认friendly访问权限,默认可以被同一包中的所有类访问;
- protected(子类访问权限)——被声明为protected的成员既可以被同一个包中的其他类访问,也可以被不同包中的子类访问;
- public(公共访问权限)——被声明为public的成员可被同一包或不同包中的所有类访问,即public访问修饰符可以使类的特性公用于任何类。

Java的访问修饰符总结如表3-1所示。

表3-1　访问控制表

访问控制	private 成员	默认成员	protected 成员	public 成员
同一类中成员	√	√	√	√
同一包中其他类	×	√	√	√
不同包中子类	×	×	√	√
不同包中非子类	×	×	×	√

注意　private、protected和public都是关键字,而friendly不是关键字,它只是一种默认访问修饰符的称谓而已。

下述代码演示访问控制符的使用,具体访问的可行性可参考相应注释。

【代码3-12】　MyClass1.java

```
package p1;
public class MyClass1 {
    public int a = 5;
```

```
    private int b = 10;
    protected int c = 20;
    int d = 30;
    public void func1() {
        System.out.println("func1");
    }
    private void func2() {
        System.out.println("func2");
        System.out.println(b);
    }
    protected void func3() {
        System.out.println("func3");
    }
    void func4() {
        System.out.println("func4");
    }
}
```

上述代码定义了一个公共的 MyClass1 类,属于 p1 包,并声明了不同访问级别的属性和方法。

【代码 3-13】 **MyClass2. java**

```
package p1;
class MyClass2 {
    public void func1() {
        System.out.println("func1 of MyClass2");
    }
}
```

上述代码定义了一个默认访问控制的 MyClass2 类,该类也属于 p1 包。

现在定义 Test 类,假如将 Test 类放在与 MyClass1 同一个包 p1 下,在 Test 中访问 MyClass1、MyClass2 及其成员的可行性如下述代码所示。

【代码 3-14】 **Test. java**

```
package p1;
public class Test {
    public void func() {
        MyClass1 obj1 = new MyClass1();
        //a 是公共属性,任何地方都可以访问
        System.out.println(obj1.a);
        //Error,b 为私有属性,类外无法访问
        System.out.println(obj1.b);
        //c 是受保护属性,同包的类可以访问
        System.out.println(obj1.c);
        //d 是默认属性,同包的类可以访问
        System.out.println(obj1.d);
        //func1()是公共方法,任何地方都可以访问
        obj1.func1();
```

```
        //Error,func2()为私有方法,类外无法访问
        obj1.func2();
        //func3()是受保护方法,同一包中的类可以访问,其他包中的子类也可以访问
        obj1.func3();
        //func4()是默认方法,同一包中的类可以访问
        obj1.func4();
        //同一包中的默认访问控制类可以访问
        MyClass2 obj2 = new MyClass2();
    }
}
```

假如将 Test 类放在与 MyClass1 和 MyClass2 不同的包下,在 Test 中访问 MyClass1、MyClass2 及其成员的可行性如下述代码所示。

【代码 3-15】 Test.java

```
package p2;
import p1.MyClass1;
//Error,不能导入不同包中的默认类
import p1.MyClass2;

public class Test {
    public void func() {
        MyClass1 obj1 = new MyClass1();
        //公共属性,任何地方都可以访问
        System.out.println(obj1.a);
        //Error,b 为私有属性,类外无法访问
        System.out.println(obj1.b);
        //Error,c 是受保护属性,不同包中的非子类无法访问
        System.out.println(obj1.c);
        //Error,d 是默认属性,不同包中的类不能访问
        System.out.println(obj1.d);
        //func1()是公共方法,任何地方都可以访问
        obj1.func1();
        //Error,func2()为私有方法,类外无法访问
        obj1.func2();
        //Error,func3()是受保护方法,不同包中的非子类无法访问
        obj1.func3();
        //Error,func4()是默认方法,不同包中的类不能访问
        obj1.func4();
        //Error,不可以访问不同包中的默认类
        MyClass2 obj2 = new MyClass2();
    }
}
```

在引入继承的情形下,Test 继承自 MyClass1,假如将 Test 类放在与 MyClass1 和 MyClass2 不同的包下,在 Test 中访问 MyClass1、MyClass2 及其成员的可行性如下述代码所示。

【代码 3-16】 **Test. java**

```
package p3;

import p1.MyClass1;
//Error,不能导入不同包中的默认类
import p1.MyClass2;

public class Test extends MyClass1 {
    public void func() {
        //公共属性,任何地方都可以访问
        System.out.println(a);
        //Error,b 为私有属性,类外无法访问
        System.out.println(b);
        //c 是受保护属性,子类可以访问
        System.out.println(c);
        //Error,d 是默认属性,不同包中的类不能访问
        System.out.println(d);
        //func1()是公共方法,任何地方都可以访问
        func1();
        //Error,func2()为私有方法,类外无法访问
        func2();
        //func3()是受保护方法,子类可以访问
        func3();
        //Error,func4()是默认方法,不同包中的类不能访问
        func4();
        //Error,不可以访问不同包中的默认类
        MyClass2 obj2 = new MyClass2();
    }
}
```

上述代码中 Test 类是 MyClass1 的子类,有关继承的详细内容参见后续章节,此处只为演示访问控制级别。

3.5 静态成员

视频讲解

Java 中可以使用 static 关键字修饰类的成员变量和方法,这些被 static 关键字修饰的成员也称为静态成员。静态成员的限制级别是"类相关"的,前面介绍的成员都是"实例相关"的。"实例相关"的成员描述的单个实例的属性和方法,其使用必须要通过声明的实例对象来调用(即对象. 属性、对象. 方法);而"类相关"的静态成员则可以直接通过类名调用(即类名. 属性、类名. 方法),无须通过声明的实例对象进行访问。前面使用的 Arrays. sort()、Integer. parseInt()就是静态方法。

与类相关的静态成员称为类变量或类方法,与实例相关的普通成员称为实例变量或实例方法。类变量属于整个类,当系统第一次准备使用该类时,系统会为该类的类变量分配内存空间,此时类变量开始生效,直到该类被卸载,该类的类变量所占有的内存才被系统的垃圾回收机制回收;当系统创建该类的对象时,系统不会再为类变量分配内存,也不会再次对

类变量进行初始化,即对象根本不拥有类变量,通过对象访问类变量只是一种假象,系统会在底层转换为通过类来访问类变量。因此,不建议通过对象访问类变量。类方法与类变量类似,也是属于类而不属于该类的对象。

下述代码使用静态变量和静态方法,进行统计、输出当前类已创建的对象的个数。

【代码 3-17】　**InstanceCounteDemo. java**

```java
package com.qst.chapter03;

public class InstanceCounteDemo {
    //静态变量,用于统计创建对象的个数
    public static int count = 0;
    public InstanceCounteDemo() {
        count++;
    }
    //静态方法,用于输出count的个数
    public static void printCount() {
        System.out.println("创建的实例的个数为: " + count);
    }
    public static void main(String[] args) {
        //使用for循环创建对象
        for (int i = 0; i < 10; i++) {
            InstanceCounteDemo counter = new InstanceCounteDemo();
        }
        //通过类名直接访问静态成员
        InstanceCounteDemo.printCount();
    }
}
```

上述代码在 InstanceCounteDemo 类中定义了一个静态变量 count,对于此类而言,该变量在内存中只有一份,即 count 变量会被 InstanceCounteDemo 类的所有对象共享,即实例化 10 个 InstanceCounteDemo 类的对象,它们都共享一个 count 变量,静态成员不属于任何实例对象,如图 3-18 所示。

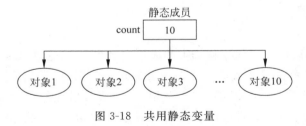

图 3-18　共用静态变量

执行结果如下:

创建的实例的个数为: 10

通过类名或实例都可以访问类的静态成员,通常建议通过类名进行访问。

在类中可以定义静态成员属性和普通成员属性,也可以定义静态成员方法和非静态成员方法。静态成员属于类成员,可以通过类名直接访问,而非静态成员必须依赖于具体的对象而存在。在类的静态成员方法中可以直接访问类的其他静态成员方法和静态成员属性,而只能通过对象来访问类中的非静态成员；在类的非静态成员方法中可以直接访问该类中所有的成员方法（包括静态和非静态），也可以直接访问该类中的任何成员属性（包括静态和非静态）。

下述代码演示静态成员与非静态成员的访问关系。

【代码 3-18】 **StaticAccessingDemo. java**

```java
public class StaticAccessingDemo {
    private int x = 10;              //非静态成员属性
    static int staticY = 99;         //静态成员属性
    public void method(){            //非静态成员方法
        System.out.println("我是 == 非静态 == 成员方法");
        System.out.println("访问非静态成员属性,x = " + x);
        System.out.println("访问静态成员属性,staticY = " + staticY);
    }
    public static void staticMethod(){//静态成员方法
        System.out.println("我是 == 静态 == 成员方法");
        System.out.println("访问非静态成员属性,x = " + new StaticAccessingDemo ().x);
        System.out.println("访问静态成员属性,staticY = " + staticY);}
    public static void main(String[] args) {
        staticMethod();              //静态方法 main 中直接访问静态成员方法
        //在静态成员方法 main 中通过对象访问非静态成员方法
        new StaticAccessingDemo ().method();
    }
}
```

运行结果如下所示：

```
我是 == 静态 == 成员方法
访问非静态成员属性,x = 10
访问静态成员属性,staticY = 99
我是 == 非静态 == 成员方法
访问非静态成员属性,x = 10
访问静态成员属性,staticY = 99
```

注意 类的静态变量和静态方法,在内存中只有一份,供所有对象共用,起到全局的作用。

3.6 对象数组

对象数组就是一个数组中的所有元素都是对象,声明对象数组与普通基本数据类型的数组一样,具体格式如下：

视频讲解

【语法】

```
类名[] 数组名 = new 类名[长度];
```

下面语句创建一个长度为 5 的 Student 类的对象数组。

【示例】 声明对象数组

```
Student[] array = new Student[5];
```

上面的语句也可以分成两行,等价于:

```
Student[] array;
array = new Student[5];
```

因对象数组中的每个元素都是对象,所以每个元素都需要单独实例化,即还需使用 new 关键字实例化每个元素,代码如下所示。

【示例】 实例化对象数组中的每个元素

```
array[0] = new Student("张三", "一年级 2 班", 90);
array[1] = new Student("李四", "二年级 3 班", 88);
array[2] = new Student("王五", "三年级 1 班", 95);
array[3] = new Student("唐六", "四年级 2 班", 78);
array[4] = new Student("冯八", "五年级 1 班", 66);
```

由此可以看出对象数组与普通数组之间的区别,对象数组需要 new 两遍:第一遍 new 对象数组长度,第二遍 new 对象数组中的每个元素。以 Student 数组为列,对象数组在内存中的存储如图 3-19 所示。

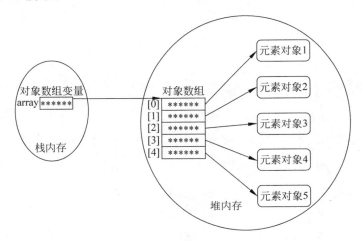

图 3-19 对象数组在内存中的示意图

创建对象数组时也可以同时实例化数组中的每个元素对象,此时无须指明对象数组的长度,示例如下:

【示例】 创建对象数组同时实例化每个元素对象

```
Student[] array = new Student[]{
                new Student("张三", "一年级 2 班", 90),
                new Student("李四", "二年级 3 班", 88),
```

```
                    new Student("王五", "三年级 1 班", 95),
                    new Student("唐六", "四年级 2 班", 78),
                    new Student("冯八", "五年级 1 班", 66)
                };
```

也可以直接简化成如下代码：

```
Student[] array = {
                    new Student("张三", "一年级 2 班", 90),
                    new Student("李四", "二年级 3 班", 88),
                    new Student("王五", "三年级 1 班", 95),
                    new Student("唐六", "四年级 2 班", 78),
                    new Student("冯八", "五年级 1 班", 66)
                };
```

下述代码演示对象数组的应用。

【代码 3-19】 **ObjectArrayDemo.java**

```java
package com.qst.chapter03;

import com.qst.chapter03.entity.*;

//对象数组
public class ObjectArrayDemo {

    public static void main(String[] args) {
        //Student[] array = new Student[5];
        Student[] array;
        //实例化数组长度
        array = new Student[5];
        //实例化数组中的每个元素对象
        array[0] = new Student("张三", "一年级 2 班", 90);
        array[1] = new Student("李四", "二年级 3 班", 88);
        array[2] = new Student("王五", "三年级 1 班", 95);
        array[3] = new Student("唐六", "四年级 2 班", 78);
        array[4] = new Student("冯八", "五年级 1 班", 66);
        //遍历对象数组并输出
        for (Student e : array) {
            e.display();
            System.out.println(" ------------------------ ");
        }
        //创建对象数组的同时实例化每个对象元素
        Student[] array2 = new Student[] {
                new Student("赵九", "六年级 2 班", 76),
                new Student("宋十", "初一 3 班", 87)
                };
        //遍历对象数组并输出
        for (Student e : array2) {
            e.display();
            System.out.println(" ------------------------ ");
```

```
        }
        //创建对象数组的同时实例化每个对象元素
        Student[] array3 = {
                new Student("甘十一", "初二 1 班", 60),
                new Student("陈十二", "初三 3 班", 67)
                };
        //遍历对象数组并输出
        for (Student e : array3) {
            e.display();
            System.out.println("------------------------------");
        }
    }
}
```

上述代码使用三种方式创建对象数组,虽然写法不一样但本质都是一样的。运行结果
如下所示:

```
姓名: 张三
班级: 一年级 2 班
成绩: 90

------------------------------

姓名: 李四
班级: 二年级 3 班
成绩: 88

------------------------------

姓名: 王五
班级: 三年级 1 班
成绩: 95

------------------------------

姓名: 唐六
班级: 四年级 2 班
成绩: 78

------------------------------

姓名: 冯八
班级: 五年级 1 班
成绩: 66

------------------------------

姓名: 赵九
班级: 六年级 2 班
成绩: 76

------------------------------

姓名: 宋十
班级: 初一 3 班
成绩: 87

------------------------------

姓名: 甘十一
班级: 初二 1 班
成绩: 60
```

```
-------------------------
姓名:陈十二
班级:初三 3 班
成绩: 67
-------------------------
```

3.7　贯穿任务实现

3.7.1　实现【任务 3-1】

下述代码实现 Q-DMS 贯穿项目中的【任务 3-1】实现日志实体类,日志信息用于记录用户登录及登出状态。

【任务 3-1】　LogRec. java

```java
package com.qst.dms.entity;

import java.util.Date;

//用户登录日志记录
public class LogRec {
    //ID 标识
    private int id;
    //时间
    private Date time;
    //地点
    private String address;
    //状态
    private int type;
    /**
     * 登录用户名
     */
    private String user;
    /**
     * 登录用户主机 IP 地址
     */
    private String ip;
    /**
     * 登录状态: 登录、登出
     */
    private int logType;
    /**
     * 登录常量 LOG_IN、登出常量 LOG_OUT
     */
    public static final int LOG_IN = 1;
    public static final int LOG_OUT = 0;
```

```java
//状态常量
public static final int GATHER = 1;          //"采集"
public static final int MATHCH = 2;          //"匹配";
public static final int RECORD = 3;          //"记录";
public static final int SEND = 4;            //"发送";
public static final int RECEIVE = 5;         //"接收";
public static final int WRITE = 6;           //"归档";
public static final int SAVE = 7;            //"保存";

public int getId() {
    return id;
}

public void setId(int id) {
    this.id = id;
}

public Date getTime() {
    return time;
}

public void setTime(Date time) {
    this.time = time;
}

public String getAddress() {
    return address;
}

public void setAddress(String address) {
    this.address = address;
}

public int getType() {
    return type;
}

public void setType(int type) {
    this.type = type;
}

public String getUser() {
    return user;
}

public void setUser(String user) {
    this.user = user;
}

public String getIp() {
```

```
            return ip;
        }

        public void setIp(String ip) {
            this.ip = ip;
        }

        public int getLogType() {
            return logType;
        }

        public void setLogType(int logType) {
            this.logType = logType;
        }

        public LogRec() {
        }

        public LogRec(int id, Date time, String address, int type, String user,
                String ip, int logType) {
            this.id = id;
            this.time = time;
            this.address = address;
            this.type = type;
            this.user = user;
            this.ip = ip;
            this.logType = logType;
        }

        public String toString() {
            return id + "," + time + "," + address + "," + this.getType() + ","
                    + user + "," + ip + "," + logType;
        }
}
```

上述代码中,time 属性的数据类型是 Java 类库中的 java.util.Date 时间类。

3.7.2　实现【任务 3-2】

下述代码实现 Q-DMS 贯穿项目中的【任务 3-2】创建日志业务类,实现日志数据的信息采集及显示功能。

【任务 3-2】　**LogRecService.java**

```
package com.qst.dms.service;

import java.util.Date;
import java.util.Scanner;
```

```java
import com.qst.dms.entity.LogRec;

//日志业务类
public class LogRecService {
    //日志数据采集
    public LogRec inputLog() {
        //建立一个从键盘接收数据的扫描器
        Scanner scanner = new Scanner(System.in);
        //提示用户输入 ID 标识
        System.out.println("请输入 ID 标识：");
        //接收键盘输入的整数
        int id = scanner.nextInt();
        //获取当前系统时间
        Date nowDate = new Date();
        //提示用户输入地址
        System.out.println("请输入地址：");
        //接收键盘输入的字符串信息
        String address = scanner.next();
        //数据状态是"采集"
        int type = LogRec.GATHER;

        //提示用户输入登录用户名
        System.out.println("请输入 登录用户名：");
        //接收键盘输入的字符串信息
        String user = scanner.next();
        //提示用户输入主机 IP
        System.out.println("请输入 主机 IP：");
        //接收键盘输入的字符串信息
        String ip = scanner.next();
        //提示用户输入登录状态、登出状态
        System.out.println("请输入登录状态:1是登录,0是登出");
        int logType = scanner.nextInt();
        //创建日志对象
        LogRec log = new LogRec(id, nowDate, address, type, user, ip, logType);
        //返回日志对象
        return log;
    }
    //日志信息输出
    public void showLog(LogRec... logRecs) {
        for (LogRec e : logRecs) {
            if (e != null) {
                System.out.println(e.toString());
            }
        }
    }
}
```

上述代码中,new Date()用于获取系统当前时间,即执行该语句时系统的时间。定义的 showLog()方法使用了可变参数,以便能够输出多个日志信息。

3.7.3　实现【任务 3-3】

下述代码实现 Q-DMS 贯穿项目中的【任务 3-3】创建一个日志测试类,演示日志数据的信息采集及显示。

【任务 3-3】　LogRecDemo. java

```java
package com.qst.dms.dos;

import com.qst.dms.entity.LogRec;
import com.qst.dms.service.LogRecService;

public class LogRecDemo {
    public static void main(String[] args) {
        //创建一个日志业务类
        LogRecService logService = new LogRecService();
        //创建一个日志对象数组,用于存放采集的三个日志信息
        LogRec[] logs = new LogRec[3];
        for (int i = 0; i < logs.length; i++) {
            System.out.println("第" + (i + 1) + "个日志数据采集: ");
            logs[i] = logService.inputLog();
        }
        //显示日志信息
        logService.showLog(logs);
    }

}
```

上述代码先创建一个日志业务类 LogRecService 对象,然后调用该业务对象中的 inputLog()方法进行日志数据采集,再调用 showLog()方法将采集的日志数据进行显示。

运行结果如下所示:

```
第 1 个日志数据采集:
请输入 ID 标识:
1001
请输入地址:
青岛
请输入 登录用户名:
zhaokl
请输入 主机 IP:
192.168.1.1
请输入登录状态:1是登录,0是登出
1
第 2 个日志数据采集:
请输入 ID 标识:
1002
```

```
请输入地址:
北京
请输入 登录用户名:
zhangsan
请输入 主机 IP:
192.168.1.2
请输入登录状态:1 是登录,0 是登出
0
第 3 个日志数据采集:
请输入 ID 标识:
1003
请输入地址:
上海
请输入 登录用户名:
lisi
请输入 主机 IP:
192.168.1.3
请输入登录状态:1 是登录,0 是登出
1
1001,Mon Nov 03 20:20:07 CST 2014,青岛,1,zhaokl,192.168.1.1,1
1002,Mon Nov 03 20:20:36 CST 2014,北京,1,zhangsan,192.168.1.2,0
1003,Mon Nov 03 20:21:11 CST 2014,上海,1,lisi,192.168.1.3,1
```

运行结果中显示的"Mon Nov 03 20:20:07 CST 2014"是 Date 日期值,其格式是按照"月　　日　　小时:分钟:秒 CST 年"进行显示的,其中"Nov"是 11 月的英文缩写,CST (Central Standard Time)是中部标准时间的缩写。

本章总结

小结

- 面向对象具有唯一性、分类性、继承性以及多态性四个特征
- 类是具有相同属性和方法的对象的抽象定义
- 对象是类的一个实例,拥有类定义的属性和方法
- Java 中通过关键字 new 创建一个类的实例对象
- 构造方法可用于在 new 对象时初始化对象属性
- 方法的参数传递有值传递和引用传递两种
- 类的方法和构造方法都可以重载定义
- 访问控制符用来限制类内部的信息(属性和方法)被访问的范围
- Java 中的访问修饰符有 public、protected、默认及 private
- 包可以使类的组织层次更鲜明
- Java 中使用 package 定义包,使用 import 导入包
- 静态成员从属于类,可直接通过类名调用

- 对象数组就是一个数组中的所有元素都是对象
- 对象数组中的每个元素都需要实例化

Q&A

1. 问题：Exception in thread "main" java. lang. NullPointerException。

回答：对象没有使用 new 实例化就使用时会引发空异常。

2. 问题：为什么方法的返回类型不能用于区分重载的方法？

回答：在编译方法时返回值还没有产生，因此不能使用方法的返回值类型作为区分方法重载的依据。

章节练习

习题

1. 构造方法在_____被调用。

  A. 类定义时   B. 创建对象时

  C. 调用对象方法时   D. 使用对象的变量时

2. Java 中，访问修饰符限制性最高的是_____。

  A. private   B. protected   C. public   D. 默认

3. 下列关于面向对象的程序设计的说法中，不正确的是_____。

  A. 对象将数据和行为封装于一体

  B. 对象是面向对象技术的核心所在，在面向对象程序设计中，对象是类的抽象

  C. 类是具有相同特征（属性）和共同行为（方法）的一组对象的集合

  D. 类的修饰符可以是 abstract（抽象）、static（静态）或 final（最终）

4. 下列关于构造方法的说法中，错误的是_____。

  A. 构造方法的方法名必须与类名一致

  B. 构造方法没有返回类型，可以是 void 类型

  C. 如果在类中没有定义任何的构造方法，则编译器将会自动加上一个不带任何参数的构造方法

  D. 构造方法可以被重载

5. 下列关于方法重载说法中，不正确的是_____。

  A. 必须在同一个类中

  B. 方法名相同

  C. 方法的返回值相同

  D. 参数列表不同

6. 下列关于包的说法中，不正确的是_____。

  A. 一个 Java 文件中只能有一条 import 语句

  B. 使用 package 关键字可以指定类所属的包

    C. 包在物理上的表现形式是嵌套的文件目录

    D. 导入包需要使用关键字 import

7. 下列关于静态成员的说法中,错误的是_____。

    A. static 关键字修饰的成员也称为静态成员

    B. 静态成员则可以直接通过类名调用

    C. 静态成员属于整个类,当系统第一次准备使用该类时,系统会为该类的类变量分配内存空间

    D. 静态成员不可以通过对象来调用

8. 下列关于可变参数的说法中,正确的是_____。

    A. 可变参数可以在参数列表的任何位置

    B. 一个方法中允许包含多个可变参数

    C. 可变参数的本质就是一个数组

    D. 调用一个包含可变参数的方法时,只能传入多个参数,不能传入数组

上机

1. 训练目标:定义类。

培养能力	面向对象思想		
掌握程度	★★★★★	难度	难
代码行数	100	实施方式	编码强化
结束条件	独立编写,不出错		

参考训练内容

(1) 编写一个 Book 类,有 name 和 pages 两个属性。

(2) 编写一个 BookDemo 类,实例化一个 Book 对象并显示

2. 训练目标:面向对象编程。

培养能力	面向对象解决问题		
掌握程度	★★★★★	难度	中
代码行数	200	实施方式	编码强化
结束条件	独立编写,不出错		

参考训练内容

(1) 编写一个 Point 类,有 x、y 两个属性。

(2) 编写一个 PointDemo 类,并提供一个 distance(Point p1,Point p2)方法用于计算两点之间的距离,实例化两个具体的 Point 对象并显示它们之间的距离

    提示:使用系统类 Math 的 abs()方法获取绝对值,sqrt()方法求平方根。

第 **4** 章

核心类

 任务驱动

本章任务是完成"Q-DMS 数据挖掘"系统的物流实体类及物流数据信息采集及输出:

- 【任务 4-1】 编写物流信息实体类。
- 【任务 4-2】 创建物流业务类,实现物流数据的信息采集及显示功能。
- 【任务 4-3】 创建一个物流测试类,演示物流数据的信息采集及显示。

 学习路线

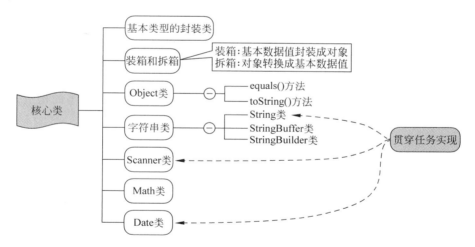

 本章目标

知 识 点	Listen(听)	Know(懂)	Do(做)	Revise(复习)	Master(精通)
基本类型的封装类	★	★	★	★	★
装箱和拆箱	★	★	★		
Object 类	★	★	★	★	
字符串类	★	★	★	★	
Scanner 类	★	★	★		
Math 类	★	★	★		

4.1 基本类型的封装类

视频讲解

Java 为其八个基本数据类型提供了对应的封装类,通过这些封装类可以把八个基本类型的值封装成对象进行使用。从 JDK 1.5 开始,Java 允许将基本类型的值直接赋值给对应的封装类对象。八个基本类型对应的封装类如表 4-1 所示。

表 4-1　基本类型对应的封装类

基本数据类型	封 装 类	描　述
byte	Byte	字节
short	Short	短整型
int	Integer	整型
long	Long	长整型
char	Character	字符型
float	Float	单精度浮点型
double	Double	双精度浮点型
boolean	Boolean	布尔型

基本类型对应的封装类除了 Integer 和 Character 写法有点例外,其他的基本类型对应的封装类都是将首字母大写即可。

在 JDK 1.5 之前,将基本类型变量封装成对象需要通过对应的封装类的构造方法来实现,例如,将整数 10 封装到整型类 Integer 对象中,代码如下:

```
Integer obj = new Integer(10);
```

不仅如此,还可以通过传入一个数值字符串进行构造,等价于:

```
Integer obj = new Integer("10");
```

如果将对象赋值给基本数据类型,则需要调用封装类的 xxxValue()方法,例如:

```
int a = obj.intValue();
```

如图 4-1 所示,在 JDK 1.5 之前,基本类型变量和封装类之间的转换比较烦琐,两者之间不能直接转换,此种方式已经过时,因此不提倡使用。

从 JDK 1.5 之后,Java 提供了自动装箱(Autoboxing)和自动拆箱(AutoUnboxing)功能,因此,基本类型变量和封装类之间可以直接赋值,例如:

```
Integer obj = 10;
int b = obj;
```

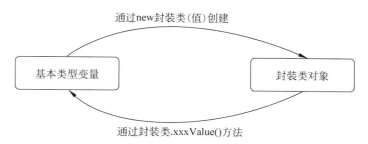

通过new封装类(值)创建

基本类型变量 → 封装类对象

通过封装类.xxxValue()方法

图 4-1　在 JDK 1.5 之前基本数据类型和封装类之间的转换

注意　Java 中装箱和拆箱操作的原理及详细介绍参见 4.2 节。

自动装箱和自动拆箱大大简化了基本数据类型和封装类之间的转换过程,但进行自动装箱和拆箱操作时必须注意类型匹配,例如 Integer 只能跟 int 匹配,不能跟 boolean 或 char 等其他类型匹配。

除此之外,封装类还可以实现基本类型变量和字符串之间的转换,将字符串的值转换为基本类型的值有两种方式:

- 直接利用封装类的构造方法,即 Xxx(String s)构造方法;
- 调用封装类提供的 parseXxx(String s)静态方法。

【示例】　**将字符串转换为基本类型**

```
int num1 = new Integer("10");
int num2 = Integer.parseInt("123");
```

将基本类型的值转换成字符串有三种方式。

- 直接使用一个空字符串来连接数值即可,例如:

```
"" + 23;
```

- 调用封装类提供的 toString()静态方法,例如:

```
Integer.toString(100);
```

- 调用 String 类提供的 valueOf()静态方法,例如:

```
String.valueOf(66)。
```

【示例】　**将基本类型的值转换为字符串**

```
String s1 = "" + 23;
String s2 = Integer.toString(100);
String s3 = String.valueOf(66);
```

图 4-2 演示基本类型变量和字符串之间的转换。

下述代码演示基本类型的封装类的使用。

【代码 4-1】　**FengzhuangDemo.java**

```
package com.qst.chapter04;
```

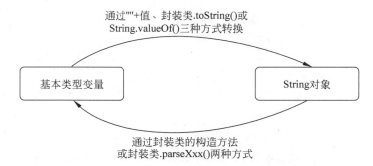

图 4-2　基本类型变量和字符串之间的转换

```java
public class FengZhuangDemo {

    public static void main(String[] args) {
        //直接把一个整数值赋给 Integer 对象
        Integer intObj = 5;
        //直接把一个 boolean 值赋给一个 Boolean 对象
        Boolean boolObj = true;
        //Integer 对象与整数进行算术运算
        int a = intObj + 10;
        System.out.println(a);
        System.out.println(boolObj);
        //字符串与基本类型变量之间的转换
        String intStr = "123";
        //将一个特定字符串转换成 int
        int it1 = Integer.parseInt(intStr);
        int it2 = new Integer(intStr);
        System.out.println(it1 + "," + it2);
        String floatStr = "4.56";
        //将一个特定字符串转换成 float 变量
        float ft1 = Float.parseFloat(floatStr);
        float ft2 = new Float(floatStr);
        System.out.println(ft1 + "," + ft2);
        //将 int 值转换成 String
        String s1 = "" + 23;
        String s2 = Integer.toString(100);
        String s3 = String.valueOf(66);
        System.out.println(s1 + "," + s2 + "," + s3);
        //将一个 float 值转换成 String
        String fs1 = "" + 2.345f;
        String fs2 = Float.toString(6.78f);
        String fs3 = String.valueOf(9.1f);
        System.out.println(fs1 + "," + fs2 + "," + fs3);
        //将一个 double 变量转换成 String
        String ds1 = "" + 2.345;
        String ds2 = Double.toString(6.78);
```

```
        String ds3 = String.valueOf(9.1);
        System.out.println(ds1 + "," + ds2 + "," + ds3);
        //将一个 boolean 变量转换成 String 变量
        String bs1 = "" + true;
        String bs2 = Boolean.toString(true);
        String bs3 = String.valueOf(true);
        System.out.println(bs1 + "," + bs2 + "," + bs3);
    }
}
```

运行结果如下所示：

```
15
true
123,123
4.56,4.56
23,100,66
2.345,6.78,9.1
2.345,6.78,9.1
true,true,true
```

4.2 装箱和拆箱

基本类型与其对应封装类之间能够自动进行转换，其本质是 Java 的自动装箱和拆箱过程。装箱是指将基本类型数据值转换成对应的封装类对象，即将栈中的数据封装成对象存放到堆中的过程。图 4-3 演示装箱的过程。

视频讲解

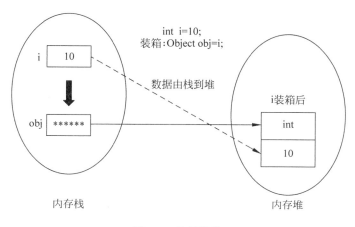

图 4-3　装箱操作

拆箱是装箱的反过程，是将封装的对象转换成基本类型数据值，即将堆中的数据值存放到栈中的过程。图 4-4 演示拆箱的过程。

下述代码演示装箱和拆箱的用法。

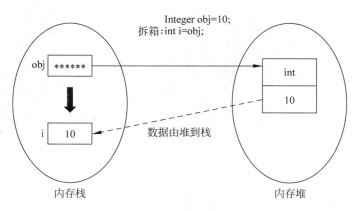

图 4-4　拆箱操作

【代码 4-2】　**BoxingUnBoxingDemo. java**

```java
package com.qst.chapter04;

public class BoxingUnBoxingDemo {

    public static void main(String[] args) {
        int i = 10;
        //自动装箱
        Integer obj = i + 5;
        Double dobj = 4.5;
        Boolean bobj = false;
        System.out.println("obj = " + obj + ",dobj = " + dobj + ",bobj = " + bobj);
        //自动拆箱
        int a = obj;
        double d = dobj;
        boolean b = bobj;
        System.out.println("a = " + a + ",d = " + d + ",b = " + b);
    }
}
```

上述代码以 Integer、Double 和 Boolean 类型为例演示装箱和拆箱的使用过程,运行结果如下所示:

```
obj = 15,dobj = 4.5,bobj = false
a = 15,d = 4.5,b = false
```

4.3　Object 类

Java 基础类库提供了一些常用的核心类,包括 Object、String、Math 等。其中,Object 对象类定义在 java. lang 包中,是所有类的顶级父类,在 Java 体系中,所有类都直接或间接地继承了 Object 类。因此,任何 Java 对象都可以调用 Object 类中的方法,而且任何类型的对象都可以赋给 Object 类型的变量。

Object 类提供了所有类都需要的一些方法,常用的方法如表 4-2 所示。

表 4-2 Object 类的常用方法

方 法	功 能 描 述
protected Object clone()	创建并返回当前对象的副本,该方法支持对象复制
public boolean equals(Object obj)	判断指定的对象与传入的对象是否相等
protected void finalize()	垃圾回收器调用此方法来清理即将回收对象的资源
public final Class<?> getClass()	返回当前对象运行时所属的类型
public int hashCode()	返回当前对象的哈希代码值
public String toString()	返回当前对象的字符串表示

4.3.1 equals() 方法

两个基本类型的变量比较是否相等时直接使用"=="运算符即可,但两个引用类型的对象比较是否相等时则有两种方式:使用"=="运算符,或使用 equals() 方法。在比较两个对象是否相等时,"=="运算符和 equals() 方法是有区别的。

视频讲解　　　　视频讲解

- "=="运算符比较的是两个对象地址是否相同,即引用的是同一个对象;
- equals() 方法通常可以用于比较两个对象的内容是否相同。

下述代码分别使用"=="运算符和 equals() 方法判断两个对象是否相等。

【代码 4-3】 **ObjectEqualsDemo. java**

```java
package com.qst.chapter04;

public class ObjectEqualsDemo {
    public static void main(String[] args) {
        //定义 4 个整型类对象
        Integer num1 = new Integer(8);
        Integer num2 = new Integer(10);
        Integer num3 = new Integer(8);
        //将 num1 对象赋值给 num4
        Integer num4 = num1;
        System.out.println("num1 和自身进行比较: ");
        //分别使用" == "和 equals()方法进行自身比较
        System.out.println("num1 == num1 是 " + (num1 == num1));
        System.out.println("num1.equals( num1 )是" + num1.equals(num1));
        System.out.println(" -------------------------------------- ");
        System.out.println("num1 和 num2 两个不同值的对象进行比较: ");
        //num1 和 num2 两个不同值的对象进行比较
        System.out.println("num1 == num2 是 " + (num1 == num2));
        System.out.println("num1.equals( num2 )是" + num1.equals(num2));
        System.out.println(" -------------------------------------- ");
```

```
        System.out.println(" num1 和 num3 两个相同值的对象进行比较：");
        //num1 和 num3 两个相同值的对象进行比较
        //num1 和 num3 引用指向的对象的值一样，但对象空间不一样
        System.out.println("num1 == num3 是" + (num1 == num3));
        System.out.println("num1.equals( num3 )是 " + num1.equals(num3));
        System.out.println("---------------------------------------------");
        System.out.println(" num1 和 num4 两个同一引用的对象进行比较：");
        //num2 和 num4 引用指向同一个对象空间
        System.out.println("num2 == num4 是 " + (num1 == num4));
        System.out.println("num2.equals( num4 )是 " + num1.equals(num4));
    }
}
```

运行结果如下所示：

```
num1 和自身进行比较：
num1 == num1 是 true
num1.equals( num1 )是 true
-----------------------------------------------------------------
num1 和 num2 两个不同值的对象进行比较：
num1 == num2 是 false
num1.equals( num2 )是 false
-----------------------------------------------------------------
num1 和 num3 两个相同值的对象进行比较：
num1 == num3 是 false
num1.equals( num3 )是 true
-----------------------------------------------------------------
num1 和 num4 两个同一引用的对象进行比较：
num2 == num4 是 true
num2.equals( num4 )是 true
```

上述代码中 num1 对象分别跟自身 num1、不同值 num2、相同值 num3 以及同一引用 num4 这几个对象进行比较，通过分析运行结果可以得出：使用"=="运算符将严格比较这两个变量引用是否相同，即地址是否相同，是否指向内存同一空间，只有当两个变量指向同一个内存地址即同一个对象时才返回 true，否则返回 false；Integer 的 equals()方法则比较两个对象的内容是否相同，只要两个对象的内容值相等，哪怕是两个不同的对象（引用地址不同），依然会返回 true。

实际上，虽然上述代码演示的 Integer 类中 equals()方法是进行内容比较，但 Object 类中提供的 equals()方法中却是采用"=="进行比较的。因为，Integer 类重写了 equals()方法，该方法用于比较整数的值，所以才有上述代码的运行结果。因此，如果一个类没有重写 equals()方法，则通过"=="运算符和 equals()方法进行比较的结果是相同的。但是，对于基础数据类型相等的含义非常明显，只要内容值相同即可。在开发过程中，通常可以根据不同的业务规则，采用不同的方式重写 equals()方法。

下述代码定义一个 Person 类并重写 equals()方法，判断两个 Person 对象的年龄是否相等。

【代码 4-4】 **Person.java**

```java
package com.qst.chapter04;

//声明 Person 类
public class Person {
    /* 属性,成员变量 */
    //姓名
    private String name;
    //年龄
    private int age;
    //地址
    private String address;

    //默认构造方法
    public Person() {
    }

    //构造方法
    public Person(String name, int age, String address) {
        this.name = name;
        this.age = age;
        this.address = address;
    }

    /* 方法,属性对应的获取和设置方法(get/set) */
    public String getName() {
        return name;
    }
    public void setName(String name) {
        this.name = name;
    }
    public int getAge() {
        return age;
    }
    public void setAge(int age) {
        this.age = age;
    }
    public String getAddress() {
        return address;
    }
    public void setAddress(String address) {
        this.address = address;
    }

    //输出信息
    public void display() {
        System.out.println("姓名:" + name + ",年龄:" + age + ",地址:" + address);
    }
```

```
//重写 equals()方法,判断当前 Person 对象跟传入的 Person 对象年龄是否相同
public boolean equals(Person p) {
    if (this.age == p.age) {
        return true;
    } else {
        return false;
    }
}
```

上述代码重写了 equals()方法,只要两个 Person 对象的年龄相同就返回 true。如果业务要求必须是 Person 的同一个实例才认为相等,则无须重写 equals()方法,因为从 Object 继承下来的 equals()方法就是判断是否是一个实例。

下述代码测试判断两个 Person 对象是否相等,代码如下所示。

【代码 4-5】 **PersonEqualsDemo. java**

```
package com.qst.chapter04;
public class PersonEqualsDemo {
    public static void main(String[] args) {
        Person p1 = new Person("赵克玲", 35, "青岛");
        Person p2 = new Person("张三", 35, "北京");
        System.out.println("p1 == p2 是" + (p1 == p2));
        System.out.println("p1.equals(p2)是" + (p1.equals(p2)));
    }
}
```

当 Person 类中重写了 equals()方法,运行结果如下所示:

```
p1 == p2 是 false
p1.equals(p2)是 true
```

将 Person 类中重写的 equals()方法注释掉,使用原来默认的方法,则运行结果如下所示:

```
p1 == p2 是 false
p1.equals(p2)是 false
```

4.3.2 toString()方法

Object 类的 toString()方法是一个非常特殊的方法,它是一个"自我描述"的方法,该方法返回当前对象的字符串表示。当使用 System. out. println(obj)输出语句中直接打印对象时,或字符串与对象进行连接操作时,例如,"info" + obj,系统都会自动调用对象的 toString()方法。

视频讲解

Object 类中的 toString( )方法返回包含类名和散列码的字符串,具体格式如下:

类名@哈希代码值

下述代码定义一个 Book 类,并重写 toString( )方法。

【代码 4-6】 Book. java

```java
package com.qst.chapter04;

public class Book {
    //属性
    private String bookName;          //书名
    private double price;             //价格
    private String publisher;         //出版社
    private String isbn;              //ISBN 号

    //默认构造方法
    public Book() {

    }

    //重载构造方法
    public Book(String bookName, double price, String publisher, String isbn) {
        this.bookName = bookName;
        this.price = price;
        this.publisher = publisher;
        this.isbn = isbn;
    }
    public String getBookName() {
        return bookName;
    }
    public void setBookName(String bookName) {
        this.bookName = bookName;
    }
    public double getPrice() {
        return price;
    }
    public void setPrice(double price) {
        this.price = price;
    }
    public String getPublisher() {
        return publisher;
    }
    public void setPublisher(String publisher) {
        this.publisher = publisher;
    }
    public String getIsbn() {
        return isbn;
    }
    public void setIsbn(String isbn) {
```

```
        this.isbn = isbn;
    }
    //重写 toString()方法
    public String toString() {
        return this.bookName + ",￥" + this.price + "," + this.publisher
                + ",ISBN:" + this.isbn;
    }
}
```

上述代码重写了 toString()方法,该方法将四个属性值连成一个字符串并返回。

下述代码编写一个测试类演示 toString()方法的功能。

【代码 4-7】 **BookDemo.java**

```
package com.qst.chapter04;

public class BookDemo {

    public static void main(String[] args) {
        Book b1 = new Book("《Java SE 8 应用开发》",98,"科学出版社","978-1-211-66889-8");
        System.out.println(b1);
        System.out.println("--------------------------------------------------------");
        Book b2 = new Book("《C#程序设计》",66,"清华大学出版社","978-1-211-66789-9");
        String s = b1 + "\n" + b2;
        System.out.println(s);
    }
}
```

上述代码使用 System.out.println()直接输出对象 b1 的信息,以及将 b1 和 b2 进行字符串连接,运行结果如下所示:

```
《Java SE 8 应用开发》,￥98.0,科学出版社,ISBN:978-1-211-66889-8
--------------------------------------------------------
《Java SE 8 应用开发》,￥98.0,科学出版社,ISBN:978-1-211-66889-8
《C#程序设计》,￥66.0,清华大学出版社,ISBN:978-1-211-66789-9
```

将 Book 类中重写的 toString()方法注释掉,使用 Object 原来默认的 toString()方法,则运行结果如下所示:

```
com.qst.chapter04.Book@1db9742
--------------------------------------------------------
com.qst.chapter04.Book@1db9742
com.qst.chapter04.Book@106d69c
```

当类没有重写 toString()方法时,系统会自动调用 Object 默认的 toString(),显示的字符串格式将是"类名@哈希代码值"。

4.4　字符串类

字符串就是一连串的字符序列,Java 提供了 String、StringBuffer 和 StringBuilder 三个类来封装字符串,并提供了一系列方法来操作字符串对象。

String、StringBuffer 和 StringBuilder 之间的区别如下:

- String 创建的字符串是不可变的,当使用 String 创建一个字符串后,该字符串在内存中是一个不可改变的字符序列,如果改变字符串变量的值,其实际是在内存中创建一个新的字符串,字符串变量将引用新创建的字符串地址,而原来的字符串在内存中依然存在且内容不变,直至 Java 的垃圾回收系统对其进行销毁。

- StringBuffer 创建的字符串是可变的,当使用 StringBuffer 创建一个字符串后,该字符串的内容可以通过 append()、insert()、setCharAt()等方法进行改变,而字符串变量所引用的地址一直不变。如果想获得 StringBuffer 的最终内容,可以通过调用它的 toString()方法转换成一个 String 对象。

- StringBuilder 是 JDK 1.5 新增的一个类,与 StringBuffer 类似也是创建一个可变的字符串,不同的是 StringBuffer 是线程安全的,而 StringBuilder 没有实现线程安全,因此性能较好。通常,如果只需要创建一个内容可变的字符串对象,不涉及线程安全、同步方面的问题,应优先考虑使用 StringBuilder 类。

4.4.1　String 类

String 字符串类常用的方法如表 4-3 所示。

视频讲解

表 4-3　String 类常用的方法

方　　法	功　能　描　述
String()	默认构造方法,创建一个包含 0 个字符的 String 对象(不是返回 null)
String(char[] value)	使用一个字符型数组构造一个 String 对象
String(String s)	使用一个字符串值构造一个 String 对象
String(StringBuffer bs)	根据 StringBuffer 对象来创建对应的 String 对象
String(StringBuilder sb)	根据 StringBuilder 对象来创建对应的 String 对象
char charAt(int index)	获取字符串中指定位置的字符,参数 index 下标从 0 开始
int compareTo(String s)	比较两个字符串的大小,相等返回 0,不等则返回不等字符编码值的差
boolean endsWith(String s)	判断一个字符串是否以指定的字符串结尾
boolean equals()	比较两个字符串的内容是否相等
byte[] getBytes()	将字符串转换成字节数组
int indexOf(String s)	找出指定的子字符串在字符串中第一次出现的位置
int length()	返回字符串的长度

续表

方　　法	功 能 描 述
String subString(int beg)	获取从 beg 位置开始到结束的子字符串
String subString(int beg,int end)	获取从 beg 位置开始到 end 位置的子字符串
String toLowerCase()	将字符串转换成小写
String toUpperCase()	将字符串转换成大写
static String valueOf(X x)	将基本类型值转换成字符串

下述代码演示 String 类常用方法的应用。

【代码 4-8】　**StringDemo. java**

```java
package com.qst.chapter04;

public class StringDemo {

    public static void main(String[] args) {
        String str = "I'm zhaokl,welcome to qingdao!";
        System.out.println(str);
        System.out.println("字符串长度: " + str.length());
        System.out.println("截取从下标 5 开始的子字符串: " + str.substring(5));
        System.out.println("截取从下标 5 开始到 10 结束的子字符串: " +
            str.substring(5, 10));
        System.out.println("转换成小写: " + str.toLowerCase());
        System.out.println("转换成大写: " + str.toUpperCase());
    }
}
```

上述代码中 substring()方法用于截取子字符串,方法的参数不同所截取的结果也不同。例如,当带一个参数时,是从指定下标位置开始截取,直到字符串末尾;当带两个参数时,是从指定的开始下标位置截取,直到指定结束下标位置,不包括结束下标位置的字符。

运行结果如下所示:

```
I'm zhaokl,welcome to qingdao!
字符串长度: 30
截取从下标 5 开始的子字符串: haokl,welcome to qingdao!
截取从下标 5 开始到 10 结束的子字符串: haokl
转换成小写: i'm zhaokl,welcome to qingdao!
转换成大写: I'M ZHAOKL,WELCOME TO QINGDAO!
```

在 Java 程序中,经常会使用"+"运算符连接字符串,但不同情况下字符串连接的结果也是不同的,如下述代码所示。

【代码 4-9】　**StringLinkDemo. java**

```java
package com.qst.chapter04;

//字符串连接
public class StringLinkDemo {
```

```
public static void main(String[] args) {
    //字符串 + 字符串
    String name = "zhaokel";
    String str1 = "hello " + name;          //"hello zhaokel"
    System.out.println(str1);
    //字符串 + 其他类型
    String str2 = name + 10 + 20;           //"zhaokel1020"
    System.out.println(str2);
    //其他类型 + 字符串
    String str3 = 10 + 4.5 + name;          //14.5zhaokel
    System.out.println(str3);
    }
}
```

运行结果如下所示：

```
hello zhaokel
zhaokel1020
14.5zhaokel
```

使用"＋"运算符连接字符串时应注意以下三点：

● 当字符串与字符串进行"＋"连接时，第二个字符串会连接到第一个字符串之后；

● 当字符串与其他类型进行"＋"连接时，因字符串在前面，所以其他类型的数据都将转换成字符串与前面的字符串进行连接；

● 当其他类型与字符串进行"＋"连接时，因字符串在后面，其他类型按照从左向右进行运算，最后再与字符串进行连接。

视频讲解

4.4.2 StringBuffer 类

StringBuffer 字符缓冲区类是一种线程安全的可变字符序列，其常用的方法如表 4-4 所示。

表 4-4　StringBuffer 类常用的方法

方　　法	功　能　描　述
StringBuffer()	构造一个不带字符的字符串缓冲区，初始容量为 16 个字符
StringBuffer(int capacity)	构造一个不带字符，但具有指定初始容量的字符串缓冲区
StringBuffer(String str)	构造一个字符串缓冲区，并将其内容初始化为指定的字符串内容
append(String str)	在字符串末尾追加一个字符串
char charAt(int index)	返回指定下标位置的字符
int capacity()	返回字符串缓冲区容量
StringBuffer delete(int start, int end)	删除指定开始下标到结束下标之间的子字符串
StringBuffer insert(int offset, String str)	在指定位置插入一个字符串，该方法提供多种参数的重载方法
int lastIndexOf(String str)	返回最后出现指定字符串的下标

方　　法	功　能　描　述
setCharAt(int index，char ch)	设置指定下标的字符
setLength(int newLength)	设置长度
int length()	返回字符串的长度
StringBuffer replace(int start，int end，String str)	在指定开始下标和结束下标之间内容替换成指定子字符串
StringBuffer reverse()	反转字符串序列
String subString(int beg)	获取从 beg 位置开始到结束的子字符串
String subString(int beg,int end)	获取从 beg 位置开始到 end 位置的子字符串
String toString()	返回当前缓冲区中的字符串

下述代码演示 StringBuffer 类常用方法的应用。

【代码 4-10】 **StringBufferDemo. java**

```java
package com.qst.chapter04;

public class StringBufferDemo {

    public static void main(String[] args) {
        StringBuffer sb = new StringBuffer();
        System.out.println("初始长度：" + sb.length());
        System.out.println("初始容量是：" + sb.capacity());
        //追加字符串
        sb.append("java");
        System.out.println("追加后：" + sb);
        //插入
        sb.insert(0, "hello ");
        System.out.println("插入后：" + sb);
        //替换
        sb.replace(5, 6, ",");
        System.out.println("替换后：" + sb);
        //删除
        sb.delete(5, 6);
        System.out.println("删除后：" + sb);
        //反转
        sb.reverse();
        System.out.println("反转后：" + sb);
        System.out.println("当前字符串长度：" + sb.length());
        System.out.println("当前容量是：" + sb.capacity());
        //改变 StringBuilder 的长度,将只保留前面部分
        sb.setLength(5);
        System.out.println("改变长度后：" + sb);
    }
}
```

运行结果如下所示：

```
初始长度：0
初始容量是：16
追加后：java
插入后：hello java
替换后：hello,java
删除后：hellojava
反转后：avajolleh
当前字符串长度：9
当前容量是：16
改变长度后：avajo
```

4.4.3　StringBuilder 类

视频讲解

StringBuilder 字符串生成器类与 StringBuffer 类似，也是创建可变的字符串序列，只不过没有线程安全控制。StringBuilder 类常用的方法如表 4-5 所示。

表 4-5　**StringBuilder 类常用的方法**

方　　法	功 能 描 述
StringBuilder()	构造一个不带字符的字符串生成器，初始容量为 16 个字符
StringBuilder(int capacity)	构造一个不带字符，但具有指定初始容量的字符串生成器
StringBuilder(String str)	构造一个字符串生成器，并将其内容初始化为指定的字符串内容
append(String str)	在字符串末尾追加一个字符串
char charAt(int index)	返回指定下标位置的字符
int capacity()	返回字符串生成器容量
StringBuilder delete(int start, int end)	删除指定开始下标到结束下标之间的子字符串
StringBuilder insert(int offset, String str)	在指定位置插入一个字符串，该方法提供多种参数的重载方法
int lastIndexOf(String str)	返回最后出现指定字符串的下标
setCharAt(int index, char ch)	设置指定下标的字符
setLength(int newLength)	设置长度
int length()	返回字符串的长度
StringBuilder replace(int start, int end, String str)	在指定开始下标和结束下标之间内容替换成指定子字符串
StringBuilder reverse()	反转字符串序列
String subString(int beg)	获取从 beg 位置开始到结束的子字符串
String subString(int beg, int end)	获取从 beg 位置开始到 end 位置的子字符串
String toString()	返回当前缓冲区中的字符串

下述代码演示 StringBuilder 类常用方法的应用。

【代码 4-11】 **StringBuilderDemo. java**

```java
package com.qst.chapter04;

public class StringBuilderDemo {

    public static void main(String[] args) {
        StringBuilder sb = new StringBuilder();
        System.out.println("初始长度:" + sb.length());
        System.out.println("初始容量是:" + sb.capacity());
        //追加字符串
        sb.append("java");
        System.out.println("追加后:" + sb);
        //插入
        sb.insert(0, "hello ");
        System.out.println("插入后:" + sb);
        //替换
        sb.replace(5, 6, ",");
        System.out.println("替换后:" + sb);
        //删除
        sb.delete(5, 6);
        System.out.println("删除后:" + sb);
        //反转
        sb.reverse();
        System.out.println("反转后:" + sb);
        System.out.println("当前字符串长度:" + sb.length());
        System.out.println("当前容量是:" + sb.capacity());
        //改变 StringBuilder 的长度,将只保留前面部分
        sb.setLength(5);
        System.out.println("改变长度后:" + sb);
    }
}
```

运行结果如下所示:

```
初始长度:0
初始容量是:16
追加后:java
插入后:hello java
替换后:hello,java
删除后:hellojava
反转后:avajolleh
当前字符串长度:9
当前容量是:16
改变长度后:avajo
```

通过上述代码及运行结果可以看出,StringBuilder 除了在构造方法上与 StringBuffer 不同,其他方法的使用完全一样。

StringBuilder 和 StringBuffer 都有两个属性: length 和 capacity,其中 length 属性表示字符序列的长度,而 capacity 表示容量,通常程序无须关心 capacity 容量属性。

4.5 Scanner 类

Scanner 扫描器类在 java.util 包中,可以获取用户从键盘输入的不同数据,以完成数据的输入操作,同时也可以对输入的数据进行验证。Scanner 类常用的方法如表 4-6 所示。

视频讲解

表 4-6 Scanner 类常用的方法

方　　法	功　能　描　述
Scanner(File source)	构造一个从指定文件进行扫描的 Scanner
Scanner(InputStream source)	构造一个从指定的输入流进行扫描的 Scanner
boolean hasNext(Pattern pattern)	判断输入的数据是否符合指定的正则标准
boolean hasNextInt()	判断输入的是否是整数
boolean hasNextFloat()	判断输入的是否是单精度浮点数
String next()	接收键盘输入的内容,并以字符串形式返回
String next(Pattern pattern)	接收键盘输入的内容,并进行正则验证
int nextInt()	接收键盘输入的整数
float nextFloat()	接收键盘输入的单精度浮点数
Scanner useDelimiter(String pattern)	设置读取的分隔符

Scanner 类提供了一个可以接收 InputStream 输入流类型的构造方法,只要是字节输入流的子类都可以通过 Scanner 类进行读取。

下述代码演示 Scanner 类常用方法的应用。

【代码 4-12】 ScannerDemo.java

```java
package com.qst.chapter04;

import java.util.Scanner;
public class ScannerDemo {

    public static void main(String[] args) {
        //创建 Scanner 对象,从键盘接收数据
        Scanner sc = new Scanner(System.in);

        System.out.print("请输入一个字符串(不带空格): ");
        //接收字符串
        String s1 = sc.next();
        System.out.println("s1 = " + s1);

        System.out.print("请输入整数: ");
        //接收整数
        int i = sc.nextInt();
        System.out.println("i = " + i);

        System.out.print("请输入浮点数: ");
```

```
        //接收浮点数
        float f = sc.nextFloat();
        System.out.println("f = " + f);

        System.out.print("请输入一个字符串(带空格): ");
        //接收字符串,默认情况下只能取出空格之前的数据
        String s2 = sc.next();
        System.out.println("s2 = " + s2);

        //设置读取的分隔符为回车
        sc.useDelimiter("\n");
        //接收上次扫描剩下的空格之后的数据
        String s3 = sc.next();
        System.out.println("s3 = " + s3);
        System.out.print("请输入一个字符串(带空格): ");
        String s4 = sc.next();
        System.out.println("s4 = " + s4);
    }

}
```

运行结果如下所示:

```
请输入一个字符串(不带空格): abcdef
s1 = abcdef
请输入整数: 12
i = 12
请输入浮点数: 12.3
f = 12.3
请输入一个字符串(带空格): abc def
s2 = abc
s3 =  def

请输入一个字符串(带空格): hello java
s4 = hello java
```

通过运行结果可以看出,默认情况下 next()方法只扫描接收空格之前的内容;如果希望连空格一起接收,则可以使用 useDelimiter()方法设置分隔符后再接收。

下述代码使用 Scanner 从键盘接收 10 个整数并求和。

【代码 4-13】 ScannerDemo2. java

```
package com.qst.chapter04;

import java.util.Scanner;

public class ScannerDemo2 {

    public static void main(String[] args) {
        //创建 Scanner 对象,从键盘接收数据
        Scanner sc = new Scanner(System.in);
```

```
        System.out.println("请输入 10 个整数,数据之间使用空格隔开:");
        int sum = 0;
        for (int i = 0; i < 10; i++) {
            sum += sc.nextInt();
        }
        System.out.println("10 个数的和是: " + sum);
    }
}
```

运行结果如下所示:

```
请输入 10 个整数,数据之间使用空格隔开
1 2 3 4 5 6 7 8 9 10
10 个数的和是: 55
```

4.6 Math 类

Math 类包含常用的执行基本数学运算的方法,如初等指数、对数、平方根和三角函数等。Math 类提供的方法都是静态的,可以直接调用,无须实例化。

视频讲解

Math 类常用的静态方法如表 4-7 所示。

表 4-7 Math 类常用的静态方法

方 法 名	功 能 描 述
abs(double a)	求绝对值
ceil(double a)	得到不小于某数的最小整数
floor(double a)	得到不大于某数的最大整数
round(double a)	四舍五入返回 int 型或者 long 型
max(double a, double b)	求两数中较大值
min(double a, double b)	求两数中较小值
sin(double a)	求正弦
tan(double a)	求正切
cos(double a)	求余弦
sqrt(double a)	求平方根
pow(double a, double b)	第一个参数的第二个参数次幂的值
random()	返回在 0.0 和 1.0 之间的数,大于等于 0.0,小于 1.0

Math 类除了提供大量的静态方法之外,还提供了两个静态常量:PI 和 E,正如其名字所暗示的,分别表示 π 和 e 的值。

下述代码演示 Math 类中方法的使用。

【代码 4-14】 MathDemo. java

```
package com.qst.chapter04;
```

```java
public class MathDemo {

    public static void main(String[] args) {
        /* ---------- 下面是三角运算 ---------- */
        //将弧度转换角度
        System.out.println("Math.toDegrees(1.57): " + Math.toDegrees(1.57));
        //将角度转换为弧度
        System.out.println("Math.toRadians(90): " + Math.toRadians(90));
        //计算反余弦,返回的角度范围在 0.0 到 pi 之间
        System.out.println("Math.acos(1.2): " + Math.acos(1.2));
        //计算反正弦;返回的角度范围在 - pi/2 到 pi/2 之间
        System.out.println("Math.asin(0.8): " + Math.asin(0.8));
        //计算反正切;返回的角度范围在 - pi/2 到 pi/2 之间
        System.out.println("Math.atan(2.3): " + Math.atan(2.3));
        //计算三角余弦
        System.out.println("Math.cos(1.57): " + Math.cos(1.57));
        //计算值的双曲余弦
        System.out.println("Math.cosh(1.2 ): " + Math.cosh(1.2));
        //计算正弦
        System.out.println("Math.sin(1.57 ): " + Math.sin(1.57));
        //计算双曲正弦
        System.out.println("Math.sinh(1.2 ): " + Math.sinh(1.2));
        //计算三角正切
        System.out.println("Math.tan(0.8 ): " + Math.tan(0.8));
        //计算双曲正切
        System.out.println("Math.tanh(2.1 ): " + Math.tanh(2.1));
        //将矩形坐标 (x, y) 转换成极坐标 (r, thet));
        System.out.println("Math.atan2(0.1, 0.2): " + Math.atan2(0.1, 0.2));
        /* ---------- 下面是取整运算 ---------- */
        //取整,返回小于目标数的最大整数
        System.out.println("Math.floor( - 1.2 ): " + Math.floor( - 1.2));
        //取整,返回大于目标数的最小整数
        System.out.println("Math.ceil(1.2): " + Math.ceil(1.2));
        //四舍五入取整
        System.out.println("Math.round(2.3 ): " + Math.round(2.3));
        /* ---------- 下面是乘方、开方、指数运算 ---------- */
        //计算平方根
        System.out.println("Math.sqrt(2.3 ): " + Math.sqrt(2.3));
        //计算立方根
        System.out.println("Math.cbrt(9): " + Math.cbrt(9));
        //返回欧拉数 e 的 n 次幂
        System.out.println("Math.exp(2): " + Math.exp(2));
        //返回 sqrt(x2 + y2)
        System.out.println("Math.hypot(4 , 4): " + Math.hypot(4, 4));
        //按照 IEEE 754 标准的规定,对两个参数进行余数运算
        System.out.println("Math.IEEEremainder(5, 2): "
                + Math.IEEEremainder(5, 2));
        //计算乘方
        System.out.println("Math.pow(3, 2): " + Math.pow(3, 2));
        //计算自然对数
```

```
        System.out.println("Math.log(12): " + Math.log(12));
        //计算底数为 10 的对数
        System.out.println("Math.log10(9): " + Math.log10(9));
        //返回参数与 1 之和的自然对数
        System.out.println("Math.log1p(9): " + Math.log1p(9));
        /* ---------- 下面是符号相关的运算 ---------- */
        //计算绝对值
        System.out.println("Math.abs(-4.5): " + Math.abs(-4.5));
        //符号赋值,返回带有第二个浮点数符号的第一个浮点参数
        System.out.println("Math.copySign(1.2, -1.0): "
                + Math.copySign(1.2, -1.0));
        //符号函数;如果参数为 0,则返回 0;如果参数大于 0,则返回 1.0;
        //如果参数小于 0,则返回 -1.0
        System.out.println("Math.signum(2.3): " + Math.signum(2.3));
        /* ---------- 下面是大小相关的运算 ---------- */
        //找出最大值
        System.out.println("Math.max(2.3, 4.5): " + Math.max(2.3, 4.5));
        //计算最小值
        System.out.println("Math.min(1.2, 3.4): " + Math.min(1.2, 3.4));
        //返回第一个参数和第二个参数之间与第一个参数相邻的浮点数
        System.out.println("Math.nextAfter(1.2, 1.0): "
                + Math.nextAfter(1.2, 1.0));
        //返回比目标数略大的浮点数
        System.out.println("Math.nextUp(1.2): " + Math.nextUp(1.2));
        //返回一个伪随机数,该值大于等于 0.0 且小于 1.0
        System.out.println("Math.random(): " + Math.random());

    }
}
```

上述代码关于 Math 类的使用几乎覆盖了所有数学计算功能方法,运行结果如下所示:

```
Math.toDegrees(1.57): 89.95437383553926
Math.toRadians(90): 1.5707963267948966
Math.acos(1.2): NaN
Math.asin(0.8): 0.9272952180016123
Math.atan(2.3): 1.1606689862534056
Math.cos(1.57): 7.963267107332633E-4
Math.cosh(1.2): 1.8106555673243747
Math.sin(1.57): 0.9999996829318346
Math.sinh(1.2): 1.5094613554121725
Math.tan(0.8): 1.0296385570503641
Math.tanh(2.1): 0.9704519366134539
Math.atan2(0.1, 0.2): 0.4636476090008061
Math.floor(-1.2): -2.0
Math.ceil(1.2): 2.0
Math.round(2.3): 2
Math.sqrt(2.3): 1.51657508881031
Math.cbrt(9): 2.080083823051904
Math.exp(2): 7.38905609893065
Math.hypot(4, 4): 5.656854249492381
```

```
Math.IEEEremainder(5 , 2): 1.0
Math.pow(3, 2): 9.0
Math.log(12): 2.4849066497880004
Math.log10(9): 0.9542425094393249
Math.log1p(9): 2.302585092994046
Math.abs(-4.5): 4.5
Math.copySign(1.2, -1.0): -1.2
Math.signum(2.3): 1.0
Math.max(2.3 , 4.5): 4.5
Math.min(1.2 , 3.4): 1.2
Math.nextAfter(1.2, 1.0): 1.1999999999999997
Math.nextUp(1.2 ): 1.2000000000000002
Math.random(): 0.015784402177207224
```

4.7　Date 类

Date 类用来表示日期和时间,该时间是一个长整型(long),精确到毫秒,其常用的方法如表 4-8 所示。

表 4-8　Date 类常用的方法

方　法　名	功　能　描　述
Date()	默认构造方法,创建一个 Date 对象并以当前系统时间来初始化该对象
Date(long date)	构造方法,以指定的 long 值初始化一个 Date 对象,该 long 值是自 1970 年 1 月 1 日 00:00:00 GMT 时间以来的毫秒数
boolean after(Date when)	判断日期是否在指定日期之后,如果是则返回 true,否则返回 false
boolean before(Date when)	判断日期是否在指定日期之前,如果是则返回 true,否则返回 false
int compareTo(Date date)	与指定日期进行比较,如果相等则返回 0;如果在指定日期之前则返回小于 0 的数;如果在指定日期之后则返回大于 0 的数
String toString()	将日期转换成字符串,字符串格式是: dow mon dd hh:mm:ss zzz yyyy 其中,dow 是一周中的某一天(Sun,Mon,Tue,Wed,Thu,Fri,Sat);mon 是月份;dd 是天;hh 是小时;mm 是分钟;ss 是秒;zzz 是时间标准的缩写,如 CST 等;yyyy 是年。例如"Mon Nov 03 20:20:07 CST 2014"

下述代码演示 Date 类中常用方法的使用。

【代码 4-15】　DateDemo. java

```java
package com.qst.chapter04;

import java.util.Date;

public class DateDemo {
```

```
public static void main(String[] args) {
    //以系统当前时间实例化一个 Date 对象
    Date dateNow = new Date();
    //输出系统当前时间
    System.out.println("系统当前时间是: " + dateNow.toString());
    //以指定值实例化一个 Date 对象
    Date dateOld = new Date(8000L);
    //输出 date1
    System.out.println("date1 是: " + dateOld.toString());
    //两个日期进行比较,并输出
    System.out.println("after()是: " + dateNow.after(dateOld));
    System.out.println("before()是: " + dateNow.before(dateOld));
    System.out.println("compareTo()是: " + dateNow.compareTo(dateOld));
    }
}
```

上述代码先使用 Date 类默认的、不带参数的构造方法创建一个 dateNow 对象,该对象封装系统当前时间;然后调用 toString()方法将日期转换成字符串并输出;再使用 Date 类带参数的构造方法创建一个 dateOld 对象;最后使用 after()、before()和 compareTo()这三种方法进行日期比较,运行结果如下所示:

```
系统当前时间是: Wed Jan 21 15:24:50 CST 2015
date1 是: Thu Jan 01 08:00:08 CST 1970
after()是: true
before()是: false
compareTo()是: 1
```

4.8 贯穿任务实现

4.8.1 实现【任务 4-1】

下述代码实现 Q-DMS 贯穿项目中的【任务 4-1】编写物流信息实体类。

【任务 4-1】 Transport.java

```java
package com.qst.dms.entity;

import java.util.Date;

//货运物流信息
public class Transport {
    //ID 标识
    private int id;
    //时间
    private Date time;
    //地点
```

```java
    private String address;
    //状态
    private int type;
    / **
     * 经手人
     */
    private String handler;
    / **
     * 收货人
     */
    private String reciver;
    / **
     * 物流状态
     */
    private int transportType;
    / **
     * 物流状态常量:发货中,送货中,已签收
     */
    public static final int SENDDING = 1;              //发货中
    public static final int TRANSPORTING = 2;          //送货中
    public static final int RECIEVED = 3;              //已签收

    //状态常量
    public static final int GATHER = 1;                //"采集"
    public static final int MATHCH = 2;                //"匹配";
    public static final int RECORD = 3;                //"记录";
    public static final int SEND = 4;                  //"发送";
    public static final int RECIVE = 5;                //"接收";
    public static final int WRITE = 6;                 //"归档";
    public static final int SAVE = 7;                  //"保存";

    public int getId() {
        return id;
    }
    public void setId(int id) {
        this.id = id;
    }
    public Date getTime() {
        return time;
    }
    public void setTime(Date time) {
        this.time = time;
    }
    public String getAddress() {
        return address;
    }
    public void setAddress(String address) {
        this.address = address;
```

```
        }
        public int getType() {
            return type;
        }
        public void setType(int type) {
            this.type = type;
        }
        public String getHandler() {
            return handler;
        }
        public void setHandler(String handler) {
            this.handler = handler;
        }
        public String getReciver() {
            return reciver;
        }
        public void setReciver(String reciver) {
            this.reciver = reciver;
        }
        public int getTransportType() {
            return transportType;
        }
        public void setTransportType(int transportType) {
            this.transportType = transportType;
        }
        public Transport() {
        }
        public Transport(int id, Date time, String address, int type,
                String handler, String reciver, int transportType) {
            this.id = id;
            this.time = time;
            this.address = address;
            this.type = type;
            this.handler = handler;
            this.reciver = reciver;
            this.transportType = transportType;
        }
        public String toString() {
            return id + "," + time + "," + address + "," + this.getType() + ","
                    + handler + "," + transportType;
        }
    }
```

4.8.2 实现【任务4-2】

下述代码实现Q-DMS贯穿项目中的【任务4-2】创建物流业务类，实现物流数据的信息采集及显示功能。

【任务4-2】 TransportService. java

```java
package com.qst.dms.service;

import java.util.Date;
import java.util.Scanner;
import com.qst.dms.entity.Transport;

public class TransportService {
    //物流数据采集
    public Transport inputTransport() {
        //建立一个从键盘接收数据的扫描器
        Scanner scanner = new Scanner(System.in);
        //提示用户输入ID标识
        System.out.println("请输入ID标识: ");
        //接收键盘输入的整数
        int id = scanner.nextInt();
        //获取当前系统时间
        Date nowDate = new Date();
        //提示用户输入地址
        System.out.println("请输入地址: ");
        //接收键盘输入的字符串信息
        String address = scanner.next();
        //数据状态是"采集"
        int type = Transport.GATHER;
        //提示用户输入登录用户名
        System.out.println("请输入货物经手人: ");
        //接收键盘输入的字符串信息
        String handler = scanner.next();
        //提示用户输入主机IP
        System.out.println("请输入 收货人:");
        //接收键盘输入的字符串信息
        String reciver = scanner.next();
        //提示用于输入物流状态
        System.out.println("请输入物流状态：1 发货中,2 送货中,3 已签收");
        //接收物流状态
        int transportType = scanner.nextInt();
        //创建物流信息对象
        Transport trans = new Transport(id, nowDate, address, type, handler,
                reciver, transportType);
        //返回物流对象
        return trans;
    }


    //物流信息输出
    public void showTransport(Transport... transports) {
        for (Transport e : transports) {
            if (e != null) {
                System.out.println(e.toString());
            }
```

```
        }
    }
}
```

4.8.3　实现【任务 4-3】

下述代码实现 Q-DMS 贯穿项目中的【任务 4-3】创建一个物流测试类,演示物流数据的信息采集及显示。

【任务 4-3】　Utils. java

```java
package com.qst.dms.dos;

import com.qst.dms.entity.Transport;
import com.qst.dms.service.TransportService;

public class TransportDemo {

    public static void main(String[] args) {
        //创建一个物流业务类
        TransportService tranService = new TransportService();
        //创建一个物流对象数组,用于存放采集的四个物流信息
        Transport[] transports = new Transport[4];
        for (int i = 0; i < transports.length; i++) {
            System.out.println("第" + (i + 1) + "个物流数据采集:");
            transports[i] = tranService.inputTransport();
        }
        //显示物流信息
        tranService.showTransport(transports);
    }
}
```

运行结果如下所示:

```
第 1 个物流数据采集:
请输入 ID 标识:
1001
请输入地址:
青岛
请输入货物经手人:
张三
请输入 收货人:
zhaokl
请输入物流状态:1 发货中,2 送货中,3 已签收
1
第 2 个物流数据采集:
请输入 ID 标识:
1002
请输入地址:
```

```
北京
请输入货物经手人：
李四
请输入 收货人：
zhaokl
请输入物流状态：1 发货中，2 送货中，3 已签收
2
第 3 个物流数据采集：
请输入 ID 标识：
1003
请输入地址：
上海
请输入货物经手人：
王五
请输入 收货人：
zhaokl
请输入物流状态：1 发货中，2 送货中，3 已签收
3
第 4 个物流数据采集：
请输入 ID 标识：
1004
请输入地址：
济南
请输入货物经手人：
马六
请输入 收货人：
zhangsan
请输入物流状态：1 发货中，2 送货中，3 已签收
1
1001,Mon Nov 03 23:41:23 CST 2014,青岛,1,张三,1
1002,Mon Nov 03 23:41:45 CST 2014,北京,1,李四,2
1003,Mon Nov 03 23:42:13 CST 2014,上海,1,王五,3
1004,Mon Nov 03 23:42:44 CST 2014,济南,1,马六,1
```

本章总结

小结

- Java 为八个基本类型提供了对应的封装类
- Java 提供了自动装箱（Autoboxing）和自动拆箱（AutoUnboxing）功能，基本类型变量和封装类之间可以直接赋值
- 装箱是指将基本类型数据值转换成对应的封装类对象，即将栈中的数据封装成对象存放到堆中的过程
- 拆箱是装箱的反过程，是将封装的对象转换成基本类型数据值，即将堆中的数据值存放到栈中的过程
- Object 是所有类的顶级父类
- equals()方法通常可以用于比较两个对象的内容是否相同

- String 创建的字符串是不可变的
- StringBuffer 字符缓冲区类是一种线程安全的可变字符序列
- StringBuilder 字符串生成器类也是创建可变的字符串序列,没有线程安全控制
- Scanner 扫描器类在 java.util 包中,可以获取用户从键盘输入的不同数据,以完成数据的输入操作,同时也可以对输入的数据进行验证
- Math 类包含常用的执行基本数学运算的方法,如初等指数、对数、平方根和三角函数等
- Date 类用来表示日期和时间,该时间是一个长整型(long),精确到毫秒

Q&A

1. 问题:equals()方法与"=="之间的区别。

回答:equals()方法通常可以用于比较两个对象的内容是否相同,而"=="运算符比较的是两个对象地址是否相同,即引用的是同一个对象。

2. 问题:StringBuffer 与 StringBuilder 之间的区别。

回答:StringBuffer 与 StringBuilder 都可以创建可变的字符串,不同的是 StringBuffer 是线程安全的,而 StringBuilder 没有实现线程安全。

章节练习

习题

1. int 基本数据类型对应的封装类是_____。

    A. Int   B. Short   C. Integer   D. Long

2. System.out.println("abc"+1+2)输出的结果是_____。

    A. abc12   B. abc3   C. "abc"+1+2   D. 3abc

3. 下述代码的输出结果是_____。

```
String str = "abcdef";
System.out.println(str.substring(2,4));
```

    A. abcdef   B. bcd   C. cd   D. cde

4. 下列关于装箱和拆箱说法中,错误的是_____。

    A. 装箱是指将基本类型数据值转换成对应的封装类对象

    B. 装箱将栈中的数据封装成对象存放到堆中的过程

    C. 拆箱是将封装的对象转换成基本类型数据值

    D. 拆箱是指将基本类型数据值转换成对应的封装类对象

5. 下列不是 String 类方法的是_____。

    A. charAt(int index)   B. indexOf(String s)

    C. beginWith(String s)   D. endsWith(String s)

6. 下列关于 Object 类说法中,不正确的是_____。

    A. Object 类是所有类的顶级父类

    B. Object 对象类定义在 java.util 包

    C. 在 Java 体系中,所有类都直接或间接地继承了 Object 类

    D. 任何类型的对象都可以赋给 Object 类型的变量

7. 下列关于 String、StringBuffer 和 StringBuilder 说法中,错误的是_____。

    A. String 创建的字符串是不可变的

    B. StringBuffer 创建的字符串是可变的,而所引用的地址一直不变

    C. StringBuffer 是线程安全的,因此性能比 StringBuilder 好

    D. StringBuilder 没有实现线程安全,因此性能比 StringBuffer 好

上机

1. 训练目标:Math 类的使用。

培养能力	常用核心类的使用		
掌握程度	★★★★★	难度	难
代码行数	250	实施方式	编码强化
结束条件	独立编写,不出错		
参考训练内容			
(1) 随机生成 10 个不超过 100 的整数,按照从小到大的顺序排序后并输出。			
(2) 模仿福利彩票 23 选 5,随机生成 5 个不同的 1~23 的整数			

2. 训练目标:Scanner 类的使用。

培养能力	常用核心类的使用		
掌握程度	★★★★★	难度	中
代码行数	200	实施方式	编码强化
结束条件	独立编写,不出错		
参考训练内容			
(1) 一次从键盘接收 10 个整数,并排序。			
(2) 循环从键盘接收 5 个字符串,并连接成一个字符串			

第 5 章

类之间的关系

任务驱动

本章任务是使用继承重构"Q-DMS 数据挖掘"系统的数据采集的实体类并测试：

- 【任务 5-1】 编写基础信息实体类。
- 【任务 5-2】 使用继承重构日志、物流实体类，并测试运行。
- 【任务 5-3】 编写日志数据匹配类，对日志实体类数据进行匹配。
- 【任务 5-4】 编写物流数据匹配类，对物流实体类数据进行匹配。

学习路线

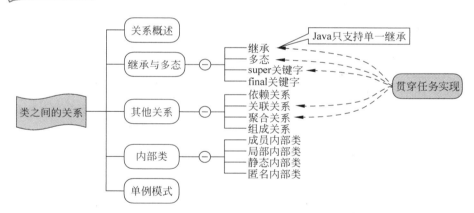

本章目标

知 识 点	Listen（听）	Know（懂）	Do（做）	Revise（复习）	Master（精通）
关系概述	★	★			
继承	★	★	★	★	★
多态	★	★	★		
其他关系	★	★	★		
内部类	★	★			
单例模式	★	★			

5.1 关系概述

在面向对象的程序设计中,通常不会存在一个孤立的类,类和类之间总是存在一定的关系,通过这些关系,才能实现软件的既定功能。类与类之间的关系对于深入理解面向对象概念具有非常重要的作用,也有利于程序员从专业的、合理的角度面向对象分析问题和解决问题。

根据 UML(Unified Modeling Language,统一建模语言)规范,类与类之间存在六种关系。

- 继承:一个类可以继承另外一个类,并在此基础上添加自己的特有功能。继承也称为泛化,表现的是一种共性与特性的关系。
- 实现:一个类实现接口中声明的方法,其中接口对方法进行声明,而类完成方法的定义,即实现具体功能。实现是类与接口之间常用的关系,一个类可以实现一个或多个接口中的方法。
- 依赖:在一个类的方法中操作另外一个类的对象,这种情况称为第一个类依赖于第二个类。
- 关联:在一个类中使用另外一个类的对象作为该类的成员变量,这种情况称为关联关系。关联关系体现的是两个类之间语义级别的一种强依赖关系。
- 聚合:聚合关系是关联关系的一种特例,体现的是整体与部分的关系,即 has-a 的关系。通常表现为一个类(整体)由多个其他类的对象(部分)作为该类的成员变量,此时整体与部分之间是可以分离的,整体和部分都可以具有各自的生命周期,部分可以属于多个整体对象,也可以为多个整体对象共享。
- 组成:组成关系也是关联关系的一种特例,与聚合关系一样也是体现整体与部分的关系,但组成关系中的整体与部分是不可分离的,即 contains-a 的关系,这种关系比聚合更强,也称为强聚合,当整体的生命周期结束后,部分的生命周期也随之结束。

类与类之间的这六种关系中,继承和实现体现了类与类之间的一种纵向的关系,而其余四种则体现了类与类之间的横向关系。其中,关联、聚合、组成这三种关系更多体现的是一种语义上的区别,而在代码上则是无法区分的。

注意 本章只对继承、依赖、关联、聚合以及组成这五种关系进行介绍,而实现关系涉及接口的知识,因此在本书的第 6 章再做介绍。UML 是一种流行的面向对象分析与设计技术,对 UML 的详细介绍已超出本书的范畴,读者可以参阅其他相关资料进行了解和学习。

5.2 继承与多态

继承与多态是面向对象的特征之一,也是实现软件复用的重要手段。

视频讲解   视频讲解

5.2.1 继承

继承是类之间的一个非常重要的关系,是面向对象编程的基石及核心。

在 Java 程序中,一个类可以继承另外一个类,被继承的类通常称为"父类"(parent

class)、"超类"(super class)或者"基类"(base class),继承者通常称为"子类"(child class 或 subclass)或者"派生类"(derived class)。子类与父类的继承关系如图 5-1 所示。

Java 中的继承具有单一继承的特点,即每个子类只有一个直接父类,但一个父类可以有多个子类。通常可以将父类创建成一个通用的类,定义子类共有的通用特性;而子类则是父类的一个专门用途的版本,子类不仅继承了父类的通用特性,并且在此基础之上增加了自己特有的属性和方法,以满足新的需求。

在图 5-1(b)中,学生子类的成员属性除了拥有学号、班号、年级、校名和学习课程外,还拥有父类"人"的成员属性身份证号和姓名等信息;学生子类的成员方法除了拥有出勤、上课、参加考试和查询成绩之外,还拥有父类"人"的成员方法吃饭、睡觉和娱乐等。

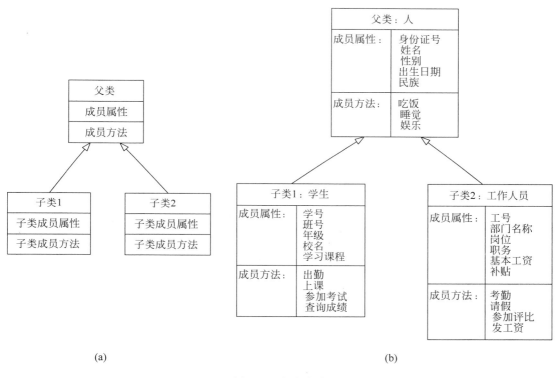

图 5-1 继承关系

Java 中的继承通过使用 extends 关键字来实现,其语法格式如下:

【语法】

```
[访问符][修饰符] class 子类 extends 父类{
...
}
```

【示例】 子类继承父类

```
public class SubClass extends SuperClass{
...
}
```

上述代码通过使用 extends 关键字使子类 SubClass 继承父类 SuperClass。如果定义一个类没有使用 extends 继承任何父类,则自动继承 java. lang. Object 类。Object 类是所有类的顶级父类,在 Java 中,所有类都是直接或间接地继承 Object 类。

Java 只支持单一继承,因此下面代码是错误的:

```
Class C extends A,B{}      //Error,一个类不能继承多个类
```

注意　虽然 Java 不能像 C++一样支持多继承,但可以通过实现多个接口来弥补。

在继承过程中,子类拥有父类所定义的所有属性和方法,但父类可以通过"封装"思想隐藏某些数据,只对子类提供可访问的属性和方法。实例化一个子类对象时,会先调用父类构造方法进行初始化,再调用子类自身的构造方法进行初始化,即构造方法的执行次序是:父类→子类。

下述系列代码演示在继承关系中父类和子类构造方法的调用次序。

【代码 5-1】　**SuperClass. java**

```java
package com.qst.chapter05;

//父类
public class SuperClass {
    public int a;

    public SuperClass() {
        System.out.println("调用父类构造方法...");
        a = 10;
    }
}
```

上述代码定义了一个父类 SuperClass,该类提供一个公共属性 a 和一个不带参数的构造方法,并在构造方法中使用输出语句进行提示和初始化属性 a 的值为 10。

【代码 5-2】　**SuperClass. java**

```java
package com.qst.chapter05;

//子类
public class SubClass extends SuperClass {

    int b;

    public SubClass() {
        System.out.println("调用子类构造方法...");
        b = 20;
    }

    public static void main(String[] args) {
        //实例化一个子类对象
        SubClass obj = new SubClass();
```

```
                    //输出子类中的属性值
                    System.out.println("a = " + obj.a + ",b = " + obj.b);
            }

    }
```

上述代码定义了一个子类 SubClass 并继承父类 SuperClass,除了继承父类的属性 a,该类还定义了一个自己的属性 b,并在构造方法中使用输出语句进行提示和初始化属性 b 的值为 20。在 main()方法中直接示例化一个子类对象,并输出属性 a 和 b 的值。运行结果如下所示:

```
调用父类构造方法…
调用子类构造方法…
a = 10,b = 20
```

通过运行结果可以发现:在构造一个子类对象时,会首先调用父类的构造方法进行初始化,而后再调用子类的构造方法进行初始化。与前面提出的理论是一致的。

下述内容通过一个具体的案例来讲解如何使用继承来分析和解决问题。

在一个商品信息管理系统中,需要存储打印机和手机这两种商品的信息。其中,打印机和手机的信息如表 5-1 所示。

表 5-1　打印机和手机的信息

打印机（**Printer**）		手机（**Mobile**）	
打印机型号	type	手机型号	type
生产厂商	manufacture	生产厂商	manufacture
价格	price	价格	price
打印色彩	color	屏幕大小	screenSize
打印纸张大小	paperSize	处理器	cpu

现采用面向对象思想分析得到:打印机和手机都具有型号、生产厂商以及价格这三个属性,采用继承的设计思想,可以将打印机和手机的共同属性抽取出来形成父类 Product 类,然后让 Printer 和 Mobile 这两个子类继承父类,并分别在子类中添加差异属性。Product、Printer 和 Mobile 三者之间的继承关系模型如图 5-2 所示。

下述代码分别创建 Product、Printer 和 Mobile 类,并使 Printer 和 Mobile 类继承 Product 类。

【**代码 5-3**】　**Product. java**

```
package com.qst.chapter05;

//父类,商品类
public class Product {
    //属性,成员变量
    private String type;
    private String manufacture;
```

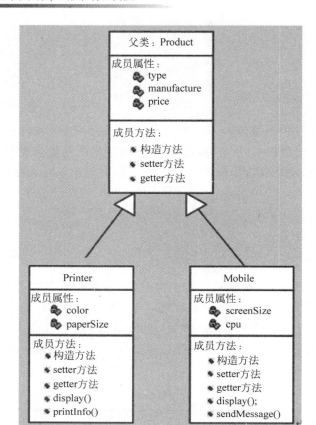

图 5-2   Printer 和 Mobile 继承 Product 类

```
private double price;
//构造方法
public Product() {

}

public Product(String type, String manufacture, double price) {
    this.type = type;
    this.manufacture = manufacture;
    this.price = price;
}
//setter 和 getter 方法
public String getType() {
    return type;
}

public void setType(String type) {
    this.type = type;
}
```

```
        public String getManufacture() {
            return manufacture;
        }

        public void setManufacture(String manufacture) {
            this.manufacture = manufacture;
        }

        public double getPrice() {
            return price;
        }

        public void setPrice(double price) {
            this.price = price;
        }

    }
```

上述代码创建一个商品父类 Product，该类提供三个基础属性：type、manufacture 和 price。

【代码 5-4】 **Printer. java**

```
package com.qst.chapter05;

public class Printer extends Product {
    //Product 的子类 Printer
    //属性，成员变量
    private String color;
    private String paperSize;
    //构造方法
    public Printer() {
    }

    public Printer(String type, String manufacture, double price, String color,
            String paperSize) {
        //给父类中的基础属性赋值
        this.setType(type);
        this.setManufacture(manufacture);
        this.setPrice(price);
        //给子类自己的属性赋值
        this.color = color;
        this.paperSize = paperSize;
    }
    //setter 和 getter 方法
    public String getColor() {
        return color;
    }

    public void setColor(String color) {
```

```
        this.color = color;
    }

    public String getPaperSize() {
        return paperSize;
    }

    public void setPaperSize(String paperSize) {
        this.paperSize = paperSize;
    }

    public void display() {    //显示 Printer 的基本信息
        System.out.println("类型: " + this.getType());
        System.out.println("厂商: " + this.getManufacture());
        System.out.println("价格: " + this.getPrice());
        System.out.println("打印色彩: " + this.getColor());
        System.out.println("打印纸张大小: " + this.getPaperSize());
public void printInfo(String msg){//打印机打印 msg 信息
        System.out.println(this.getManufacture() + "打印机正在打印'" + msg + "'文件");
    }
}
```

上述代码创建一个子类 Printer 继承 Product,该类提供一个带参数的构造方法对属性进行初始化。

【代码 5-5】 Mobile.java

```
package com.qst.chapter05;

public class Mobile extends Product {//Product 的子类 Mobile
    /* 属性,成员变量 */
    private String screenSize;
    private String cpu;
    //构造方法
    public Mobile() {
    }

    public Mobile(String type, String manufacture, double price,
            String screenSize, String cpu) {
        this.setType(type);
        this.setManufacture(manufacture);
        this.setPrice(price);
        this.screenSize = screenSize;
        this.cpu = cpu;
    }
    //setter 和 getter 方法
    public String getScreenSize() {
        return screenSize;
    }
}
```

```java
    public void setScreenSize(String screenSize) {
        this.screenSize = screenSize;
    }

    public String getCpu() {
        return cpu;
    }

    public void setCpu(String cpu) {
        this.cpu = cpu;
    }

    public void display() {//显示 Mobile 的基本信息
        System.out.println("类型:" + this.getType());
        System.out.println("厂商:" + this.getManufacture());
        System.out.println("价格:" + this.getPrice());
        System.out.println("屏幕:" + this.getScreenSize());
        System.out.println("cpu:" + this.getCpu());
    }
    public void sendMessage(String msg){//手机发送信息 msg
        System.out.println(this.getManufacture() + "手机正在发送'" + msg + "'信息");
    }
}
```

上述代码创建一个子类 Mobile 继承 Product,该类提供一个带参数的构造方法对属性进行初始化。

【代码 5-6】 **ClassExtendsDemo. java**

```java
package com.qst.chapter05;

public class ClassExtendsDemo {

    public static void main(String[] args) {
        //创建一个 Printer 子类实例
        Printer p = new Printer("喷墨打印机", "惠普", 600, "6 色真彩", "A4 纸");
        p.display();
        p.printInfo("青软实训");
        System.out.println("------------------- ");
        //创建一个 Mobile 子类实例
        Mobile m = new Mobile("iPhone 6", "苹果", 5288, "4.7 英寸", "双核");
        m.display();
        m.sendMessage("青软实训");
    }
}
```

上述代码创建一个测试类,在 main()方法中分别实例化 Printer 和 Mobile 两个子类对象,并调用 display()方法显示信息。运行结果如下所示:

```
类型:喷墨打印机
厂商:惠普
价格:600.0
打印色彩:6色真彩
打印纸张大小:A4纸
惠普打印机正在打印'青软实训'文件
-----------------
类型:iPhone 6
厂商:苹果
价格:5288.0
屏幕:4.7英寸
cpu:双核
苹果手机正在发送'青软实训'信息
    public void printInfo(String msg){//打印机打印 msg 信息
        System.out.println(this.getManufacture() + "打印机正在打印'" + msg + "'文件");
```

通过上述系列代码,能够发现继承减少了代码的冗余,使得维护、更新代码更加容易。例如,临时需要给 Printer 和 Mobile 类都添加"入库时间",则只需在 Product 类中添加一个"入库时间"属性即可,无须在两个子类中分别添加,通过继承,Printer 和 Mobile 类就会拥有该属性。

5.2.2 多态

视频讲解

Java 引用变量有两个类型:一个是编译时类型,另一个是运行时类型。编译时类型由声明该变量所使用的类型决定;运行时类型则由实际赋给该变量的对象决定。如果编译时类型与运行时类型不一致,则称为"多态"。

多态通常体现在具有继承关系的类之间,一个父类具有多个子类,可以将子类对象直接赋值给一个父类引用变量,无须任何类型转换,如图 5-3 所示。

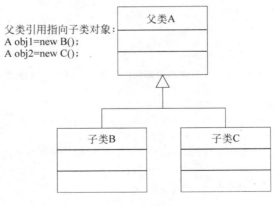

父类引用指向子类对象:
A obj1=new B();
A obj2=new C();

图 5-3　多态

子类重写父类的方法也是 Java 多态性的一种体现。当子类继承父类时,如果父类的方法无法满足子类的需求,子类可以对父类中的方法进行改造,这种情况称为"方法的重写"(override)。

下述代码演示方法的重写。

【代码5-7】　OverrideDemo. java

```java
package com.qst.chapter05;
//父类
class Base {
    public void print() {
        System.out.println("父类...");
    }
}

//子类
class Son extends Base {
    //重写父类的print()方法
    public void print() {
        System.out.println("子类...");
    }
}

public class OverrideDemo {

    public static void main(String[] args) {
        //多态
        Base obj = new Son();
        obj.print();
    }
}
```

上述代码中，子类 Son 重写了父类 Base 的 print()方法；在 OverrideDemo 类的 main()方法中，使用父类引用构造了 Son 的实例对象，并调用 print()方法输出信息。运行结果如下所示：

```
子类...
```

从执行结果可以看到，由于重写了父类 Base 的 print()方法，所以在调用 Son 实例的 print()方法时使用的是其重写后的方法。

方法重写需要遵循以下几点：

- 方法名以及参数列表必须完全相同。
- 子类方法的返回值类型与父类保持一致，或是父类方法返回值类型的子类。
- 子类方法声明的异常与父类保持一致，或是父类方法声明的异常的子类。
- 父类中的私有方法不能被子类重写，如果在子类中定义了与父类重名的私有方法，则该方法只是子类的一个新方法，与父类中的私有方法无关。
- 子类方法的可访问性必须与父类方法的可访问性保持一致，或是更加公开。例如，父类方法可访问性为 protected，则子类方法可以为 public、protected，但不能为 private 和默认值。
- 不能重写静态方法。

在 Java 中，父类引用可以指向子类的对象，这种机制也符合客观世界的实际情况，子类对象是父类对象的一个特殊情况,例如一个"学生对象"一定是一个"人对象",因此父类对象的引用(人对象)可以指向(表示)子类对象(学生对象)。这可以解决在运行期对重写方法的调用,系统会动态地根据当前被引用对象的类型来决定执行哪个方法,而不是由引用变量的类型来决定。因此,如果父类包含一个被子类重写的方法,则通过父类引用不同子类对象类型时,就会执行该重写方法的不同版本,这也是接口规范得以应用的主要原因。

下述代码在原来 OverrideDemo 代码的基础上添加一个 Son1 类,并对 main()方法加以修改。

【代码 5-8】 **OverrideDemo. java**

```java
package com.qst.chapter05;
//父类
class Base {
    public void print() {
        System.out.println("父类...");
    }
}
//子类
class Son extends Base {
    //重写父类的 print()方法
    public void print() {
        System.out.println("子类...");
    }
}

class Son2 extends Base {
    public void print() {
        System.out.println("子类 2...");
    }
}

public class OverrideDemo {

    public static void main(String[] args) {
        //多态
        //obj 指向自己
        Base obj = new Base();
        obj.print();
        //obj 指向子类 Son 对象
        obj = new Son();
        obj.print();
        //obj 指向子类 Son2 对象
        obj = new Son2();
        obj.print();
    }
}
```

运行结果如下所示:

父类...
子类...
子类 2...

上述代码在调用 print() 方法的过程中,JVM 能够调用正确的实例对象所对应的方法。在编译期,编译器无从得知 print(),而在运行时则能够根据对象的类型绑定具体的方法,这称为动态绑定,这种动态绑定体现了 Java 的多态应用。

5.2.3　super 关键字

super 关键字代表父类对象,其主要用途如下:
- 在子类的构造方法中调用父类的构造方法;
- 在子类方法中访问父类的属性或方法。

视频讲解

1. 调用父类构造方法

在 Java 中,父类和子类属性的初始化过程是各自完成的,虽然构造方法不能够继承,但通过使用 super 关键字,在子类构造方法中可以调用父类的构造方法,以便完成父类的初始化工作。子类中利用 super 调用父类构造方法时,该 super 语句必须是子类构造方法的第一条非注释语句。

以 Product、Printer 和 Mobile 类为例,修改 Printer 和 Mobile 这两个子类的构造方法,直接使用 super() 初始化父类中的属性值,代码如下所示。

【代码 5-9】 **Printer. java**

```
public class Printer extends Product {
    private String color;
    private String paperSize;

    public Printer() {

    }

    public Printer(String type, String manufacture, double price, String color,
            String paperSize) {
//        //给父类中的基础属性赋值
//        this.setType(type);
//        this.setManufacture(manufacture);
//        this.setPrice(price);
        //调用父类的构造方法初始化父类中的基础属性,必须是第一条非注释语句
        super(type, manufacture, price);
        //给子类自己的属性赋值
        this.color = color;
        this.paperSize = paperSize;
    }
    ...
}
```

【代码 5-10】 **Product. java**

```
package com.qst.chapter05;

public class Mobile extends Product {
    private String screenSize;
    private String cpu;

    public Mobile() {

    }

    public Mobile(String type, String manufacture, double price,
            String screenSize, String cpu) {
//        this.setType(type);
//        this.setManufacture(manufacture);
//        this.setPrice(price);
        //调用父类的构造方法初始化父类中的基础属性,必须是第一条非注释语句
        super(type,manufacture,price);
        this.screenSize = screenSize;
        this.cpu = cpu;
    }
    ...
}
```

在上述代码的 Printer 和 Mobile 两个类的构造方法中,原来都是使用三行赋值语句给父类中的基础属性进行初始化,现都修改成直接调用 super(type,manufacture,price)构造方法进行初始化,简化了代码。

若在子类的构造方法没有明确写明调用父类构造方法,则系统会自动调用父类不带参数的构造方法,即执行 super()方法。现对 Product 类进行修改,去掉 Product 类的默认构造方法,代码如下所示。

【代码 5-11】 **Product. java**

```
package com.qst.chapter05;

//父类,商品类
public class Product {
    private String type;
    private String manufacture;
    private double price;
    //注释去掉默认构造方法,子类 Printer 和 Mobile 将产生错误
//    public Product() {
//
//    }

    public Product(String type, String manufacture, double price) {
        this.type = type;
        this.manufacture = manufacture;
```

```
        this.price = price;
    }
    ...
}
```

修改后的 Product 类没有无参数的默认构造方法,但在子类 Printer 和 Mobile 的默认构造方法中会自动调用 super(),而父类 Product 没有提供不带参数的构造方法,因此会产生错误,编译失败。

注意　为了便于将来程序的扩展,Java 中的类通常都需要提供一个不带参数的默认构造方法。

2. 访问父类的属性和方法

当子类的属性与父类的属性同名时,可以使用"super. 属性名"来引用父类的属性。当子类重写了父类的方法时,可以使用"super. 方法名()"的方式来访问父类的方法。

下述代码修改 Product 类,增加一个 display()方法;然后在 Printer 和 Mobile 两个类中重写 display()方法,并通过"super. display()"调用父类的输出方法。代码分别如下所示。

【代码 5-12】　**Product. java**

```java
package com.qst.chapter05;

//父类,商品类
public class Product {
    private String type;
    private String manufacture;
    private double price;

    public Product() {

    }

    public Product(String type, String manufacture, double price) {
        this.type = type;
        this.manufacture = manufacture;
        this.price = price;
    }

    public String getType() {
        return type;
    }

    public void setType(String type) {
        this.type = type;
    }
```

```java
    public String getManufacture() {
        return manufacture;
    }

    public void setManufacture(String manufacture) {
        this.manufacture = manufacture;
    }

    public double getPrice() {
        return price;
    }

    public void setPrice(double price) {
        this.price = price;
    }

    public void display() {
        System.out.println("类型: " + this.getType());
        System.out.println("厂商: " + this.getManufacture());
        System.out.println("价格: " + this.getPrice());
    }
}
```

【代码 5-13】 **Printer. java**

```java
package com.qst.chapter05;

public class Printer extends Product {
    private String color;
    private String paperSize;

    public Printer() {

    }

    public Printer(String type, String manufacture, double price, String color,
            String paperSize) {
//      //给父类中的基础属性赋值
//      this.setType(type);
//      this.setManufacture(manufacture);
//      this.setPrice(price);
        //调用父类的构造方法初始化父类中的基础属性
        super(type,manufacture,price);
        //给子类自己的属性赋值
        this.color = color;
        this.paperSize = paperSize;
    }
```

```java
    public String getColor() {
        return color;
    }

    public void setColor(String color) {
        this.color = color;
    }

    public String getPaperSize() {
        return paperSize;
    }

    public void setPaperSize(String paperSize) {
        this.paperSize = paperSize;
    }
    //重写父类的方法
    public void display() {
//      System.out.println("类型: " + this.getType());
//      System.out.println("厂商: " + this.getManufacture());
//      System.out.println("价格: " + this.getPrice());
        //调用父类的display()输出前三个属性值
        super.display();
        System.out.println("打印色彩: " + this.getColor());
        System.out.println("打印纸张大小: " + this.getPaperSize());
    }
}
```

【代码 5-14】 Mobile.java

```java
package com.qst.chapter05;

public class Mobile extends Product {
    private String screenSize;
    private String cpu;

    public Mobile() {

    }

    public Mobile(String type, String manufacture, double price,
            String screenSize, String cpu) {
//      this.setType(type);
//      this.setManufacture(manufacture);
//      this.setPrice(price);
        //调用父类的构造方法初始化父类中的基础属性
        super(type,manufacture,price);
        this.screenSize = screenSize;
        this.cpu = cpu;
    }
```

```java
    public String getScreenSize() {
        return screenSize;
    }

    public void setScreenSize(String screenSize) {
        this.screenSize = screenSize;
    }

    public String getCpu() {
        return cpu;
    }

    public void setCpu(String cpu) {
        this.cpu = cpu;
    }
    //重写父类的方法
    public void display() {
//        System.out.println("类型: " + this.getType());
//        System.out.println("厂商: " + this.getManufacture());
//        System.out.println("价格: " + this.getPrice());
        //调用父类的display()输出前三个属性值
        super.display();
        System.out.println("屏幕: " + this.getScreenSize());
        System.out.println("cpu: " + this.getCpu());
    }
}
```

编写一个测试类对上述代码进行测试,代码如下所示:

【代码 5-15】 **DynamicDemo. java**

```java
package com.qst.chapter05;

//多态测试
public class DynamicDemo {

    public static void main(String[] args) {
        //创建一个商品对象 p
        Product p = new Product("商品 A", "厂家 A", 100);
        p.display();
        System.out.println(" ------------------- ");
        //p 指向一个 Printer 子类实例
        p = new Printer("喷墨打印机", "惠普", 600, "6 色真彩", "A4 纸");
        p.display();
        System.out.println(" ------------------- ");
        //p 指向一个 Mobile 子类实例
        p = new Mobile("iPhone 6", "苹果", 5288, "4.7 英寸", "双核");
        p.display();

    }

}
```

运行结果如下所示：

```
类型：商品 A
厂商：厂家 A
价格：100.0
------------------
类型：喷墨打印机
厂商：惠普
价格：600.0
打印色彩：6 色真彩
打印纸张大小：A4 纸
------------------
类型：iPhone 6
厂商：苹果
价格：5288.0
屏幕：4.7 英寸
cpu：双核
```

从结果可以看到，在 Printer 和 Mobile 这两个子类的 display()方法中，通过 super.display()调用了父类的 display()方法，从而输出了 type、manufacture 和 price 这三个属性的值。

> 注意 在子类中可以添加与父类中属性重名的属性，但这不是一种良好的设计。

5.2.4 final 关键字

final 关键字表示"不可改变的、最终的"的意思，用于修饰变量、方法和类。

- 当 final 关键字修饰变量时，表示该变量是不可改变的量，即常量；
- 当 final 关键字修饰方法时，表示该方法不可被子类重写，即最终方法；
- 当 final 关键字修饰类时，表示该类不可被子类继承，即最终类。

视频讲解

本书第 2 章已经使用过 final 关键字定义常量，此处不再重复，下面分别介绍使用 final 关键字定义最终方法和最终类。

1. 最终方法

使用 final 修饰的方法不能被子类重写。如果某些方法完成关键性的、基础性的功能，不需要或不允许被子类改变，则可以将这些方法声明为 final，示例如下：

【示例】 最终方法不能被重写

```
public class Base {
    //使用 final 定义最终方法
    public final void method(){
    }
```

```
    }
class Son extends Base {
    //错误!无法重写父类的 final 方法
    public void method(){
    }
}
```

2. 最终类

使用 final 修饰的类不能被继承,示例如下:

【示例】 最终类不能被继承

```
public final class Base {
...                              //省略
}
class Son extends Base {          //错误!无法继承 final 类
}
```

一个 final 类中的所有方法都被默认为 final,因此 final 类中的方法不必显式地声明为 final。其实,Java 基础类库中的 String、Integer 等类都是 final 类,都无法扩展子类,例如下列代码是错误的:

```
public class MyClass extends Integer {      //错误!Integer 无法被继承
}
```

5.3 其他关系

视频讲解

除了继承和实现外,依赖、关联、聚合、组成也是类之间的重要关系类型。

5.3.1 依赖关系

依赖关系是最常见的一种类间关系,如果在一个类的方法中操作另外一个类的对象,则称其依赖于第二个类。例如,方法的参数是某种对象类型,或者方法中有某种对象类型的局部变量,或者方法中调用了另一个类的静态方法,这些都是依赖关系。

以 Person(人)和 Car(车)这两个类为例,其依赖关系如图 5-4 所示。

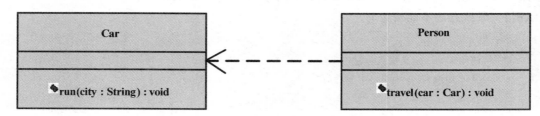

图 5-4 Person 和 Car 的依赖关系

下述代码体现 Person 和 Car 这两个类之间的依赖关系。

【代码 5-16】 DependentDemo. java

```java
package com.qst.chapter05;

//依赖关系，Person 依赖 Car
class Car {
    void run(String city) {
        System.out.println("汽车开到" + city);
    }
}

class Person {
    //Car 类的对象作为方法的参数
    void travel(Car car) {
        car.run("青岛");
    }
}

public class DependentDemo {

    public static void main(String[] args) {
        Car car = new Car();
        Person p = new Person();
        p.travel(car);
    }

}
```

上述代码中，Person 类的 travel() 方法需要 Car 类的对象作为参数，并且在该方法中调用了 Car 的方法，因此 Person 类依赖于 Car 类。依赖关系通常是单向的，Person 依赖 Car，但 Car 并不依赖 Person。该案例实际意义想体现一个人旅游依赖于一辆车，人和车的依赖关系可以理解为：人旅游需要一辆车，并不关心这辆车是如何得到的，只要保证旅游时（即调用 travel() 方法时）有一辆车即可，旅游完毕后，这辆车的去向人也不再关心。

运行结果如下所示：

汽车开到青岛

5.3.2 关联关系

关联关系比依赖关系更紧密，通常体现为一个类中使用另一个类的对象作为该类的成员变量。继续以人驾车旅游为例，改为如图 5-5 所示的关联关系。

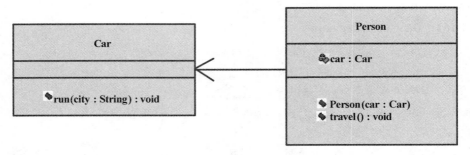

图 5-5 Person 和 Car 的关联关系

【代码 5-17】 **AssociationDemo. java**

```java
package com.qst.chapter05.association;
//关联关系,Person 关联 Car
class Car {
    void run(String city) {
        System.out.println("汽车开到" + city);
    }
}

class Person {
    //Car 对象作为成员变量
    Car car;

    Person(Car car) {
        this.car = car;
    }

    void travel() {
        car.run("青岛");
    }
}

public class AssociationDemo {

    public static void main(String[] args) {
        Car car = new Car();
        Person p = new Person(car);
        p.travel();
    }
}
```

上述代码中,Person 类中存在 Car 类型的成员变量,并在构造方法和 travel()方法中都使用该成员变量,因此 Person 和 Car 具有关联关系。人和车的关联关系可以理解为:人拥有一辆车,旅游时可以用这辆车,做别的事情时也可以用。但是关联关系并不要求是独占的,以人车关联为例,即车也可以被别的人拥有。

5.3.3 聚合关系

聚合关系是关联关系的一种特例,体现的是整体与部分的关系,通常表现为一个类(整体)由多个其他类的对象(部分)作为该类的成员变量,此时整体与部分之间是可以分离的,整体和部分都可以具有各自的生命周期。例如,一个部门由多个员工组成,部门和员工是整体与部分的关系,即聚合关系。

部门和员工的聚合关系如图 5-6 所示。

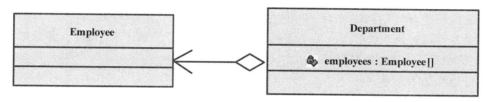

图 5-6 部门和员工的聚合关系

【代码 5-18】 AggregationDemo. java

```java
package com.qst.chapter05.aggregation;

//聚合关系,Department 由 Employee 聚合而成
class Employee {
    String name;

    Employee(String name) {
        this.name = name;
    }
}

class Department {
    Employee[] emps;

    Department(Employee[] emps) {
        this.emps = emps;
    }

    void show() {
        //循环遍历
        for (Employee emp : emps) {
            System.out.println(emp.name);
        }
    }
}

public class AggregationDemo {

    public static void main(String[] args) {

        Employee[] emps = { new Employee("张三"),
                new Employee("李四"),
```

```
                    new Employee("王五"),
                    new Employee("马六")};

        Department dept = new Department(emps);
        dept.show();

    }

}
```

上述代码中,部门类 Department 中的 Employee 数组代表此部门的员工。部门和员工的聚合关系可以理解为:部门由员工组成,同一个员工也可能属于多个部门,并且部门解散后,员工依然是存在的,并不会随之消亡。

运行结果如下所示:

```
张三
李四
王五
马六
```

5.3.4 组成关系

组成关系是比聚合关系要求更高的一种关联关系,体现的也是整体与部分的关系,但组成关系中的整体与部分是不可分离的,整体的生命周期结束后,部分的生命周期也随之结束。例如,汽车是由发动机、底盘、车身和电路设备等组成,是整体与部分的关系,如果汽车消亡后,这些设备也将不复存在,因此属于一种组成关系。

汽车和设备之间的组成关系如图 5-7 所示。

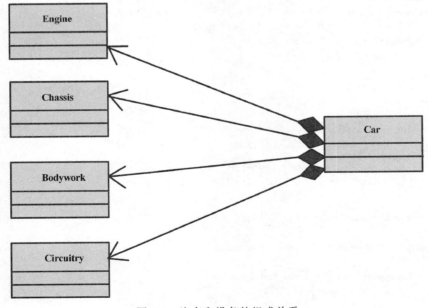

图 5-7　汽车和设备的组成关系

【代码 5-19】 **CompositionDemo. java**

```java
package com.qst.chapter05.composition;

//组成关系,汽车由各设备组成
//发动机
class Engine {
}

//底盘
class Chassis {
}

//车身
class Bodywork {
}

//电路设备
class Circuitry {
}

//汽车
class Car {
    Engine engine;
    Chassis chassis;
    Bodywork bodywork;
    Circuitry circuitry;

    Car(Engine engine, Chassis chassis, Bodywork bodywork,
            Circuitry circuitry) {
        this.engine = engine;
        this.chassis = chassis;
        this.bodywork = bodywork;
        this.circuitry = circuitry;
    }
}

public class CompositionDemo {

    public static void main(String[] args) {
        Engine engine = new Engine();
        Chassis chassis = new Chassis();
        Bodywork bodywork = new Bodywork();
        Circuitry circuitry = new Circuitry();
        Car car = new Car(engine, chassis, bodywork, circuitry);
    }

}
```

上述代码中定义了五个类,其中 Engine、Chassis、Bodywork 和 Circuitry 都是 Car 的成员变量,它们之间构成了一种组成关系。

视频讲解

5.4 内部类

Java 允许在一个类的类体之内再定义一个类,该情况下外面的类称为"外部类",里面的类称为"内部类"。内部类是外部类的一个成员,并且依附于外部类而存在。

引入内部类的原因主要有以下几个方面:

- 内部类能够隐藏起来,不为同一包的其他类访问;
- 内部类可以访问其所在的外部类的所有属性;
- 在回调方法处理中,匿名内部类尤为便捷,特别是事件处理时经常使用。

Java 内部类主要有成员内部类、局部内部类、静态内部类、匿名内部类四种。

5.4.1 成员内部类

成员内部类的定义结构很简单,就是在"外部类"的内部定义一个类。

下述代码用于演示成员内部类的定义及使用。

【代码 5-20】 Cow. java

```java
package com.qst.chapter05.innerclass;

public class Cow {
    private double weight;

    //外部类的两个重载的构造器
    public Cow() {
    }

    public Cow(double weight) {
        this.weight = weight;
    }

    //定义一个成员内部类
    private class CowLeg {
        //成员内部类的两个实例变量
        private double length;
        private String color;

        //成员内部类的两个重载的构造方法
        public CowLeg() {
        }

        public CowLeg(double length, String color) {
            this.length = length;
            this.color = color;
        }
```

```
        //下面省略 length、color 的 setter 和 getter 方法
        ...

        //成员内部类的方法
        public void info() {
            System.out.println("当前牛腿颜色是: " + color + ", 高: " + length);
            //直接访问外部类的 private 修饰的成员变量
            System.out.println("本牛腿所在奶牛重: " + weight);
        }
    }

    public void test() {
        CowLeg cl = new CowLeg(1.12, "黑白相间");
        cl.info();
    }

    public static void main(String[] args) {
        Cow cow = new Cow(378.9);
        cow.test();
    }
}
```

上述代码中,在 Cow 类中定义了一个 CowLeg 成员内部类,并在 CowLeg 类的方法中直接访问 Cow 的私有成员。运行结果如下所示:

```
当前牛腿颜色是: 黑白相间,高: 1.12
本牛腿所在奶牛重: 378.9
```

上述代码编译后,会生成两个 class 文件: 一个是外部类的 class 文件 Cow.class,另一个是内部类的 class 文件 Cow $ CowLeg.class。内部类的 class 文件形式都是"外部类名 $ 内部类名.class"。

内部类可以很方便地访问外部类的私有成员属性,并且外部类可以通过内部类对象来访问内部类的私有成员属性。在外部类方法中可以访问成员内部类的成员,同时也可以在外部类的外部直接实例化内部类的对象,内部类对象实例化语法格式如下:

【语法】

```
外部类.内部类  对象名 = new 外部类对象.new 内部类构造方法;
```

下述代码用于演示内部类对象实例化。

【代码 5-21】 InnerDemo.java

```
package com.qst.chapter05.innerclass;
class Outer {//定义外部类
    private String outMSG = "你好,外部类!";
    class Inner {//定义成员内部类
        private String innMSG = "你好,内部类!";
```

```
        public void printInner() {
            System.out.println(this.innMSG);
            //内部类方法访问外部类私有成员属性
            System.out.println(Outer.this.outMSG);
        }
    }

    public void printOuter() {
        Inner in = new Inner();
        System.out.println(in.innMSG);        //①外部类方法访问内部类对象的私有成员属性
    }
}

public class InnerDemo {
    public static void main(String[] args) {
        Outer out = new Outer();
        Outer.Inner inn = out.new Inner();    //②内部类对象实例化
        inn.printInner();
    }
}
```

上述代码中,定义了外部类 Outer 和成员内部类 Inner,并且私有化了它们的成员属性,在代码①处访问了内部类的私有成员属性,在代码②处实现了内部类的对象实例化。需要强调的是,外部类的访问控制修饰符只能是 public 或者默认,但成员内部类还可以利用 protected 和 private 进行修饰,如果利用 private 修饰了内部类,则不能在外部实例化内部类对象。

执行结果如下:

```
你好,内部类!
你好,外部类!
```

5.4.2　局部内部类

在方法中定义的内部类称为局部内部类。与局部变量类似,局部内部类不能用 public 或 private 访问修饰符进行声明。它的作用域被限定在声明该类的方法块中。局部内部类的优势在于:它可以对外界完全隐藏起来,除了所在的方法之外,对其他方法而言是不透明的。此外与其他内部类比较,局部内部类不仅可以访问包含它的外部类的成员,还可以访问局部变量,但这些局部变量必须被声明为 final。

下述代码演示一个局部内部类的定义及使用。

【代码 5-22】　**LocalInnerClass. java**

```
package com.qst.chapter05.innerclass;

public class LocalInnerClass {
    public static void main(String[] args) {
```

```
            //定义局部内部类
            class InnerBase {
                int a;
            }
            //定义局部内部类的子类
            class InnerSub extends InnerBase {
                int b;
            }
            //创建局部内部类的对象
            InnerSub is = new InnerSub();
            is.a = 5;
            is.b = 8;
            System.out.println("InnerSub 对象的a和b实例变量是：" + is.a + "," + is.b);
        }
    }
```

上述代码在 main()方法中定义了两个局部内部类 InnerBase 和 InnerSub，编译后会生成三个 class 文件：LocalInnerClass.class、LocalInnerClass＄1InnerBase.class、LocalInnerClass＄1InnerSub.class。局部内部类的 class 文件形式都是"外部类名＄N 内部类名.class"，需要注意，＄符号后面多了一个数字，这是因为有可能有两个以上的同名局部类（处于不同方法中），所以使用一个数字进行区分。

运行结果如下所示：

```
InnerSub 对象的a和b实例变量是：5,8
```

注意 在实际开发中很少使用局部内部类，这是因为局部内部类的作用域很小，只能在当前方法中使用。

5.4.3 静态内部类

如果使用 static 关键字修饰一个内部类，则该内部类称为"静态内部类"。静态内部类属于外部类的本身，而不属于外部类的某个对象，即 static 关键字将内部类变成与外部类相关，而不是与外部类的实例相关。

下述代码用于演示静态内部类的定义及使用。

【代码 5-23】 **StaticInnerClassDemo.java**

```
package com.qst.chapter05.innerclass;

public class StaticInnerClassDemo {
    private int prop1 = 5;
    private static int prop2 = 9;

    static class StaticInnerClass {
        //静态内部类里可以包含静态成员
        private static int age;

        public void accessOuterProp() {
```

```
//下面代码出现错误:
//静态内部类无法访问外部类的实例变量
System.out.println(prop1);
//下面代码正常
System.out.println(prop2);
        }
    }
}
```

静态内部类可以包含静态成员。根据静态成员不能访问非静态成员的规则,静态内部类不能访问外部类的实例成员,只能访问外部类的静态成员,即类成员。

注意 静态内部类可以用 public,protected,private 修饰,只能访问外部类的静态成员。

5.4.4 匿名内部类

匿名内部类就是没有名字的内部类。匿名内部类适合只需要使用一次的类,当创建一个匿名类时会立即创建该类的一个实例,该类的定义会立即消失,不能重复使用。

【示例】 匿名内部类

```
public class AnonymousClassDemo {

    public static void main(String[] args) {

        System.out.println(new Object() {
            public String toString() {
                return "匿名类对象";
            }
        });
    }
}
```

上述代码的含义是:创建一个匿名类的对象,该匿名类重写 Object 父类的 toString()方法。在使用匿名内部类时,要注意遵循以下几个原则:
* 匿名内部类不能有构造方法;
* 匿名内部类不能定义任何静态成员、方法和类,但非静态的方法、属性、内部类是可以定义的;
* 只能创建匿名内部类的一个实例;
* 一个匿名内部类一定跟在 new 的后面,创建其实现的接口或父类的对象。

5.5 单例模式

在实际应用中,可能需要整个系统中生成某种类型的对象有且只有一个,此时可以使用单例模式(Singleton 设计模式)来实现。如 Windows 操作系统中的 Recycle Bin(回收站)就是很典型的单例模式,在整个操作系统

视频讲解

运行过程中,回收站一直维护着仅有的一个实例;操作系统的文件系统,也是应用单例模式实现的具体例子,一个操作系统只能有一个文件系统。

一般地,单例模式有如下实现方式:

- 构造方法私有;
- 用一个私有的静态变量引用实例;
- 提供一个公有的静态方法获取实例。

【代码 5-24】　**SingletonDemo.java**

```java
package com.qst.chapter05;

//单例模式
class Singleton {
    private static Singleton instance = null;
        private Singleton(){}
    public static Singleton getInstance() {
        //在第一次使用时生成实例,提高了效率
        if (instance == null)
            instance = new Singleton();
        return instance;
    }
}

public class SingletonDemo {

    public static void main(String[] args) {
        Singleton s1 = Singleton.getInstance();
        Singleton s2 = Singleton.getInstance();
        if (s1 == s2) {
            System.out.println("s1 和 s2 是同一个对象");
        }
    }
}
```

运行结果如下所示:

```
s1 和 s2 是同一个对象
```

上述代码在 main 方法中声明了两个变量 s1 和 s2,利用 getInstance 方法获取对象,通过测试比较,每次返回的都是同一个对象,这样不必每次都创建新对象,从而提高了效率。

5.6　贯穿任务实现

5.6.1　实现【任务 5-1】

下述代码实现 Q-DMS 贯穿项目中的【任务 5-1】编写基础信息实体类。

【任务 5-1】 **DataBase. java**

```java
/**
 * @公司      青软实训 QST
 * @作者 zhaokl
 */
package com.qst.dms.entity;

import java.util.Date;

//数据基础类

public class DataBase {
    //ID 标识
    private int id;
    //时间
    private Date time;
    //地点
    private String address;
    //状态
    private int type;
    //状态常量
    public static final int GATHER = 1;          //"采集"
    public static final int MATHCH = 2;          //"匹配";
    public static final int RECORD = 3;          //"记录";
    public static final int SEND = 4;            //"发送";
    public static final int RECIVE = 5;          //"接收";
    public static final int WRITE = 6;           //"归档";
    public static final int SAVE = 7;            //"保存";

    public int getId() {
        return id;
    }


    public void setId(int id) {
        this.id = id;
    }


    public Date getTime() {
        return time;
    }


    public void setTime(Date time) {
        this.time = time;
    }
```

```
public String getAddress() {
    return address;
}


public void setAddress(String address) {
    this.address = address;
}

public int getType() {
    return type;
}


public void setType(int type) {
    this.type = type;
}

public DataBase() {
}

public DataBase(int id, Date time, String address, int type) {
    this.id = id;
    this.time = time;
    this.address = address;
    this.type = type;
}


public String toString() {
    return id + "," + time + "," + address + "," + type;
}
}
```

上述代码创建了一个基础信息实体类,该类将 Q-DMS 中数据采集的共同特性抽取出来组成一个基类,并提供七个静态常量标志数据状态,其他信息类都继承该基类。

5.6.2 实现【任务 5-2】

下述代码实现 Q-DMS 贯穿项目中的【任务 5-2】使用继承重构日志、物流实体类,并测试运行。

【任务 5-2】 LogRec.java

```
/**
 * @公司    青软实训 QST
 * @作者 zhaokl
 */
```

```java
package com.qst.dms.entity;

import java.util.Date;

//用户登录日志记录
public class LogRec extends DataBase {
    /**
     *    登录用户名
     */
    private String user;
    /**
     * 登录用户主机 IP 地址
     */
    private String ip;
    /**
     * 登录状态：登录、登出
     */
    private int logType;
    /**
     * 登录常量 LOG_IN、登出常量 LOG_OUT
     */
    public static final int LOG_IN = 1;
    public static final int LOG_OUT = 0;

    public String getUser() {
        return user;
    }

    public void setUser(String user) {
        this.user = user;
    }


    public String getIp() {
        return ip;
    }

    public void setIp(String ip) {
        this.ip = ip;
    }

    public int getLogType() {
        return logType;
    }

    public void setLogType(int logType) {
        this.logType = logType;
    }

    public LogRec() {
```

```
        }

        public LogRec(int id, Date time, String address, int type, String user,
                      String ip, int logType) {
            super(id, time, address, type);
            this.user = user;
            this.ip = ip;
            this.logType = logType;
        }

        public String toString() {
            return this.getId() + "," + this.getTime() + "," + this.getAddress() + ","
                + this.getType() + "," + user + "," + ip + "," + logType;
        }
    }
```

上述代码重构 LogRec 日志信息类,该类继承 DataBase 类,并在 DataBase 类的基础上增加自己的特有属性。

【任务 5-2】 Transport. java

```
/**
 *  @公司        青软实训 QST
 *  @作者 zhaokl
 */
package com.qst.dms.entity;

import java.util.Date;

//货运物流信息
public class Transport extends DataBase {
    /**
     * 经手人
     */
    private String handler;
    /**
     * 收货人
     */
    private String reciver;
    /**
     * 物流状态
     */
    private int transportType;
    /**
     * 物流状态常量:发货中, 送货中, 已签收
     */
    public static final int SENDDING = 1;         //发货中
    public static final int TRANSPORTING = 2;     //送货中
    public static final int RECIEVED = 3;         //已签收
```

```java
    public String getHandler() {
        return handler;
    }

    public void setHandler(String handler) {
        this.handler = handler;
    }

    public String getReciver() {
        return reciver;
    }

    public void setReciver(String reciver) {
        this.reciver = reciver;
    }

    public int getTransportType() {
        return transportType;
    }

    public void setTransportType(int transportType) {
        this.transportType = transportType;
    }

    public Transport() {

    }

    public Transport(int id, Date time, String address, int type,
            String handler, String reciver, int transportType) {
        super(id, time, address, type);
        this.handler = handler;
        this.reciver = reciver;
        this.transportType = transportType;
    }

    public String toString() {
        return this.getId() + "," + this.getTime() + "," + this.getAddress()
                + "," + this.getType() + "," + handler + "," + transportType;
    }
}
```

上述代码重构 Transport 物流信息类,该类继承 DataBase 类,并在 DataBase 类的基础上增加自己的特有属性。

【任务 5-2】 **EntityDataDemo. java**

```java
package com.qst.dms.dos;

import com.qst.dms.entity.LogRec;
```

```
import com.qst.dms.entity.Transport;
import com.qst.dms.service.LogRecService;
import com.qst.dms.service.TransportService;

public class EntityDataDemo {
    public static void main(String[] args) {
        //创建一个日志业务类
        LogRecService logService = new LogRecService();
        //创建一个日志对象数组,用于存放采集的三个日志信息
        LogRec[] logs = new LogRec[3];
        for (int i = 0; i < logs.length; i++) {
            System.out.println("第" + (i + 1) + "个日志数据采集: ");
            logs[i] = logService.inputLog();
        }
        //输出采集的日志信息
        logService.showLog(logs);

        //创建一个物流业务类
        TransportService tranService = new TransportService();
        //创建一个物流对象数组,用于存放采集的两个物流信息
        Transport[] transports = new Transport[2];
        for (int i = 0; i < transports.length; i++) {
            System.out.println("第" + (i + 1) + "个物流数据采集: ");
            transports[i] = tranService.inputTransport();
        }
        //输出采集的物流信息
        tranService.showTransport(transports);
    }
}
```

上述代码对重构后的 LogRec 和 Transport 进行测试运行,使用对应的业务类分别循环采集了三个日志信息和两个物流信息,并将采集的数据进行显示。

运行结果如下所示:

```
第 1 个日志数据采集:
请输入 ID 标识:
1001
请输入地址:
青岛
请输入 登录用户名:
zhaokl
请输入 主机 IP:
192.168.1.1
请输入登录状态:1 是登录,0 是登出
1
第 2 个日志数据采集:
请输入 ID 标识:
1002
请输入地址:
```

```
北京
请输入 登录用户名:
zhangsan
请输入 主机 IP:
192.168.1.2
请输入登录状态:1 是登录,0 是登出
0
第 3 个日志数据采集:
请输入 ID 标识:
1003
请输入地址:
上海
请输入 登录用户名:
zhaokl
请输入 主机 IP:
192.168.1.1
请输入登录状态:1 是登录,0 是登出
0
1001,Tue Nov 04 09:41:11 CST 2014,青岛,1,zhaokl,192.168.1.1,1
1002,Tue Nov 04 09:41:38 CST 2014,北京,1,zhangsan,192.168.1.2,0
1003,Tue Nov 04 09:42:06 CST 2014,上海,1,zhaokl,192.168.1.1,0
第 1 个物流数据采集:
请输入 ID 标识:
2001
请输入地址:
济南
请输入货物经手人:
wangwu
请输入 收货人:
zhaokl
请输入物流状态:1 发货中,2 送货中,3 已签收
1
第 2 个物流数据采集:
请输入 ID 标识:
2001
请输入地址:
烟台
请输入货物经手人:
maliu
请输入 收货人:
zhaokl
请输入物流状态:1 发货中,2 送货中,3 已签收
2
2001,Tue Nov 04 09:42:34 CST 2014,济南,1,wangwu,1
2001,Tue Nov 04 09:43:20 CST 2014,烟台,1,maliu,2
```

5.6.3 实现【任务 5-3】

下述代码实现 Q-DMS 贯穿项目中的【任务 5-3】编写日志数据匹配类,对日志实体类数

据进行匹配。

【任务 5-3】 **MatchedLogRec. java**

```java
/**
 * @公司      青软实训 QST
 * @作者 zhaokl
 */
package com.qst.dms.entity;

import java.util.Date;

//匹配日志记录,"登录登出对" 类型

public class MatchedLogRec {

    private LogRec login;
    private LogRec logout;

    //user 用户登录名
    public String getUser() {
        return login.getUser();
    }

    //登入时刻
    public Date getLogInTime() {
        return login.getTime();
    }

    //登出时刻
    public Date getLogoutTime() {
        return logout.getTime();
    }

    //登入记录
    public LogRec getLogin() {
        return login;
    }

    //登出记录
    public LogRec getLogout() {
        return logout;
    }

    public MatchedLogRec() {
    }

    public MatchedLogRec(LogRec login, LogRec logout) {
        if (login.getLogType() != LogRec.LOG_IN) {
```

```
                throw new RuntimeException("不是登录记录!");
        }
        if (logout.getLogType() != LogRec.LOG_OUT) {
                throw new RuntimeException("不是登出记录");
        }
        if (!login.getUser().equals(logout.getUser())) {
                throw new RuntimeException("登录登出必须是同一个用户!");
        }
        if (!login.getIp().equals(logout.getIp())) {
                throw new RuntimeException("登录登出必须是同一个 IP 地址!");
        }
        this.login = login;
        this.logout = logout;
    }


    public String toString() {
        return login.toString() + " | " + logout.toString();
    }
}
```

上述代码定义一个 MatchedLogRec 日志匹配类,该类中有两个 LogRec 类型的成员变量,分别存放匹配成功的登录日志和登出日志信息。

修改 LogRecService 日志业务类,在该类中增加显示匹配日志信息的 showMatchLog()方法,代码如下所示。

【任务 5-3】 **LogRecService. java**

```
package com.qst.dms.service;

import java.util.Date;
import java.util.Scanner;

import com.qst.dms.entity.DataBase;
import com.qst.dms.entity.LogRec;
import com.qst.dms.entity.MatchedLogRec;

//日志业务类
public class LogRecService {
    //日志数据采集
    public LogRec inputLog() {
        //建立一个从键盘接收数据的扫描器
        Scanner scanner = new Scanner(System.in);
        //提示用户输入 ID 标识
        System.out.println("请输入 ID 标识: ");
        //接收键盘输入的整数
        int id = scanner.nextInt();
        //获取当前系统时间
        Date nowDate = new Date();
```

```
        //提示用户输入地址
        System.out.println("请输入地址: ");
        //接收键盘输入的字符串信息
        String address = scanner.next();
        //数据状态是"采集"
        int type = DataBase.GATHER;

        //提示用户输入登录用户名
        System.out.println("请输入登录用户名: ");
        //接收键盘输入的字符串信息
        String user = scanner.next();
        //提示用户输入主机 IP
        System.out.println("请输入主机 IP:");
        //接收键盘输入的字符串信息
        String ip = scanner.next();
        //提示用户输入登录状态、登出状态
        System.out.println("请输入登录状态:1是登录,0是登出");
        int logType = scanner.nextInt();
        //创建日志对象
        LogRec log = new LogRec(id, nowDate, address, type, user, ip, logType);
        //返回日志对象
        return log;
    }


    //日志信息输出
    public void showLog(LogRec... logRecs) {
        for (LogRec e : logRecs) {
            if (e != null) {
                System.out.println(e.toString());
            }
        }
    }


    //匹配日志信息输出
    public void showMatchLog(MatchedLogRec... matchLogs) {
        for (MatchedLogRec e : matchLogs) {
            if (e != null) {
                System.out.println(e.toString());
            }
        }
    }
}
```

5.6.4 实现【任务 5-4】

下述代码实现 Q-DMS 贯穿项目中的【任务 5-4】编写物流数据匹配类,对物流实体类数据进行匹配。

【任务 5-4】 MatchedTransport. java

```java
/**
 * @公司 青软实训 QST
 * @作者 zhaokl
 */
package com.qst.dms.entity;

public class MatchedTransport {
    private Transport send;
    private Transport trans;
    private Transport receive;

    public Transport getSend() {
        return send;
    }

    public void setSend(Transport send) {
        this.send = send;
    }

    public Transport getTrans() {
        return trans;
    }

    public void setTrans(Transport trans) {
        this.trans = trans;
    }

    public Transport getReceive() {
        return receive;
    }

    public void setReceive(Transport receive) {
        this.receive = receive;
    }

    public MatchedTransport() {

    }

    public MatchedTransport(Transport send, Transport trans, Transport receive) {
        if (send.getTransportType() != Transport.SENDDING) {
            throw new RuntimeException("不是发货记录!");
        }
        if (trans.getTransportType() != Transport.TRANSPORTING) {
            throw new RuntimeException("不是送货记录!");
        }
        if (receive.getTransportType() != Transport.RECIEVED) {
```

```
                throw new RuntimeException("不是签收记录!");
        }
        this.send = send;
        this.trans = trans;
        this.receive = receive;
    }

    public String toString() {
        //TODO Auto-generated method stub
        return send.toString() + "|" + trans.toString() + "|" + receive;
    }
}
```

上述代码定义一个 MatchedTransport 物流匹配类,该类中有三个 Transport 类型的成员变量,分别存放匹配成功的发货、送货和签收这三条物流记录信息。

修改 TransportService 物流业务类,在该类中增加显示匹配物流信息的 showMatchTransport() 方法,代码如下所示。

【任务 5-4】　**TransportService. java**

```
package com.qst.dms.service;

import java.util.Date;
import java.util.Scanner;

import com.qst.dms.entity.DataBase;
import com.qst.dms.entity.MatchedTransport;
import com.qst.dms.entity.Transport;

public class TransportService {
    //物流数据采集
    public Transport inputTransport() {
        //建立一个从键盘接收数据的扫描器
        Scanner scanner = new Scanner(System.in);
        //提示用户输入 ID 标识
        System.out.println("请输入 ID 标识: ");
        //接收键盘输入的整数
        int id = scanner.nextInt();
        //获取当前系统时间
        Date nowDate = new Date();
        //提示用户输入地址
        System.out.println("请输入地址: ");
        //接收键盘输入的字符串信息
        String address = scanner.next();
        //数据状态是"采集"
        int type = DataBase.GATHER;

        //提示用户输入登录用户名
        System.out.println("请输入货物经手人: ");
        //接收键盘输入的字符串信息
        String handler = scanner.next();
        //提示用户输入主机 IP
```

```
        System.out.println("请输入收货人:");
        //接收键盘输入的字符串信息
        String reciver = scanner.next();
        //提示用于输入物流状态
        System.out.println("请输入物流状态:1 发货中,2 送货中,3 已签收");
        //接收物流状态
        int transportType = scanner.nextInt();
        //创建物流信息对象
        Transport trans = new Transport(id, nowDate, address, type, handler,
                reciver, transportType);
        //返回物流对象
        return trans;
    }

    //物流信息输出
    public void showTransport(Transport... transports) {
        for (Transport e : transports) {
            if (e != null) {
                System.out.println(e.toString());
            }
        }
    }

    //匹配的物流信息输出
    public void showMatchTransport(MatchedTransport... matchTrans) {
        for (MatchedTransport e : matchTrans) {
            if (e != null) {
                System.out.println(e.toString());
            }
        }
    }
}
```

本章总结

小结

- 类与类之间存在六种关系:继承、实现、依赖、关联、聚合和组成
- 一个类可以继承另外一个类,并在此基础上添加自己的特有功能
- 在一个类的方法中操作另外一个类的对象,这种情况称为第一个类依赖于第二个类
- 在一个类中使用另外一个类的对象作为该类的成员变量,这种情况称为关联关系
- 聚合关系是关联关系的一种特例,体现的是整体与部分的关系,即 has-a 的关系
- 组成关系也是关联关系的一种特例,与聚合关系一样也是体现整体与部分的关系,但组成关系中的整体与部分是不可分离的,即 contains-a 的关系
- super 关键字代表父类对象
- final 关键字表示"不可改变的、最终的"的意思,用于修饰变量、方法和类
- Java 内部类主要有成员内部类、局部内部类、静态内部类、匿名内部类四种

● 单例模式(Singleton 设计模式)是系统中生成某种类型的对象有且只有一个

Q&A

1. 问题：成员内部类与静态内部类的区别。

回答：成员内部类对象必须寄生在外部类对象里，而静态内部类是属于类的，不依赖于外部类的对象。

2. 问题：Java 中的多态体现在哪几个方面？

回答：多态通常体现在具有继承关系的类之间，一个父类具有多个子类，可以将子类对象直接赋值给一个父类引用变量，无须任何类型转换；子类重写父类的方法也是 Java 多态性的一种体现。

章节练习

习题

1. 对于 Java 语言，在下面关于类的描述中，正确的是_____。
   - A. 一个子类可以有多个父类
   - B. 一个父类可以有多个子类
   - C. 子类可以使用父类的所有
   - D. 子类一定比父类有更多的成员方法

2. 下列_____关键字修饰类后不允许有子类。
   - A. abstract　　　　B. static　　　　C. protected　　　　D. final

3. 假设 Child 类为 Base 类的子类，则下面_____创建对象是错误的。
   - A. Base base = new Child ();　　　　B. Base base = new Base();
   - C. Child child = new Child ();　　　　D. Child child = new Base();

4. 下列关于关键字 super 和 this 的说法中不正确的是_____。
   - A. super(..)方法可以放在 this(..)方法前面使用
   - B. this (..)方法可以放在 super (..)方法前面使用
   - C. 可以使用 super(..)来调用父类中的构造方法
   - D. 可以使用 this(..)调用本类的其他构造方法

5. 给定如下 Java 代码，关于 super 的用法，以下_____描述是正确的。

```
class Student extends Person{
    public Student (){
        super();
    }
}
```

   - A. 用来调用 Person 类中定义的 super()方法
   - B. 用来调用 Student 类中定义的 super()方法

C. 用来调用 Person 类的无参构造方法

D. 用来调用 Person 类的第一个出现的构造方法

6. 下列关于内部类的说法中,错误的是_____。

    A. 内部类能够隐藏起来,不为同一包的其他类访问

    B. 内部类是外部类的一个成员,并且依附于外部类而存在

    C. Java 内部类主要有成员内部类、局部内部类、静态内部类、匿名内部类

    D. 局部内部类可以用 public 或 private 访问修饰符进行声明

7. 下列关于继承的说法中,不正确的是_____。

    A. 在继承过程中,子类拥有父类所定义的所有属性和方法

    B. 在构造一个子类对象时,会首先调用自身的构造方法进行初始化,而后再调用父类的构造方法进行初始化

    C. Java 只支持单一继承

    D. 使用 extends 关键字使子类继承父类

8. 下列关于方法重写的说法中,错误的_____。

    A. 父类中的私有方法不能被子类重写

    B. 父类的构造方法不能被子类重写

    C. 方法名以及参数列表必须完全相同,返回类型可以不一致

    D. 父类的静态方法不能被子类重写

上机

1. 训练目标:继承的使用。

培养能力	继承与多态的使用		
掌握程度	★★★★★	难度	难
代码行数	300	实施方式	编码强化
结束条件	独立编写,不出错		

参考训练内容

(1) 使用继承编写人类、教师、学生类的实体类。

(2) 编写测试类,实例化教师和学生类对象并显示

2. 训练目标:继承的使用。

培养能力	继承与多态的使用		
掌握程度	★★★★★	难度	中
代码行数	200	实施方式	编码强化
结束条件	独立编写,不出错		

参考训练内容

有一个水果箱(Box),箱子里装有水果(Fruit),每一种水果都有不同的重量和颜色,水果有苹果、梨、橘子。每个苹果(Apple)都有不同的重量和颜色,每个橘子(Orange)都有不同的重量和颜色,每个梨(Pear)都有不同的重量和颜色。可以向水果箱(Box)里添加水果(addFruit),也可以取出水果(getFruit),还可以显示水果的重量和颜色。编写代码实现上述功能

第<big>6</big>章

抽象类和接口

任务驱动

本章任务是使用接口和抽象类完成"Q-DMS 数据挖掘"系统的数据分析和过滤：

- 【任务 6-1】 创建数据分析接口。
- 【任务 6-2】 创建数据过滤抽象类。
- 【任务 6-3】 编写日志数据分析类和物流数据分析类。
- 【任务 6-4】 编译一个测试类测试日志、物流数据的分析。

学习路线

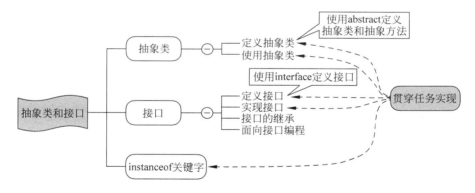

本章目标

知　识　点	Listen（听）	Know（懂）	Do（做）	Revise（复习）	Master（精通）
抽象类	★	★	★	★	
定义和实现接口	★	★	★	★	★
接口的继承	★	★	★		
面向接口编程	★	★			
instanceof 关键字	★	★	★	★	

6.1 抽象类

视频讲解

在定义类时,并不是所有的类都能够完整地描述该类的行为。在某些情况下,只知道应该包含怎样的方法,但无法准确地知道如何实现这些方法时,可以使用抽象类。

6.1.1 定义抽象类

抽象类是对问题领域进行分析后得出的抽象概念,是对一批看上去不同,但是本质上相同的具体概念的抽象。例如,定义一个动物类 Animal,该类提供一个行动方法 action(),但不同动物的行动方式是不一样的,马儿是跑,鸟儿是飞,此时就可以将 Animal 定义成抽象类,该类既能包含 action()方法,又无须提供其方法实现(没有方法体)。这种只有方法声明,没有方法实现的方法称为"抽象方法"。

抽象类和抽象方法必须使用 abstract 关键字来修饰,其语法格式如下:

【语法】

```
[访问符]abstract class 类名 {
    [访问符] abstract <返回类型>方法名([参数列表]);
    …
}
```

有抽象方法的类只能被定义成抽象类,但抽象类中可以没有抽象方法。定义抽象类和抽象方法的规则如下:

(1) abstract 关键字放在 class 前,指明该类是抽象类;

(2) abstract 关键字放在方法的返回类型前,指明该方法是抽象方法,抽象方法没有方法体,并以";"分号结束;

(3) 抽象类不能被实例化,即无法使用 new 关键字直接创建抽象类的实例,即使抽象类中不包含抽象方法也不行;

(4) 一个抽象类中可以含有多个抽象方法,也可以含有已实现的方法;

(5) 抽象类可以包含成员变量以及构造方法,但不能通过构造方法创建实例,可在子类创建实例时调用;

(6) 定义抽象类有三种情况:直接定义一个抽象类;继承一个抽象类,但没有完全实现父类包含的抽象方法;实现一个接口,但没有完全实现接口中包含的抽象方法。

下述代码定义一个抽象类 Animal。

【代码 6-1】 Animal.java

```java
package com.qst.chapter06;

//抽象类
public abstract class Animal {
    private String name;
```

```
        public Animal() {

        }

        public Animal(String name) {
            this.name = name;
        }

        public String getName() {
            return name;
        }

        public void setName(String name) {
            this.name = name;
        }

        //抽象方法,行动
        public abstract void action();

        //抽象方法,叫
        public abstract void call();
}
```

上述代码使用 abstract 关键字定义了一个抽象类 Animal,并声明了两个抽象方法 action()和 call(),这两个抽象方法都未提供方法实现(没有方法体)。

抽象方法是未实现的方法,它与空方法是两个完全不同的概念,例如,下面两个 call() 方法是完全不同的:

```
public abstract void call();      //抽象方法(未实现),没有{}括起来的方法体
public void call(){}              //空方法,有{}括起来的方法体,但方法体内没有任何语句(空)
```

注意　abstract 关键字不能用来修饰成员变量和构造方法,即没有抽象变量和抽象构造方法的说法。abstract 关键字修饰的方法必须被其子类重写才有意义,否则这个方法将永远不会有方法体,因此抽象方法不能定义为 private,即 private 和 abstract 不能同时修饰方法。abstract 也不能和 static、final 或 native 同时修饰同一方法。

6.1.2　使用抽象类

抽象类不能实例化,只能被当成父类来继承。从语义角度上讲,抽象类是从多个具有相同特征的类中抽象出来的一个父类,具有更高层次的抽象,作为其子类的模板,从而避免子类设计的随意性。

下述代码定义 Animal 抽象类的两个子类 Horse 和 Bird,并实现抽象方法,以此演示抽象类的使用。类结构如图 6-1 所示。

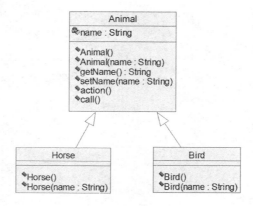

图 6-1　Animal 继承类结构图

【代码 6-2】　Horse. java

```java
package com.qst.chapter06;

//马,继承 Animal 抽象类
public class Horse extends Animal {
    public Horse() {
    }

    public Horse(String name) {
        super(name);
    }

    //重写 Animal 抽象类中的 action()抽象方法
    public void action() {
        System.out.println(this.getName() + "四条腿奔跑!");
    }

    //重写 Animal 抽象类中的 call()抽象方法
    public void call() {
        System.out.println(this.getName() + "长啸!");
    }
}
```

【代码 6-3】　Bird. java

```java
package com.qst.chapter06;

//鸟,继承 Animal 抽象类
public class Bird extends Animal {
    public Bird() {

    }

    public Bird(String name) {
        super(name);
```

```
        }

        //重写 Animal 抽象类中的 action() 抽象方法
        public void action() {
            System.out.println(this.getName() + "翅膀飞!");
        }

        //重写 Animal 抽象类中的 call() 抽象方法
        public void call() {
            System.out.println(this.getName() + "叽喳叫!");
        }
    }
```

在上述代码中,Animal 的两个子类 Horse 和 Bird 都重写了 action()和 call()这两个抽象方法,重写抽象方法时各自根据具体情况进行实现,其内容是不同的。

下述代码测试使用抽象类。

【代码 6-4】 Bird. java

```
package com.qst.chapter06;

public class AbstractDemo {

    public static void main(String[] args) {
        //声明一个抽象类变量
        Animal a;
        //不能直接实例化一个抽象类,但抽象类变量可以指向其子类
        a = new Horse("马儿");
        a.action();
        a.call();
        a = new Bird("鸟儿");
        a.action();
        a.call();
    }
}
```

上述代码先声明一个 Animal 类型的变量 a,注意,不能直接 new 一个 Animal()对象,下面语句是错误的:

```
Animal a = new Animal();    //错误,不能直接实例化抽象类
```

虽然不能直接 new 一个抽象类,但抽象类变量可以指向其子类对象。因此,a 可以先指向一个 Horse 对象,再指向一个 Bird 对象,这也是多态性的一种具体体现。

运行结果如下所示:

```
马儿四条腿奔跑!
马儿长啸!
鸟儿翅膀飞!
鸟儿叽喳叫!
```

6.2 接口

接口定义了某一批类所需要遵守的公共行为规范,只规定这批类必须提供的某些方法,而不提供任何实现。接口体现的是规范和实现分离的设计哲学。让规范和实现分离正是接口的好处,让系统的各模块之间面向接口耦合,是一种松耦合的设计,从而降低各模块之间的耦合,增强系统的可扩展性和可维护性。

6.2.1 定义接口

Java 只支持单一继承,不支持多重继承,即一个类只能继承一个父类,这一缺陷可以通过接口来弥补。Java 允许一个类实现多个接口,这样使程序更加灵活、易扩展。

视频讲解

定义接口使用 interface 关键字,其语法格式如下:

【语法】

```
[访问符]interface 接口名[extends 父接口 1,父接口 2,...]{
    //接口体
}
```

其中:

(1) 访问符可以是 public 或为默认,默认采用包权限访问控制,即在相同包中才可以访问该接口;

(2) 一个接口可以继承多个父接口,但接口只能继承接口,不能继承类;

(3) 在接口体里可以包含静态常量、抽象方法、内部类、内部接口以及枚举的定义,从 Java 8 版本开始允许接口中定义默认方法、类方法;

(4) 与类的默认访问符不同,接口体内定义的常量、方法等都默认为 public,可以省略 public 关键字,即当接口中定义的常量或方法不写 public,其访问权限依然是 public。

下述代码定义一个接口。

【代码 6-5】 **MyInterface. java**

```java
package com.qst.chapter06;

public interface MyInterface {

    //接口里定义的成员变量只能是常量
    int MAX_SIZE = 50;

    //接口里定义的普通方法只能是 public 的抽象方法
    void delMsg();

    void addMsg(String msg);

    //在接口中定义默认方法,需要使用 default 修饰
```

```
    default void print(String... msgs) {
        for (String msg : msgs) {
            System.out.println(msg);
        }
    }


    //在接口中定义类方法,需要使用 static 修饰
    static String staticTest() {
        return "接口里的类方法";
    }
}
```

上述代码定义了一个接口 MyInterface,并在接口中声明了静态常量、抽象方法、默认方法以及类方法。其中,接口中定义的成员变量都与接口相关,系统会自动为这些成员变量增加 public static final 进行修饰,即接口中定义的成员变量都是静态常量。

在接口中定义静态常量时下面两行代码效果完全一样:

```
//系统自动为接口中定义的成员变量增加 public static final 修饰
int MAX_SIZE = 50;
public static final int MAX_SIZE = 50;
```

接口中定义的方法只能是抽象方法、默认方法或类方法。因此,如果不是定义默认方法,系统将自动为普通方法增加 public abstract 进行修饰,即接口中定义的普通方法都是抽象方法,不能有方法实现(即方法体)。

在接口中定义抽象方法时,下面两行代码效果完全一样:

```
//接口里定义的普通方法只能是 public 的抽象方法
void delMsg();
public abstract void delMsg();
```

从 Java 8 开始允许在接口中定义默认方法,默认方法必须使用 default 关键字修饰,不能使用 static 关键字修饰。因此,不能直接使用接口来调用默认方法,需要通过接口的实现类的实例对象来调用默认方法。默认方法必须有方法实现(即方法体)。

从 Java 8 开始允许在接口中定义类方法,类方法必须使用 static 关键字修饰,不能使用 default 关键字修饰。类方法必须有方法实现(方法体),可以直接通过接口来调用类方法。

注意 只有在 Java 8 以上的版本才允许在接口中定义默认方法和类方法。接口中定义的内部类、内部接口以及内部枚举都默认为 public static。因接口中的内部类、内部接口和内部枚举应用不广泛,故本书不做具体介绍。

6.2.2 实现接口

接口不能直接实例化,但可以使用接口声明引用类型的变量,该变量可以引用到接口的实现类的实例对象上。接口的主要用途就是被实现类实现,一个类可以实现一个或多个接口,其语法格式如下:

【语法】

```
[访问符]class 类名 implements 接口 1[,接口 2,...]{
    //类体
}
```

其中:

(1) implements 关键字用于实现接口;

(2) 一个类可以实现多个接口,接口之间使用逗号进行间隔;

(3) 一个类在实现一个或多个接口时,这个类必须完全实现这些接口中定义的所有抽象方法,否则该类必须定义为抽象类;

(4) 一个类实现某个接口时,该类将会获得接口中定义的常量、方法等,因此可以将实现接口理解成一种特殊的继承,相当于实现类继承了一个彻底抽象的类。

下述代码定义一个类并实现 MyInterface 接口。类结构图如图 6-2 所示。

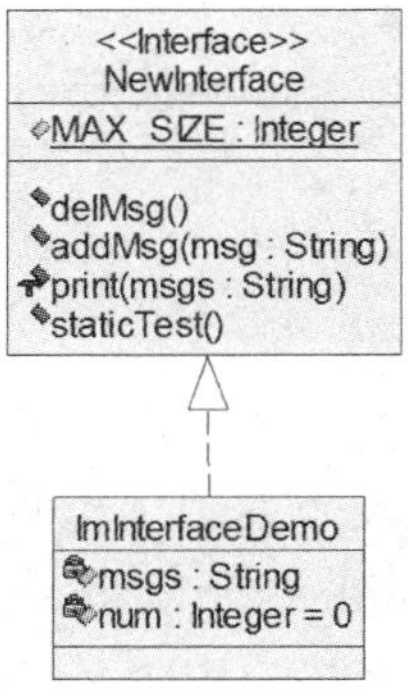

图 6-2   ImInterfaceDemo
程序类结构图

【代码 6-6】   ImInterfaceDemo. java

```java
package com.qst.chapter06;

//实现接口
public class ImInterfaceDemo implements MyInterface {

    //定义个一个字符串数组,长度是接口中定义的常量 MAX_SIZE
    private String[] msgs = new String[MyInterface.MAX_SIZE];
    //记录消息个数
    private int num = 0;

    //实现接口中的方法
    public void delMsg() {
        if (num <= 0) {
            System.out.println("消息队列已空,删除失败!");
        } else {
            //删除消息,num 数量减 1
            msgs[--num] = null;
        }
    }

    //实现接口中的方法
    public void addMsg(String msg) {
        if (num >= MyInterface.MAX_SIZE) {
            System.out.println("消息队列已满,添加失败!");
        } else {
            //将消息添加到字符串数组中,num 数量加 1
            msgs[num++] = msg;
        }
    }
```

```
        //定义一个实现类自己的方法
        public void showMsg() {
            //输出消息队列中的信息
            for (int i = 0; i < num; i++) {
                System.out.println(msgs[i]);
            }
        }
        public static void main(String[] args) {
            //实例化一个接口实现类的对象,并将其赋值给一个接口变量引用
            MyInterface mi = new ImInterfaceDemo();
            //调用接口的默认方法,默认方法必须通过实例对象来调用
            mi.print("张三", "李四", "王五");
            //调用接口的类方法,直接通过"接口名.类方法()"来调用
            System.out.println(MyInterface.staticTest());

            System.out.println(" ------------------------- ");

            //实例化接口实现类
            ImInterfaceDemo ifd = new ImInterfaceDemo();
            //添加信息
            ifd.addMsg("Java 8 应用开发");
            ifd.addMsg("欢迎来到青软实训");
            ifd.addMsg("My name's zhaokel");
            ifd.addMsg("这是一个测试");
            //输出信息
            ifd.showMsg();

            System.out.println(" ------------------------- ");

            //删除一个信息
            ifd.delMsg();
            System.out.println("删除一个数据后,剩下的信息是:");
            ifd.showMsg();
        }
    }
```

上述代码中,ImInterfaceDemo 类实现 MyInterface 接口,并实现该接口中定义的 delMsg()和 addMsg()方法。在 main()方法中,先声明一个 MyInterface 接口类型的变量 mi,new 一个实现该接口的 ImInterfaceDemo 类的实例对象,并将其引用赋值给 mi;接口的默认方法通过"对象.默认方法()"形式进行访问,而接口的类方法则可直接通过"接口.类方法()"的方式进行访问,然后在程序中直接声明 ImInterfaceDemo 接口实现类的变量 ifd,并实例化该类型对象,再通过 ifd 调用 addMsg()、showMsg()以及 delMsg()方法。

与抽象类一样,接口是一种更加抽象的类结构,因此不能对接口直接实例化,下面的语句是错误的:

```
MyInterface mi = new MyInterface();      //错误,接口不能直接实例化
```

但可以声明接口变量,并用接口变量指向当前接口实现类的实例,下面的语句是正确的:

```
MyInterface mi = new ImInterfaceDemo();      //正确
```

使用接口变量指向该接口的实现类的实例对象,这种使用方式也是多态性的一种体现。运行结果如下所示:

```
张三
李四
王五
接口里的类方法
------------------------
Java 8 应用开发
欢迎来到青软实训
My name's zhaokel
这是一个测试
------------------------
删除一个数据后,剩下的信息是:
Java 8 应用开发
欢迎来到青软实训
My name's zhaokel
```

6.2.3 接口的继承

接口的继承与类的继承不一样,接口完全支持多重继承,即一个接口可以有多个父接口。除此之外,接口的继承与类的继承相似;当一个接口继承父接口时,该接口将会获得父接口中定义的所有抽象方法、常量。

一个接口继承多个接口时,多个接口跟在 extends 关键字之后,并使用逗号","进行间隔。下述代码定义了三个接口,第三个接口继承前两个接口。类结构图如图 6-3 所示。

视频讲解

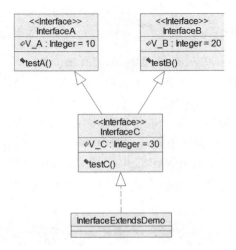

图 6-3　InterfaceExtendsDemo 程序类结构图

【代码 6-7】　**InterfaceExtendsDemo. java**

```java
package com.qst.chapter06;

//接口的继承
//第一个接口
interface InterfaceA {
    int V_A = 10;

    void testA();
}

//第二个接口
interface InterfaceB {
    int V_B = 20;

    void testB();
}

//第三个接口
interface InterfaceC extends InterfaceA, InterfaceB {
    int V_C = 30;

    void testC();
}

//实现第三个接口
public class InterfaceExtendsDemo implements InterfaceC {
    //实现三个抽象方法
    public void testA() {
        System.out.println("testA()方法");

    }

    public void testB() {
        System.out.println("testB()方法");

    }

    public void testC() {
        System.out.println("testC()方法");

    }

    public static void main(String[] args) {
        //使用第三个接口可以直接访问 V_A、V_B 和 V_C 常量
        System.out.println(InterfaceC.V_A);
        System.out.println(InterfaceC.V_B);
        System.out.println(InterfaceC.V_C);
        //声明第三个接口变量,并指向其实现类的实例对象
```

```
        InterfaceC ic = new InterfaceExtendsDemo();
        //调用接口中的方法
        ic.testA();
        ic.testB();
        ic.testC();
    }

}
```

上述代码分别定义了三个接口：InterfaceA、InterfaceB 和 InterfaceC，其中 InterfaceC 接口继承 InterfaceA 和 InterfaceB 这两个接口，因此 InterfaceC 接口将获得这两个接口中定义的常量和抽象方法。当 InterfaceExtendsDemo 类实现 InterfaceC 接口时，需要将三个抽象方法都实现。在 main()方法中可以直接使用 InterfaceC 来访问 V_A、V_B 和 V_C 这三个常量，也可以通过 InterfaceC 接口的实现类的实例对象访问 testA()、testB()和 testC()这三个方法。

运行结果如下所示：

```
10
20
30
testA()方法
testB()方法
testC()方法
```

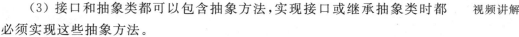 **注意** 一个 Java 源文件中可以有多个接口和类，但最多只能有一个接口或类是 public，且该源文件的文件名必须与 public 接口名或类名一致。例如，在 MyInterface.java 源文件中文件名与 public 接口的接口名 MyInterface 一致；在 InterfaceExtendsDemo.java 源文件中有三个接口和一个类，文件名与 public 类的类名 InterfaceExtendsDemo 一致。

接口和抽象类有很多相似之处，都具有如下特征：

（1）接口和抽象类都不能被实例化，需要被其他类实现或继承；

（2）接口和抽象类的类型变量都可以指向其实现类或子类的实例对象；

（3）接口和抽象类都可以包含抽象方法，实现接口或继承抽象类时都必须实现这些抽象方法。

视频讲解

但接口和抽象类之间是有区别的，这种区别主要体现在二者的设计目的上：

（1）接口体现的是一种规范，这种规范类似于总纲，是系统各模块应该遵循的标准，以便各模块之间实现耦合以及通信功能；

（2）抽象类体现的是一种模板式设计。抽象类可以被当成系统实现过程中的中间产品，该产品已实现了部分功能但不能当成最终产品，必须进一步完善，而完善可能有几种不同方式。

除了设计目的的不同,接口和抽象类在使用过程中还需注意以下几点区别:

(1)接口中除了默认方法和类方法,不能为普通方法提供方法实现(没有方法体);而抽象类则完全可以为普通方法提供方法实现;

(2)接口中定义的变量默认是 public static final,且必须赋初值,其实现类中不能重新定义,也不能改变其值,即接口中定义的变量都是最终的静态常量;而抽象类中的定义的变量与普通类一样,默认是 friendly,其实现类可以重新定义,也可以根据需要改变其值;

(3)接口中定义的方法都默认是 public,而抽象类则与类一样默认的是 friendly;

(4)接口不包含构造方法,而抽象类可以包含构造方法,抽象类的构造方法不是用于创建对象,而是让其子类调用以便完成初始化操作;

(5)一个类最多只能有一个直接父类,包括抽象类;但一个类可以直接实现多个接口;一个接口可以有多个父接口。

6.2.4 面向接口编程

视频讲解

前面已经提到,接口体现的是一种规范和实现分离的设计哲学,充分利用接口能够降低程序各模块之间的耦合,从而提高系统的可扩展性以及可维护性。基于这种原则,许多软件设计架构都倡导面向接口编程,而不是面向实现类编程,以便通过面向接口编程来降低程序之间的耦合。

下面以面向接口编程常用的简单工厂模式为例,示范面向接口编程的优势。

有一个场景:一个工厂 Factory 能够生产一种产品 ProductA,有一天客户要求生产 ProductB,如果之前 Factory 直接使用 ProductA 进行生产,则系统需要使用 ProductB 代替 ProductA 进行重构;如果系统只有一处使用了 ProductA 还比较好修改,但如果系统有多处使用了 ProductA,则意味着每个都需要修改,这将给系统后期的维护和扩展工作带来巨大的工作量。

为了避免这种问题的产生,可以使用简单工厂模式进行解决,如图 6-4 所示。

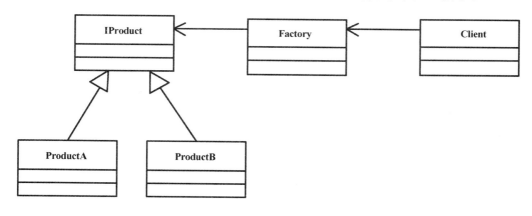

图 6-4 简单工厂模式

具体代码如下。

【代码 6-8】 IProduct.java

```java
package com.qst.chapter06.simplefactory;
/*
 * 产品的抽象接口
 */
public interface IProduct {
    //获取产品
    String get();
}
```

【代码 6-9】 ProductA.java

```java
package com.qst.chapter06.simplefactory;
//ProductA 实现 IProduct 接口
public class ProductA implements IProduct{
    //实现接口中的抽象方法
    public String get() {
        return "ProductA 生产完毕!";
    }
}
```

【代码 6-10】 ProductB.java

```java
package com.qst.chapter06.simplefactory;

//ProductB 实现 IProduct 接口
public class ProductB implements IProduct {
    //实现接口中的抽象方法
    public String get() {
        return "ProductB 生产完毕!";
    }
}
```

【代码 6-11】 Factory.java

```java
package com.qst.chapter06.simplefactory;

//工厂类
public class Factory {
    //根据客户要求生产产品
    public static IProduct getProduct(String name) {
        IProduct p = null;
        if (name.equals("ProductA")) {
            p = new ProductA();
        } else if (name.equals("ProductB")) {
```

```
                    p = new ProductB();
                }
                return p;
            }

    }
```

【代码 6-12】　**Client. java**

```java
package com.qst.chapter06.simplefactory;

//客户测试类
public class Client {

    public static void main(String[] args) {
        //客户要求生产 ProductA
        IProduct p = Factory.getProduct("ProductA");
        System.out.println(p.get());
        //客户要求生产 ProductB
        p = Factory.getProduct("ProductB");
        System.out.println(p.get());
    }

}
```

运行结果如下所示：

```
ProductA 生产完毕!
ProductB 生产完毕!
```

　　通过简单工厂模式，可以把所有生产 IProduct 接口实现类对象的逻辑都集中在 Factory 工厂类中，外界通过 IProduct 接口进行耦合，没有必要知道具体 ProductA 类和 ProductB 类。当客户要求生产 ProductC 时，只需使 ProductC 实现 IProduct 接口，并在 Factory 中增加生产 ProductC 即可。这种面向接口的编程方式，大大增强了系统的可扩展性。

6.3　instanceof 关键字

视频讲解

　　Java 的多态性机制导致了声明的变量类型和实际引用的类型可能不一致，同类型的两个引用变量调用同一个方法时也可能会有不同的行为。为更准确地鉴别一个对象的真正类型，可以使用 instanceof 关键字进行判断。

　　使用 instanceof 关键字判断对象类型的语法格式如下：

【语法】

```
引用类型变量 instanceof 引用类型
```

instanceof 关键字用于判断前面的"引用类型变量"是否是后面的"引用类型",或者其子类、实现类的实例；如果是,则返回 true,否则返回 false。

【示例】 使用 instanceof 判断对象类型

```
p instanceof ProductA
```

下述代码用于演示 instanceof 关键字的使用。

【代码 6-13】 **InstanceofDemo. java**

```java
package com.qst.chapter06;

public class InstanceofDemo {

    public static void main(String[] args) {
        //声明 hello 时使用 Object 类,则 hello 的编译类型是 Object
        //Object 是所有类的父类, 但 hello 变量的实际类型是 String
        Object hello = "Hello";
        //String 与 Object 类存在继承关系,可以进行 instanceof 运算,返回 true
        System.out.println("字符串是否是 Object 类的实例: " + (hello instanceof Object));
        System.out.println("字符串是否是 String 类的实例: " + (hello instanceof String));
                                                            //返回 true
        //Math 与 Object 类存在继承关系,可以进行 instanceof 运算,返回 false
        System.out.println("字符串是否是 Math 类的实例: " + (hello instanceof Math));
        //String 实现了 Comparable 接口,所以返回 true
        System.out.println("字符串是否是 Comparable 接口的实例: "
                + (hello instanceof Comparable));

        String a = "Hello";
        //String 类与 Math 类没有继承关系,所以下面代码编译无法通过
        //System.out.println("字符串是否是 Math 类的实例: "
        //+ (a instanceof Math));
    }

}
```

上述代码中定义了一个 Object 类型变量 hello,该变量编译时的类型是 Object,但实际类型是 String。因为 Object 是所有类的父类,因此可以执行 hello instanceof String 和 hello instanceof Math 等。但 String 类型既不是 Math 类,也不是 Math 类的父类,因此 a instanceof Math 这行代码会编译出错。

运行结果如下所示:

```
字符串是否是 Object 类的实例: true
字符串是否是 String 类的实例: true
字符串是否是 Math 类的实例: false
字符串是否是 Comparable 接口的实例: true
```

【示例】 使用 instanceof 解决向下转型的安全性问题

子类对象转换成父类对象称为向上转型,是安全的,可以自动进行类型转换。父类对象

转换成子类对象称为向下转型,是不安全的,需进行强制类型转换。一般情况下,在类型转型之前使用 instanceof 判断对象类型,这样可以进行比较安全的类型转换,避免引发 ClassCastException 异常。

【代码 6-14】　**InstanceofCastDemo. java**

```java
package com.qst.chapter06;
class Animal {
    public void eat(){
        System.out.println("animal eatting!");
    }
}
class Bird extends Animal{
    public void eat(){
        System.out.println("bird eatting!");
    }
    public void fly(){
        System.out.println("bird flying!");
    }
}
public class InstanceofCastDemo {
    public static void main(String[] args) {
        Bird birdA = new Bird();
        Animal animalA = birdA;        //向上自动转型
        animalA.eat();
        Animal animalB = new Animal();
        //不安全的向下强制转型,运行时抛出 ClassCastException
        //Bird bird = (Bird)animalB;
        //安全的向下强制转型
        cast(animalB);
        cast(animalA);
    }
    public static void cast(Animal a){
        if(a instanceof Bird){
            Bird bird = (Bird)a;        //向下强制转型
            bird.fly();
        }
    }
}
```

上述代码中定义了一个 Bird 对象 birdA,向上自动转型为 Animal 对象 animalA。定义了一个 Animal 对象 animalB,如果运行代码 Bird bird ＝ (Bird)animalB,animalB 是父类对象,强制转换为 Bird 对象,是不安全的向下强制转型,运行时抛出 ClassCastException,所以,在进行向下强制转型前,应使用 instanceof 进行类型判断。

运行结果如下所示:

```
bird eatting!
bird flying!
```

注意 在使用 instanceof 时要注意,该关键字前面变量在编译时类型要么与后面的类型相同,要么与后面的类型具有继承关系,否则会引起编译错误。instanceof 运算符的作用是在强制类型转换之前,首先判断该对象是否是后面类型的实例,如果是,再进行转换,从而保证代码更加健壮。

6.4 贯穿任务实现

6.4.1 实现【任务 6-1】

下述代码实现 Q-DMS 贯穿项目中的【任务 6-1】创建数据分析接口。

【任务 6-1】 IDataAnalyse. java

```
package com.qst.dms.gather;

//数据分析接口
public interface IDataAnalyse {
    //进行数据匹配
    Object[] matchData();
}
```

上述代码定义一个 IDataAnalyse 接口,该接口中声明一个用于数据匹配的 matchData()抽象方法。

6.4.2 实现【任务 6-2】

下述代码实现 Q-DMS 贯穿项目中的【任务 6-2】创建数据过滤抽象类。

【任务 6-2】 DataFilter. java

```
package com.qst.dms.gather;

import com.qst.dms.entity.DataBase;

//数据过滤抽象类
public abstract class DataFilter {
    //数据集合
    private DataBase[] datas;

    public DataBase[] getDatas() {
        return datas;
    }

    public void setDatas(DataBase[] datas) {
        this.datas = datas;
    }

    //构造方法
```

```
    public DataFilter() {

    }

    public DataFilter(DataBase[] datas) {
        this.datas = datas;
    }

    //数据过滤抽象方法
    public abstract void doFilter();
}
```

上述代码定义一个 DataFilter 数据过滤抽象类,该类中定义一个 datas 数据对象数组,用于存储进行过滤处理的数组,并声明一个用于数据过滤处理的 doFilter()抽象方法。

6.4.3　实现【任务 6-3】

下述代码实现 Q-DMS 贯穿项目中的【任务 6-3】编写日志数据分析类和物流数据分析类。

【任务 6-3】　LogRecAnalyse. java

```
package com.qst.dms.gather;

import com.qst.dms.entity.DataBase;
import com.qst.dms.entity.LogRec;
import com.qst.dms.entity.MatchedLogRec;

//日志分析类,继承 DataFilter 抽象类,实现数据分析接口
public class LogRecAnalyse extends DataFilter implements IDataAnalyse {
    //"登录"集合
    private LogRec[] logIns;
    //"登出"集合
    private LogRec[] logOuts;

    //构造方法
    public LogRecAnalyse() {
    }

    public LogRecAnalyse(LogRec[] logRecs) {
        super(logRecs);
    }

    //实现 DataFilter 抽象类中的过滤抽象方法
    public void doFilter() {
        //获取数据集合
        LogRec[] logs = (LogRec[]) this.getDatas();
        //根据日志登录状态统计不同状态的日志个数
        int numIn = 0;
        int numOut = 0;
        //遍历统计
```

```java
        for (LogRec rec : logs) {
            if (rec.getLogType() == LogRec.LOG_IN) {
                numIn++;
            } else if (rec.getLogType() == LogRec.LOG_OUT) {
                numOut++;
            }
        }
        //创建登录、登出数组
        logIns = new LogRec[numIn];
        logOuts = new LogRec[numOut];
        //数组下标记录
        int indexIn = 0;
        int indexOut = 0;
        //遍历,对日志数据进行过滤,根据日志登录状态分别放在不同的数组中
        for (LogRec rec : logs) {
            if (rec.getLogType() == LogRec.LOG_IN) {
                //添加到"登录"日志数组中,indexIn 下标增 1
                logIns[indexIn++] = rec;
            } else if (rec.getLogType() == LogRec.LOG_OUT) {
                //添加到"登出"日志数组中,indexOut 下标增 1
                logOuts[indexOut++] = rec;
            }
        }
    }


    //实现 IDataAnalyse 接口中数据分析方法
    public Object[] matchData() {
        //创建日志匹配数组
        MatchedLogRec[] matchLogs = new MatchedLogRec[logIns.length];
        //日志匹配数组下标记录
        int index = 0;
        //数据匹配分析
        for (LogRec in : logIns) {
            for (LogRec out : logOuts) {
                if ((in.getUser().equals(out.getUser()))
                        & (in.getIp().equals(out.getIp()))
                        & out.getType()!= DataBase、MATHCH){
                    //修改 in 和 out 日志状态类型为"匹配"
                    in.setType(DataBase.MATHCH);
                    out.setType(DataBase.MATHCH);
                    //添加到匹配数组中
                    matchLogs[index++] = new MatchedLogRec(in, out);
                }
            }
        }
        return matchLogs;
    }
}
```

【任务 6-3】 **TransportAnalyse. java**

```java
package com.qst.dms.gather;

import com.qst.dms.entity.DataBase;
import com.qst.dms.entity.LogRec;
import com.qst.dms.entity.MatchedTransport;
import com.qst.dms.entity.Transport;


//物流分析类,继承 DataFilter 抽象类,实现数据分析接口
public class TransportAnalyse extends DataFilter implements IDataAnalyse {
    //发货集合
    private Transport[] transSends;
    //送货集合
    private Transport[] transIngs;
    //已签收集合
    private Transport[] transRecs;
    //构造方法
    public TransportAnalyse() {
    }

    public TransportAnalyse(Transport[] trans) {
        super(trans);
    }

    //实现 DataFilter 抽象类中的过滤抽象方法
    public void doFilter() {
        //获取数据集合
        Transport[] trans = (Transport[]) this.getDatas();
        //根据物流状态统计不同状态的物流个数
        int numSend = 0;
        int numTran = 0;
        int numRec = 0;
        //遍历统计
        for (Transport tran : trans) {
            if (tran.getTransportType() == Transport.SENDDING) {
                numSend++;
            } else if (tran.getTransportType() == Transport.TRANSPORTING) {
                numTran++;
            } else if (tran.getTransportType() == Transport.RECIEVED) {
                numRec++;
            }
        }
        //创建不同状态的物流数组
        transSends = new Transport[numSend];
        transIngs = new Transport[numTran];
        transRecs = new Transport[numRec];
        //数组下标记录
        int indexSend = 0;
        int indexTran = 0;
```

```
        int indexRec = 0;
        //遍历,对物流数据进行过滤,根据物流状态分别放在不同的数组中
        for (Transport tran : trans) {
            if (tran.getTransportType() == Transport.SENDDING) {
                transSends[indexSend++] = tran;
            } else if (tran.getTransportType() == Transport.TRANSPORTING) {
                transIngs[indexTran++] = tran;
            } else if (tran.getTransportType() == Transport.RECIEVED) {
                transRecs[indexRec++] = tran;
            }
        }

    }

    //实现 IDataAnalyse 接口中数据分析方法
    public Object[] matchData() {
        //创建物流匹配数组
        MatchedTransport[] matchTrans = new MatchedTransport[transSends.length];
        //日志匹配数组下标记录
        int index = 0;
        //数据匹配分析
        for (Transport send : transSends) {
            for (Transport tran : transIngs) {
                for (Transport rec : transRecs) {
                    if ((send.getReciver().equals(tran.getReciver()))
                            & (send.getReciver().equals(rec.getReciver()))
                            & (tran.getTyPe()!= DataBase.MATHCH)
                            & (rec.getTyPe()!= DataBase.MATHCH)){
                        //修改物流状态类型为"匹配"
                        send.setType(DataBase.MATHCH);
                        tran.setType(DataBase.MATHCH);
                        rec.setType(DataBase.MATHCH);
                        //添加到匹配数组中
                        matchTrans[index++] = new MatchedTransport(send, tran,
                            rec);
                    }
                }
            }
        }
        return matchTrans;
    }
}
```

上述代码中定义的两个数据分析类都继承了 DataFilter 抽象类,并实现 IDataAnalyse
接口,因此都需实现 doFilter()和 matchData()这两个抽象方法。

6.4.4　实现【任务 6-4】

下述代码实现 Q-DMS 贯穿项目中的【任务 6-4】编译一个测试类测试日志、物流数据的分析。

【任务 6-4】 DataGatherDemo.java

```java
package com.qst.dms.dos;

import com.qst.dms.entity.LogRec;
import com.qst.dms.entity.MatchedLogRec;
import com.qst.dms.entity.MatchedTransport;
import com.qst.dms.entity.Transport;
import com.qst.dms.gather.LogRecAnalyse;
import com.qst.dms.gather.TransportAnalyse;
import com.qst.dms.service.LogRecService;
import com.qst.dms.service.TransportService;

//数据分析测试
public class DataGatherDemo {

    public static void main(String[] args) {
        //创建一个日志业务类
        LogRecService logService = new LogRecService();
        //创建一个日志对象数组,用于存放采集的三个日志信息
        LogRec[] logs = new LogRec[3];
        for (int i = 0; i < logs.length; i++) {
            System.out.println("第" + (i + 1) + "个日志数据采集：");
            logs[i] = logService.inputLog();
        }
        //创建日志数据分析对象
        LogRecAnalyse logAn = new LogRecAnalyse(logs);
        //日志数据过滤
        logAn.doFilter();
        //日志数据分析
        Object[] objs = logAn.matchData();
        //判断 objs 数组是否是配置日志数组
        if (objs instanceof MatchedLogRec[]) {
            //将对象数组强制类型转换成配置日志数组
            MatchedLogRec[] matchLogs = (MatchedLogRec[]) objs;
            //输出匹配的日志信息
            logService.showMatchLog(matchLogs);
        }
        //创建一个物流业务类
        TransportService tranService = new TransportService();
        //创建一个物流对象数组,用于存放采集的四个物流信息
        Transport[] transports = new Transport[4];
        for (int i = 0; i < transports.length; i++) {
            System.out.println("第" + (i + 1) + "个物流数据采集：");
            transports[i] = tranService.inputTransport();
        }
        //创建物流数据分析对象
        TransportAnalyse transAn = new TransportAnalyse(transports);
        //物流数据过滤
        transAn.doFilter();
```

```
            //物流数据分析
            objs = transAn.matchData();
            //判断 objs 数组是否是配置物流数组
            if (objs instanceof MatchedTransport[]) {
                //将对象数组强制类型转换成配置物流数组
                MatchedTransport[] matchTrans = (MatchedTransport[]) objs;
                //输出匹配的物流信息
                tranService.showMatchTransport(matchTrans);
            }
        }
    }
```

上述代码接收日志和物流数据,并对数据进行过滤和分析,只输出匹配成功的数据。运行结果如下所示:

```
第 1 个日志数据采集:
请输入 ID 标识:
1001
请输入地址:
青岛
请输入 登录用户名:
zhaokl
请输入 主机 IP:
192.168.1.1
请输入登录状态:1 是登录,0 是登出
1
第 2 个日志数据采集:
请输入 ID 标识:
1002
请输入地址:
青岛
请输入 登录用户名:
zhaokl
请输入 主机 IP:
192.168.1.1
请输入登录状态:1 是登录,0 是登出
0
第 3 个日志数据采集:
请输入 ID 标识:
1003
请输入地址:
北京
请输入 登录用户名:
zhangsan
请输入 主机 IP:
192.168.1.2
请输入登录状态:1 是登录,0 是登出
1
```

```
1001,Sun Nov 02 20:37:38 CST 2014,青岛,2,zhaokl,192.168.1.1,1
1002,Sun Nov 02 20:38:07 CST 2014,青岛,2,zhaokl,192.168.1.1,0
第1个物流数据采集:
请输入 ID 标识:
2001
请输入地址:
烟台
请输入货物经手人:
张三
请输入 收货人:
zhaokl
请输入物流状态:1 发货中,2 送货中,3 已签收
1
第2个物流数据采集:
请输入 ID 标识:
2002
请输入地址:
济南
请输入货物经手人:
李四
请输入 收货人:
zhaokl
请输入物流状态:1 发货中,2 送货中,3 已签收
2
第3个物流数据采集:
请输入 ID 标识:
2003
请输入地址:
青岛
请输入货物经手人:
王五
请输入 收货人:
zhaokl
请输入物流状态:1 发货中,2 送货中,3 已签收
3
第4个物流数据采集:
请输入 ID 标识:
2004
请输入地址:
青岛
请输入货物经手人:
马六
请输入 收货人:
zhangsan
请输入物流状态:1 发货中,2 送货中,3 已签收
1
2001,Sun Nov 02 20:39:35 CST 2014,烟台,2,张三,1
2002,Sun Nov 02 20:40:15 CST 2014,济南,2,李四,2
2003,Sun Nov 02 20:40:51 CST 2014,青岛,2,王五,3
```

本章总结

小结

- 抽象类和抽象方法必须使用 abstract 关键字来修饰
- 抽象类不能被实例化
- 抽象方法是未实现的方法,它与空方法是两个完全不同的概念
- abstract 也不能和 private、static、final 或 native 同时修饰同一方法
- 接口用来弥补 Java 只支持单一继承的缺陷
- 定义接口使用 interface 关键字
- 接口体内定义的常量、方法等都默认为 public
- 接口不能直接实例化
- implements 关键字用于实现接口
- 一个接口继承多个接口时,多个接口跟在 extends 关键字之后,并使用逗号","进行间隔
- instanceof 关键字用于判断对象类型

Q&A

1. 问题:抽象类和接口的共同点。

回答:接口和抽象类都不能被实例化,需要被其他类实现或继承;接口和抽象类的类型变量都可以指向其实现类或子类的实例对象;接口和抽象类都可以包含抽象方法,实现接口或继承抽象类时都必须实现这些抽象方法。

2. 问题:抽象类和接口的区别。

回答:接口体现的是一种规范,抽象类体现的是一种模板式设计;接口中除了默认方法和类方法,不能为普通方法提供方法实现(没有方法体);而抽象类则完全可以为普通方法提供方法实现;接口中定义的变量默认是 public static final,且必须赋初值,其实现类中不能重新定义,也不能改变其值,即接口中定义的变量都是最终的静态常量;而抽象类中的定义的变量与普通类一样,默认是 friendly,其实现类可以重新定义,也可以根据需要改变其值;接口中定义的方法都默认是 public,而抽象类则与类一样都是默认的 friendly;接口不包含构造方法,而抽象类可以包含构造方法,抽象类的构造方法不是用于创建对象,而是让其子类调用以便完成初始化操作;一个类最多只能有一个直接父类,包括抽象类;但一个类可以直接实现多个接口。

章节练习

习题

1. 实现接口的关键字是_____。

A. abstract   B. static   C. implements   D. extends

2. 下面说法不正确的是_____。

    A. 抽象类不能直接实例化

    B. abstract 不能与 final 同时修饰一个类

    C. final 类可以有子类

    D. 抽象类中可以没有抽象方法

3. 下面代码的运行结果是_____。

```
abstract class Base {
    abstract void method();
    static int i;
}
public class Mine extends Base {
    public static void main(String argv[]) {
        int[] ar = new int[5];
        for(i = 0; i < ar.length; i++)
            System.out.println(ar[i]);
    }
}
```

    A. 一个 0～5 的序列将被打印

    B. 有错误，ar 使用之前将被初始化

    C. 有错误，Mine 类必须声明成 abstract

    D. 报 IndexOutOfBoundes 错误

4. 下列关于抽象类说法中，错误的是_____。

    A. 抽象类需要在 class 前用关键字 abstract 进行修饰

    B. 抽象方法可以有方法体

    C. 有抽象方法的类一定是抽象类

    D. 抽象类可以没有抽象方法

5. 关于接口描述错误的是_____。

    A. 接口中的所有方法都是抽象方法

    B. 一个类可以实现多个接口，接口之间使用逗号进行间隔

    C. 使用接口变量指向该接口的实现类的实例对象，这种使用方式也是多态性的一
       种体现

    D. 接口可以继承接口，使用 extends 关键字，接口的继承和类的继承一样，都是单
       继承

6. 下面说法不正确的是_____。

    A. 一个类在实现一个或多个接口，所有 Java 是支持多继承的

    B. implements 关键字用于实现接口

    C. 不能对接口直接实例化

    D. 接口的继承与类的继承不一样，接口完全支持多重继承

7. 下面关于抽象方法说法不正确的是_____。

    A. 一个抽象类中可以含有多个抽象方法,不能包含已实现的方法

    B. 实现一个接口,但没有完全实现接口中包含的抽象方法的类是抽象类

    C. 继承一个抽象类,但没有完全实现父类包含的抽象方法的类是抽象类

    D. 一个类可以继承抽象类的同时实现一个或多个接口

上机

1. 训练目标:接口的使用。

培养能力	面向接口编程		
掌握程度	★★★★★	难度	难
代码行数	300	实施方式	编码强化
结束条件	独立编写,不出错		
参考训练内容			
(1) 创建一个用于数学运算接口,算术运算加、减、乘和除都继承该接口并实现具体的算术运算。			
(2) 编写一个测试类进行运行测试			

2. 训练目标:抽象类的使用。

培养能力	抽象类的使用		
掌握程度	★★★★★	难度	中
代码行数	200	实施方式	编码强化
结束条件	独立编写,不出错		
参考训练内容			
(1) 定义一个水果抽象类,该类中提供一个水果种植抽象方法,苹果、草莓都继承水果抽象类,并实现该抽象方法。			
(2) 编写一个测试类进行运行测试			

第7章

异常

本章任务是使用异常处理完善"Q-DMS 数据挖掘"系统的数据采集及分析处理:

- 【任务 7-1】 菜单驱动增加异常处理,以防用户输入不合法的菜单。
- 【任务 7-2】 日志和物流数据采集增加异常处理,以防用户输入不合法的数据。
- 【任务 7-3】 自定义数据分析异常类,数据分析处理过程中抛出自定义异常。

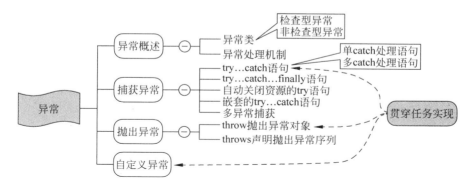

知 识 点	Listen(听)	Know(懂)	Do(做)	Revise(复习)	Master(精通)
异常概述	★	★	★		
捕获异常	★	★	★	★	★
抛出异常	★	★	★	★	
自定义异常	★	★	★		

7.1 异常概述

视频讲解

程序中的错误可以分为三类：语法错误、逻辑错误、运行时错误。程序经过编译和测试后，前两种错误基本可以排除，但在程序运行过程中，仍然可能发生一些预料不到的情况导致程序出错(如要连接数据库服务器但服务器没有启动，要访问用户提供的文件但文件不存在)，这种在运行时出现的意外错误称为"异常"。对异常的处理机制也成为判断一种语言是否成熟的标准。好的异常处理机制会使程序员更容易写出健壮的代码，防止代码中 Bug 的蔓延。在某些语言中，例如传统的 C 语言没有提供异常处理机制，程序员被迫使用多条 if 语句来检测所有可能导致错误的条件，这样会使代码变得非常复杂。而目前主流的编程语言，例如 Java、C♯等都提供了成熟的异常处理机制，可以使程序中的异常处理代码和正常的业务代码分离，一旦出现异常，很容易查到并解决，提高了程序的健壮性。

7.1.1 异常类

程序发生异常时，有很多有用的信息需要保存，Java 提供了丰富的异常类，当异常发生时，运行时环境自动产生相应异常类的对象保存相应的异常信息，这些异常类之间有严格的继承关系。图 7-1 列举了 Java 常见的异常类之间的继承关系。

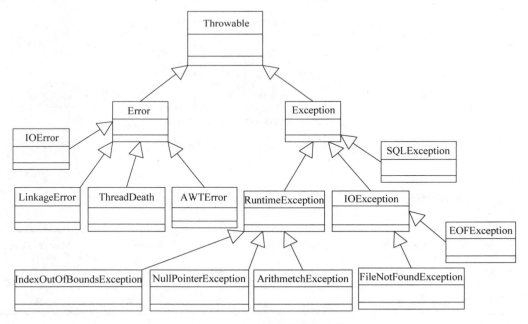

图 7-1　Java 常见异常类的继承关系

Java 中的异常类可以分为两种：

(1) 错误(Error)。一般指与虚拟机相关的问题，如系统崩溃、虚拟机错误、动态链接失败等，这些错误无法恢复或捕获，将导致应用程序中断。

（2）异常（Exception）。因程序编码错误或外在因素导致的问题,这些问题能够被系统捕获并进行处理,从而避免应用程序非正常中断,例如,除以 0、对负数开平方根、空指针访问等。

Throwable 是所有异常类的父类,Error 和 Exception 都继承此类。当程序产生 Error时,因系统无法捕获 Error 并处理,程序员将无能为力,程序只能中断;而当发生 Exception时,系统可以捕获并做出处理,因此本章所介绍的异常处理操作都是针对 Exception 及其子类而言的。

Exception 异常从编程角度又可以分为以下两种类型:

（1）非检查型异常。编译器不要求强制处置的异常,该异常是因编码或设计不当导致的,这种异常可以避免,RuntimeException 及其所有子类都属于非检查型异常。

（2）检查型异常。编译器要求必须处理的异常,该异常是程序运行时因外界因素而导致的,Exception 及其子类（RuntimeException 及其子类除外）都属于检查型异常。

常用的异常类说明如表 7-1 所示。

表 7-1　常用的异常类

异常分类	类　名	说　明
非检查型异常	ArrayIndexOutOfBoundsException	数组下标越界异常
	NullPointerException	空指针访问异常
	NumberFormatException	数字格式化异常
	ArithmeticException	算术异常,如除以 0 溢出
	ClassCastException	类型转换不匹配异常
检查型异常	SQLException	数据库访问异常
	IOException	文件操作异常
	FileNotFoundException	文件不存在异常
	ClassNotFoundException	类没找到异常

注意　检查型异常体现了 Java 语言的严谨性,程序员必须对该类型的异常进行处理,否则程序编译不通过,无法运行。RuntimeException 及其子类都是 Exception 的子类,Exception 是所有能够处理的异常的父类。读者应记住常用的异常类,并掌握在哪些情况下会出现这些异常,以便对异常进行处理,保证程序的正常运行。

7.1.2　异常处理机制

异常是在程序执行期间产生的,会中断正常的指令流,使程序不能正常执行下去。例如,除法运算时除以 0、数组下标越界等,都会产生异常,影响程序的正常执行。下述代码会产生除以 0 的算术异常,程序不能正常执行完毕,最后的输出语句不会输出。

【代码 7-1】　ExceptionDemo1.java

```
package com.qst.chapter07;

public class ExceptionDemo1 {
    public static void main(String[] args) {
```

```
        //产生除以 0 的算术异常,程序中断
        int i = 10 / 0;
        //因执行上一句代码时程序产生异常,中断,该条语句不会执行
        System.out.println("end");
    }
}
```

运行结果如下所示:

```
Exception in thread "main" java.lang.ArithmeticException: / by zero
    at com.qst.chapter07.TryCatchDemo.main(TryCatchDemo.java:7)
```

通过运行结果可以看到提示"/by zero"的 ArithmeticException 算术异常,程序中断,最后的输出语句没有执行,end 字符串没有显示。

为了使程序出现异常时也能正常运行下去,需要对异常进行相关的处理操作,这种操作称为"异常处理"。

Java 的异常处理机制可以让程序具有良好的容错性,当程序运行过程中出现意外情况发生时,系统会自动生成一个异常对象来通知程序,程序再根据异常对象的类型进行相应的处理。

Java 提供的异常处理机制有两种:

(1)使用 try...catch 捕获异常。将可能产生异常的代码放在 try 语句中进行隔离,如果遇到异常,程序会停止执行 try 块的代码,跳到 catch 块中进行处理。

(2)使用 throws 声明抛出异常。当前方法不知道如何处理所出现的异常,该异常应由上一级调用者进行处理,可在定义该方法时使用 throws 声明抛出异常。

Java 的异常处理机制具有以下几个优点:

(1)异常处理代码和正常的业务代码分离,提高了程序的可读性,简化了程序的结构,保证了程序的健壮性;

(2)将不同类型的异常进行分类,不同情况的异常对应不同的异常类,充分发挥类的可扩展性和可重用性的优势;

(3)可以对程序产生的异常进行灵活处理,如果当前方法有能力处理异常,就使用 try...catch 捕获并处理;否则使用 throws 声明要抛出的异常,由该方法的上一级调用者来处理异常。

7.2　捕获异常

Java 中捕获异常并处理的语句有以下几种:

(1)try...catch 语句;

(2)try...catch...finally 语句;

(3)自动关闭资源的 try 语句;

(4)嵌套的 try...catch 语句;

(5)多异常捕获。

视频讲解

7.2.1 try...catch 语句

try...catch 语句的语法格式如下：

【语法】

```
try {
    //业务实现代码(可能发生异常)
    …
}
catch (异常类 1 异常对象) {
    //异常类 1 的处理代码
}
catch (异常类 2 异常对象) {
    //异常类 2 的处理代码
}
…//可以有多个 catch 语句
catch (异常类 n 异常对象) {
    //异常类 n 的处理代码
}
```

其中：

（1）执行 try 语句中的业务代码出现异常时，系统会自动生成一个异常对象，该异常对象被提交给 Java 运行时环境，此过程称为"抛出异常"；

（2）当 Java 运行时环境收到异常对象时，会寻找能处理该异常对象的 catch 语句，即跟 catch 语句中的异常类型进行一一匹配，如果匹配成功，则执行相应的 catch 块进行处理，这个过程称为"捕获异常"；

（3）try 语句后可以有一条或多条 catch 语句，这是针对不同的异常类提供不同的异常处理方式。

1. 单 catch 处理语句

单 catch 处理语句只有一个 catch，是最简单的捕获异常处理语句。下述代码使用单 catch 处理语句对异常进行捕获并处理。

【代码 7-2】 **SingleCatchDemo. java**

```java
package com.qst.chapter07;

public class SingleCatchDemo {
    public static void main(String[] args) {
        try {
            //产生除以 0 的算术异常
            int i = 10 / 0;
            System.out.println("i的值为: " + i);
        } catch (Exception e) {
            //输出异常信息
```

```
            e.printStackTrace();
        }
        //该条语句继续执行
        System.out.println("end");
    }
}
```

上述代码中 catch 语句只有一条,其处理的异常类型是 Exception;e 是异常对象名,这里可以将每个 catch 块看成一个方法,e 就是形参,将来的实参是运行时环境根据错误情况自动产生的异常类对象,方法的调用是自动调用。而 e.printStackTrace()方法将异常信息输出。

所有异常对象都包含以下几个常用方法用于访问异常信息:

(1) getMessage()方法——返回该异常的详细描述字符串;

(2) printStackTrace()方法——将该异常的跟踪栈信息输出到标准错误输出;

(3) printStackTrace(PrintStream s)方法——将该异常的跟踪栈信息输出到指定输出流;

(4) getStackTrace()方法——返回该异常的跟踪栈信息。

运行结果如下所示:

```
java.lang.ArithmeticException: / by zero
    at com.qst.chapter07.SingleCatchDemo.main(SingleCatchDemo.java:8)
end
```

通过运行结果可以分析出,当执行 try 块中的语句产生异常时,try 块中剩下的代码不会再执行,而是执行 catch 语句;catch 语句处理结束后,程序继续向下运行。因此,最后的输出语句会被执行,end 字符串被输出显示,程序正常退出。

单 catch 处理语句的执行流程如图 7-2 所示。

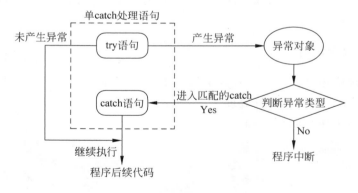

图 7-2　单 catch 处理语句执行流程

2. 多 catch 处理语句

多 catch 处理语句有多个 catch,是最常用的、针对不同异常进行捕获处理的语句。下述代码使用多 catch 处理语句对多种异常进行捕获并处理。

【代码 7-3】　MultiCatchDemo. java

```java
package com.qst.chapter07;

import java.util.Scanner;

public class MultiCatchDemo {

    public static void main(String[] args) {
        Scanner scanner = new Scanner(System.in);
        int array[] = new int[3];
        try {
            System.out.println("请输入第 1 个数: ");
            //从键盘获取一个字符串
            String str = scanner.next();
            //将不是整数数字的字符串转换成整数,会引发 NumberFormatException
            int n1 = Integer.parseInt(str);
            System.out.println("请输入第 2 个数: ");
            //从键盘获取一个整数
            int n2 = scanner.nextInt();
            //两个数相除,如果 n2 是 0,会引发 ArithmeticException
            array[1] = n1 / n2;
            //给 a[3]赋值,数组下标越界,引发 ArrayIndexOutOfBoundsException)
            array[3] = n1 * n2;
            System.out.println("两个数的和是" + (n1 + n2));
        } catch (NumberFormatException ex) {
            System.out.println("数字格式化异常!");
        } catch (ArithmeticException ex) {
            System.out.println("算术异常!");
        } catch (ArrayIndexOutOfBoundsException ex) {
            System.out.println("下标越界异常!");
        } catch (Exception ex) {
            System.out.println("其他未知异常!");
        }
        System.out.println("程序结束!");
    }
}
```

上述代码中,try 语句后跟着四条 catch 语句,分别针对 NumberFormatException、ArithmeticException、ArrayIndexOutOfBoundsException 和 Exception 这四种类型的异常进行处理。Java 对多种异常类捕获处理流程如图 7-3 所示。

上述代码根据输入数据的不同,其执行结果也会不同。

当从键盘输入 hello 时,将该字符串转换成整数会产生 NumberFormateException 异常,因此对应的异常处理会输出"数字格式化异常!",运行结果如下所示:

```
请输入第 1 个数:
hello
数字格式化异常!
程序结束!
```

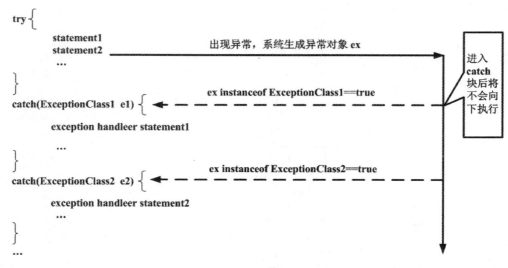

图 7-3 异常捕获流程

当输入的第二个数是 0 时,会产生 ArithmeticException 算术异常,运行结果如下所示:

```
请输入第 1 个数:
8
请输入第 2 个数:
0
算术异常!
程序结束!
```

当输入的两个数都正确时,会执行到"array[3] = n1 * n2"语句,因数组 a 的长度为 3,其下标取值为 0~2,所以使用 array[3]会产生数组下标越界异常,运行结果如下所示:

```
请输入第 1 个数:
8
请输入第 2 个数:
6
下标越界异常!
程序结束!
```

由程序的运行结果可以分析出,执行多 catch 处理语句时,当异常对象被其中的一个 catch 语句捕获,则剩下的 catch 语句将不再进行匹配。

多 catch 处理语句的执行流程如图 7-4 所示。

捕获异常的顺序和 catch 语句的顺序有关,因此安排 catch 语句的顺序时,首先应该捕获一些子类异常,然后再捕获父类异常。例如,在上述 MultiCatchDemo.java 代码中,NumberFormatException、ArithmeticException、ArrayIndexOutOfBoundsException 这三种异常的顺序可以颠倒,而最后一个 Exception 异常不能跟前面的异常进行调换,因 Exception 是父类,能够处理所有异常,该异常必须放在最后。下述代码是错误的,编译不会通过。

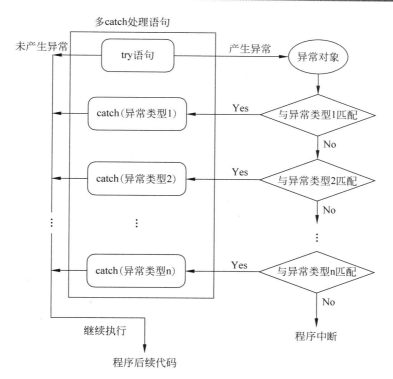

图 7-4　多 catch 处理语句执行流程

```
try {
    ...
} catch (NumberFormatException ex) {
    System.out.println("数字格式化异常!");
} catch (ArithmeticException ex) {
    System.out.println("算术异常!");
} catch (Exception ex) {
    System.out.println("其他未知异常!");
} catch (ArrayIndexOutOfBoundsException ex) {
    System.out.println("下标越界异常!");
}
```

7.2.2　try…catch…finally 语句

视频讲解

在某些时候,程序在 try 块中打开了一些物理资源,例如:数据库连接、网络连接以及磁盘文件读写等,针对这些物理资源,不管是否有异常发生,都必须显式回收;而在 try 块中一旦发生异常,可能会跳过显示回收代码直接进入 catch 块,导致没有正常回收资源。这种情况下就要求某些特定的代码必须被执行。在 Java 异常处理机制中,提供了 finally 块,可以将回收代码放入此块中,不管 try 块中的代码是否出现异常,也不管哪一个 catch 块被执行,甚至在 try 块或

catch 块中执行了 return 语句,finally 块总会被执行。

> **注意** Java 垃圾回收机制不会回收任何物理资源,垃圾回收机制只能回收堆内存中对象所占用的内存。在 Java 程序中,通常使用 finally 回收物理资源。

try...catch...finally 语句的语法格式如下:

【语法】

```
try {
    //业务实现代码(可能发生异常)
    ...
}
catch (异常类 1 异常对象) {
    //异常类 1 的处理代码
}
catch (异常类 2 异常对象) {
    //异常类 2 的处理代码
}
...//可以有多个 catch 语句
catch (异常类 n 异常对象) {
    //异常类 n 的处理代码
}
finally{
    //资源回收语句
}
```

其中:

(1) try 块是必需的,catch 块和 finally 块是可选的,但 catch 块和 finally 块二者至少出现其一,也可以同时出现,即有两种形式的用法:try...finally 和 try...catch...finally;

(2) try...catch...finally 语句中的顺序不能颠倒,所有的 catch 块必须位于 try 块之后,finally 块必须位于所有的 catch 块之后。

下述代码演示 try...catch...finally 语句的使用。

【代码 7-4】 **FinallyDemo. java**

```java
package com.qst.chapter07;

import java.io.FileInputStream;
import java.io.IOException;

public class FinallyDemo {
    public static void main(String[] args) {
        FileInputStream fis = null;
        try {
            //创建一个文件输入流,读指定的文件
            fis = new FileInputStream("zkl.txt");
```

```
    } catch (IOException ioe) {
        System.out.println(ioe.getMessage());
        //return 语句强制方法返回
        return; //①
        //使用 exit 来退出应用
        //System.exit(0); //②
    } finally {
        //关闭磁盘文件,回收资源
        if (fis != null) {
            try {
                fis.close();
            } catch (IOException ioe) {
                ioe.printStackTrace();
            }
        }
        System.out.println("执行 finally 块里的资源回收!");
    }
  }
}
```

上述代码在 try 块中打开一个名为 zkl.txt 的磁盘文件；在 catch 块中使用异常对象的 getMessage()方法获取异常信息,并使用输出语句进行显示；在 finally 块中关闭磁盘文件,回收资源。注意,在程序的 catch 块中①处有一条 return 语句,该语句强制方法返回。通常程序执行到 return 语句时会立即结束当前方法,但现在会在返回之前先执行 finally 块中的代码。

运行结果如下所示：

```
zkl.txt (系统找不到指定的文件。)
执行 finally 块里的资源回收!
```

将①处的 return 语句注释掉,取消②处的代码注释,使用 System.exit(0)语句退出整个应用程序。因应用程序不再执行,所以 finally 块中的代码也失去执行的机会,其运行结果如下所示：

```
zkl.txt (系统找不到指定的文件。)
```

注意 上面程序代码中使用的 FileInputStream 是 Java.IO 体系中的一个文件输入的类,用于读文件。本程序主要是为了演示 try...catch...finally 的使用,而不是对文件进行读写操作。关于 FileInputStream 类的详细介绍参见《Java 8 高级应用与开发》第 1 章内容。

try...catch...finally 语句的执行流程如图 7-5 所示。

注意 除非在 try 块或 catch 块中调用 System.exit()方法退出应用程序,否则不管出现怎样的情况,finally 块中的代码总会被执行。

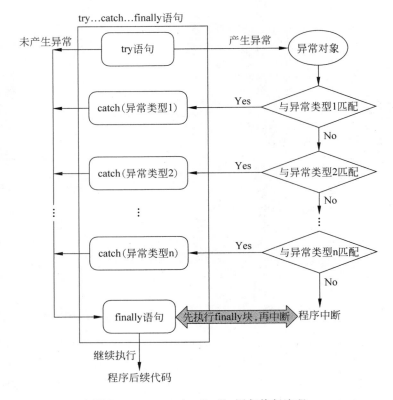

图 7-5　try…catch…finally 语句执行流程

7.2.3　自动关闭资源的 try 语句

在上一个案例中,关闭资源的代码放在 finally 语句中,程序显得有些烦琐。从 Java 7 开始,增强了 try 语句的功能,允许在 try 关键字后紧跟一对小括号,在小括号中可以声明、初始化一个或多个资源,当 try 语句执行结束时会自动关闭这些资源。

自动关闭资源的 try 语句的语法格式如下:

【语法】

```
try (//声明、初始化资源代码){
    //业务实现代码(可能发生异常)
    ...
}
```

自动关闭资源的 try 语句相当于包含了隐式的 finally 块,该 finally 块用于关闭前面所访问的资源。因此,自动关闭资源的 try 语句后面即可以没有 catch 块,也可以没有 finally 块。当然,如果程序需要,自动关闭资源的 try 语句后也可以带多个 catch 块和一个 finally 块。

下述代码演示如何使用自动关闭资源的 try 语句。

【代码 7-5】 **AutoCloseTryDemo. java**

```java
package com.qst.chapter07;

import java.io.FileInputStream;
import java.io.IOException;

public class AutoCloseTryDemo {

    public static void main(String[] args) {
        //自动关闭资源的 try 语句,JDK 7.0 以上才支持
        try (FileInputStream fis = new FileInputStream("zkl.txt")) {
            //对文件的操作...
        } catch (IOException ioe) {
            System.out.println(ioe.getMessage());
        }
        //包含了隐式的 finally 块,fis.close()关闭资源
    }
}
```

上述代码 try 关键字后紧跟一对小括号,在小括号中声明并初始化一个文件输入流,try 语句会自动关闭该资源,这种写法既简洁又安全。

运行结果如下所示:

```
zkl.txt (系统找不到指定的文件。)
```

📝 **注意** 只有 JDK 版本是 7.0 或以上,才能使用自动关闭资源的 try 语句。

7.2.4 嵌套的 try...catch 语句

在某些时候,需要使用嵌套的 try...catch 语句,例如:代码块的某一部分产生一个异常,而整个代码块又有可能引起另外一个异常,此时需要将一个异常处理嵌套到另外一个异常处理中。

下述代码演示嵌套的 try...catch 语句的使用。

【代码 7-6】 **NestingTryCatchDemo. java**

```java
package com.qst.chapter07;

import java.io.FileInputStream;
import java.io.IOException;
import java.util.Scanner;

public class NestingTryCatchDemo {

    public static void main(String[] args) {
        //嵌套的 try...catch 语句
        try {
```

```
            Scanner scanner = new Scanner(System.in);
            System.out.println("请输入第 1 个数: ");
            //从键盘获取一个字符串
            String str = scanner.next();
            //将不是整数数字的字符串转换成整数,会引发 NumberFormatException
            int n1 = Integer.parseInt(str);
            try {
                FileInputStream fis = new FileInputStream("zkl.txt");
            } catch (IOException ioe) {
                System.out.println(ioe.getMessage());
            }
            System.out.println("请输入第 2 个数: ");
            //从键盘获取一个整数
            int n2 = scanner.nextInt();
            System.out.println("您输入的两个数的商是: " + n1 / n2);
        } catch (Exception ex) {
            ex.printStackTrace();
        }
        System.out.println("程序结束!");
    }

}
```

上述代码中,在一个 try...catch 语句中嵌套了另外一个 try...catch 语句。根据输入内容的不同,其运行结果也不同。

当第 1 个数输入 hello 时,运行结果如下所示:

```
请输入第 1 个数:
hello
程序结束!
java.lang.NumberFormatException: For input string: "hello"
    at java.lang.NumberFormatException.forInputString(Unknown Source)
    at java.lang.Integer.parseInt(Unknown Source)
    at java.lang.Integer.parseInt(Unknown Source)
    at com.qst.chapter07.NestingTryCatchDemo.main(NestingTryCatchDemo.java:17)
```

当第 1 个数输入正确,但第 2 个数输入 0 时,运行结果如下所示:

```
请输入第 1 个数:
8
zkl.txt (系统找不到指定的文件.)
请输入第 2 个数:
0
程序结束!
java.lang.ArithmeticException: / by zero
    at com.qst.chapter07.NestingTryCatchDemo.main(NestingTryCatchDemo.java:26)
```

若输入两个正确的数,则运行结果如下所示:

```
请输入第 1 个数：
8
zkl.txt（系统找不到指定的文件.）
请输入第 2 个数：
2
您输入的两个数的商是：4
程序结束！
```

使用嵌套的 try...catch 语句时，如果执行内部的 try 块没有遇到匹配的 catch 块，则将检查外部的 catch 块。

注意　嵌套的 try...catch 语句可以嵌套多层，这方面没有明确的限制，但通常没有必要使用超过两层的嵌套异常处理。层次太深的嵌套异常处理会降低程序的可读性，而且也没有太大的必要，完全可以使用其他方式实现。

7.2.5　多异常捕获

在 Java 7 以前，每个 catch 块只能捕获一种类型的异常；但从 Java 7 开始，一个 catch 块可以捕获多种类型的异常。

使用一个 catch 块捕获多种类型的异常时的语法格式如下：

【语法】

```
try {
    //业务实现代码(可能发生异常)
    ...
}
catch (异常类 A [|异常类 B...|异常类 N] 异常对象) {
    //多异常捕获处理代码
}
...//可以有多个 catch 语句
```

其中：

（1）捕获多种类型的异常时，多种异常类型之间使用竖杠"|"进行间隔；

（2）多异常捕获时，异常变量默认是常量，因此程序不能对该异常变量重新赋值。

下述代码演示如何使用多异常捕获。

【代码 7-7】　**MultiExceptionDemo. java**

```java
package com.qst.chapter07;

import java.util.Scanner;

public class MultiExceptionDemo {

    public static void main(String[] args) {
        try {
            Scanner scanner = new Scanner(System.in);
```

```
        System.out.println("请输入第 1 个数: ");
        //从键盘获取一个字符串
        String str = scanner.next();
        //将不是整数数字的字符串转换成整数,会引发 NumberFormatException
        int n1 = Integer.parseInt(str);
        System.out.println("请输入第 2 个数: ");
        //从键盘获取一个整数
        int n2 = scanner.nextInt();
        System.out.println("您输入的两个数相除的结果是: " + n1 / n2);
    } catch (ArrayIndexOutOfBoundsException |NumberFormatException
            |ArithmeticException ie) {
        System.out.println("程序发生了数组越界、数字格式异常、算术异常之一");
        //捕捉多异常时,异常变量 ie 是默认是常量,不能重新赋值
        //下面一条赋值语句错误!
        //ie = new ArithmeticException("Test"); //①
    } catch (Exception e) {
        System.out.println("未知异常");
        //捕捉一个类型的异常时,异常变量 e 可以被重新赋值
        //下面一条赋值语句正确!
        e = new RuntimeException("Test"); //②
    }
    }
}
```

上述代码中,第一个 catch 语句使用多异常捕获,该 catch 可以捕获处理 ArrayIndex-OutOfBoundsException、NumberFormatException 和 ArithmeticException 三种类型的异常。多异常捕获时,异常变量默认是常量,因此程序中①处的代码是错误的,而②处的代码是正确的。

7.3 抛出异常

视频讲解

Java 中抛出异常可以使用 throw 或 throws 关键字。

（1）使用 throw 抛出一个异常对象:当程序出现异常时,系统会自动抛出异常,除此之外,Java 也允许程序使用代码自行抛出异常,自行抛出异常使用 throw 语句完成;

（2）使用 throws 声明抛出一个异常序列:throws 只能在定义方法时使用。当定义的方法不知道如何处理所出现的异常,而该异常应由上一级调用者进行处理,可在定义该方法时使用 throws 声明抛出异常。

7.3.1 throw 抛出异常对象

在程序中,如果需要根据业务逻辑自行抛出异常,该异常系统无法抛出,则应该使用 throw 语句。throw 语句抛出的不是异常类,而是一个异常实例对象,并且每次只能抛出一个异常实例对象。

throw 抛出异常对象的语法格式如下：

【语法】

```
throw 异常对象
```

下述代码演示 throw 语句的使用。

【代码 7-8】 ThrowDemo. java

```java
package com.qst.chapter07;

import java.util.Scanner;

public class ThrowDemo {

    public static void main(String[] args) {
        Scanner scanner = new Scanner(System.in);
        try {
            System.out.println("请输入年龄：");
            //从键盘获取一个整数
            int age = scanner.nextInt();
            if (age < 0 || age > 80) {
                //抛出一个异常对象
                throw new Exception("请输入一个合法的年龄,年龄必须为 0~80");
            }

        } catch (Exception ex) {
            ex.printStackTrace();
        }
        System.out.println("程序结束！");
    }
}
```

上述代码中,当接收的年龄不为 0～80 时,会使用 throw 抛出一个异常对象。
运行结果如下所示：

```
请输入年龄：
99
程序结束！
java.lang.Exception: 请输入一个合法的年龄,年龄必须为 0～80
    at com.qst.chapter07.ThrowDemo.main(ThrowDemo.java:16)
```

7.3.2 throws 声明抛出异常序列

throws 声明抛出异常序列的语法格式如下：

【语法】

```
[访问符] <返回类型>方法名([参数列表])throws 异常类 A [,异常类 B..., 异常类 N]{
    //方法体
}
```

【示例】 **throws 声明抛出异常序列**

```
public void myFunction() throws IOException,Exception{
}
```

下述代码演示 throws 语句的使用。

【代码 7-9】 **ThrowsDemo. java**

```java
package com.qst.chapter07;

import java.util.Scanner;

public class ThrowsDemo {
    //定义一个方法,该方法使用 throws 声明抛出异常
    public static void myThrowsFunction() throws NumberFormatException,
            ArithmeticException, Exception {
        Scanner scanner = new Scanner(System.in);
        System.out.println("请输入第 1 个数: ");
        //从键盘获取一个字符串
        String str = scanner.next();
        //将不是整数数字的字符串转换成整数,会引发 NumberFormatException
        int n1 = Integer.parseInt(str);
        System.out.println("请输入第 2 个数: ");
        //从键盘获取一个整数
        int n2 = scanner.nextInt();
        System.out.println("您输入的两个数相除的结果是: " + n1 / n2);
    }

    public static void main(String[] args) {
        try {
            //调用带抛出异常序列的方法
            myThrowsFunction();
        } catch (NumberFormatException e) {
            e.printStackTrace();
        } catch (ArithmeticException e) {
            e.printStackTrace();
        } catch (Exception e) {
            e.printStackTrace();
        }
    }
}
```

上述代码中,在定义 myThrowsFunction()方法时,该方法后面直接使用 throws 关键字抛出 NumberFormatException、ArithmeticException 和 Exception 三种类型的异常,这三种异常类之间使用逗号","间隔。这表明 myThrowsFunction()会产生异常,但该方法本身没有对异常进行捕获处理(方法体内没有异常处理语句),在调用该方法时就需要对异常进行捕获处理。

运行结果如下所示:

```
请输入第 1 个数：
8
请输入第 2 个数：
0
java.lang.ArithmeticException: / by zero
    at com.qst.chapter07.ThrowsDemo.myThrowsFunction(ThrowsDemo.java:18)
    at com.qst.chapter07.ThrowsDemo.main(ThrowsDemo.java:24)
```

7.4　自定义异常

根据业务逻辑，程序员在某些时候需要定义自己的异常类来处理一些业务。自定义异常类都继承 Exception 或 RuntimeException 类。

下述代码定义一个自定义的异常类。

视频讲解

【代码 7-10】　**AgeException. java**

```
package com.qst.chapter07;

public class AgeException extends Exception {

    public AgeException() {

    }

    public AgeException(String msg) {
        super(msg);
    }
}
```

上述代码定义一个自定义异常类 AgeException，该类继承 Exception，并提供两个构造方法：第一个构造方法是不带参数的默认构造方法；第二个构造方法带参数，并在方法体中使用 super(msg) 调用父类的构造方法进行初始化。

【代码 7-11】　**MyExceptionDemo. java**

```
package com.qst.chapter07;

import java.util.Scanner;

public class MyExceptionDemo {

    public static void main(String[] args) {
        Scanner scanner = new Scanner(System.in);
        try {
            System.out.println("请输入年龄: ");
            //从键盘获取一个整数
            int age = scanner.nextInt();
```

```
            if (age < 0 || age > 80) {
                //抛出一个自定义异常对象
                throw new AgeException("年龄不合法,必须为 0～80");
            }

        } catch (Exception ex) {
            ex.printStackTrace();
        }
        System.out.println("程序结束!");
    }
}
```

上述代码中,当输入的年龄不在 0～80 时,使用 throw 抛出自定义异常类 AgeException 对象。运行结果如下所示:

```
请输入年龄:
88
com.qst.chapter07.AgeException: 年龄不合法,必须为 0～80
        at com.qst.chapter07.MyExceptionDemo.main(MyExceptionDemo.java:15)
程序结束!
```

在自定义异常类时,如果总是在程序运行时产生异常,且不易预测异常将在何时、何地发生,则可以将该异常定义为非检查型异常(继承 RuntimeException);否则定义为检查型异常(继承 Exception)。

7.5 贯穿任务实现

7.5.1 实现【任务 7-1】

下述代码实现 Q-DMS 贯穿项目中的【任务 7-1】菜单驱动增加异常处理,以防用户输入不合法的菜单。

【任务 7-1】 MenuDriver.java

```
package com.qst.dms.dos;

import java.util.Scanner;

public class MenuDriver {
    public static void main(String[] args) {
        //建立一个从键盘接收数据的扫描器
        Scanner scanner = new Scanner(System.in);
        try{
            while (true) {
                //输出菜单
                System.out.println("*************************");
```

```
        System.out.println(" * 1、数据采集                    2、数据匹配    * ");
        System.out.println(" * 3、数据记录                    4、数据显示    * ");
        System.out.println(" * 5、数据发送                    0、退出应用    * ");
        System.out.println(" ************************ ");

        //提示用户输入要操作的菜单项
        System.out.println("请输入菜单项(0~5): ");

        //接收键盘输入的选项
        int choice = scanner.nextInt();

        switch (choice) {
        case 1:
            System.out.println("数据采集中...");
            break;
        case 2:
            System.out.println("数据匹配中...");
            break;
        case 3:
            System.out.println("数据记录中...");
            break;
        case 4:
            System.out.println("数据显示中...");
            break;
        case 5:
            System.out.println("数据发送中...");
            break;
        case 0:
            //应用程序退出
            System.exit(0);
        default:
            System.out.println("请输入正确的菜单项(0~5)!");
        }

    }
} catch (Exception e) {
    System.out.println("输入的数据不合法!");
}
}
}
```

上述代码使用自动关闭资源的 try 语句进行异常处理,以防用户输入的数据不合法。
运行结果如下所示:

```
************************
* 1、数据采集  2、数据匹配  *
* 3、数据记录  4、数据显示  *
* 5、数据发送  0、退出应用  *
************************
```

```
请输入菜单项(0~5):
a
输入的数据不合法!
```

7.5.2　实现【任务 7-2】

下述代码实现 Q-DMS 贯穿项目中的【任务 7-2】日志和物流数据采集增加异常处理,以防用户输入不合法的数据。

修改 LogRecService 类中的 inputLog()方法,在该方法中增加异常处理语句。

【任务 7-2】　**LogRecService. java**

```java
package com.qst.dms.service;

import java.util.Date;
import java.util.Scanner;

import com.qst.dms.entity.DataBase;
import com.qst.dms.entity.LogRec;
import com.qst.dms.entity.MatchedLogRec;

//日志业务类
public class LogRecService {
    //日志数据采集
    public LogRec inputLog() {
        LogRec log = null;
        //建立一个从键盘接收数据的扫描器
        Scanner scanner = new Scanner(System.in);
        try{
            //提示用户输入 ID 标识
            System.out.println("请输入 ID 标识: ");
            //接收键盘输入的整数
            int id = scanner.nextInt();
            //获取当前系统时间
            Date nowDate = new Date();
            //提示用户输入地址
            System.out.println("请输入地址: ");
            //接收键盘输入的字符串信息
            String address = scanner.next();
            //数据状态是"采集"
            int type = DataBase.GATHER;

            //提示用户输入登录用户名
            System.out.println("请输入登录用户名: ");
            //接收键盘输入的字符串信息
            String user = scanner.next();
            //提示用户输入主机 IP
            System.out.println("请输入主机 IP:");
            //接收键盘输入的字符串信息
```

```
                String ip = scanner.next();
                //提示用户输入登录状态、登出状态
                System.out.println("请输入登录状态:1是登录,0是登出");
                int logType = scanner.nextInt();
                //创建日志对象
                log = new LogRec(id, nowDate, address, type, user, ip, logType);
            } catch (Exception e) {
                System.out.println("采集的日志信息不合法");
            }
            //返回日志对象
            return log;
        }
        //...后面代码与以前一样,省略
}
```

修改 TransportService 类中的 inputTransport()方法,在该方法中增加异常处理语句。

【任务 7-2】　TransportService. java

```
package com.qst.dms.service;

import java.util.Date;
import java.util.Scanner;

import com.qst.dms.entity.DataBase;
import com.qst.dms.entity.MatchedTransport;
import com.qst.dms.entity.Transport;
public class TransportService {
    //物流数据采集
    public Transport inputTransport() {
        Transport trans = null;

        //建立一个从键盘接收数据的扫描器
        Scanner scanner = new Scanner(System.in);
        try{
            //提示用户输入 ID 标识
            System.out.println("请输入 ID 标识: ");
            //接收键盘输入的整数
            int id = scanner.nextInt();
            //获取当前系统时间
            Date nowDate = new Date();
            //提示用户输入地址
            System.out.println("请输入地址: ");
            //接收键盘输入的字符串信息
            String address = scanner.next();
            //数据状态是"采集"
            int type = DataBase.GATHER;

            //提示用户输入登录用户名
            System.out.println("请输入货物经手人: ");
```

```
                    //接收键盘输入的字符串信息
                    String handler = scanner.next();
                    //提示用户输入主机 IP
                    System.out.println("请输入收货人:");
                    //接收键盘输入的字符串信息
                    String reciver = scanner.next();
                    //提示用于输入物流状态
                    System.out.println("请输入物流状态: 1 发货中,2 送货中,3 已签收");
                    //接收物流状态
                    int transportType = scanner.nextInt();
                    //创建物流信息对象
                    trans = new Transport(id, nowDate, address, type, handler, reciver,
                            transportType);
            } catch (Exception e) {
                    System.out.println("采集的日志信息不合法");
            }
            //返回物流对象
            return trans;
        }
    //...后面代码与以前一样,省略
}
```

7.5.3 实现【任务 7-3】

下述代码实现 Q-DMS 贯穿项目中的【任务 7-3】自定义数据分析异常类,数据分析处理过程中抛出自定义异常。

【任务 7-3】 DataAnalyseException. java

```
package com.qst.dms.exception;

public class DataAnalyseException extends Exception {
    public DataAnalyseException() {

    }

    public DataAnalyseException(String msg) {
        super(msg);
    }
}
```

上述代码自定义一个 DataAnalyseException 异常类,该类继承 Exception 类,并提供两个构造方法。

修改 LogRecAnalyse 类中的 matchData()方法,增加抛出自定义异常对象的代码。

【任务 7-3】 LogRecAnalyse. java

```
package com.qst.dms.gather;

import com.qst.dms.entity.DataBase;
```

```
import com.qst.dms.entity.LogRec;
import com.qst.dms.entity.MatchedLogRec;
import com.qst.dms.exception.DataAnalyseException;

//日志分析类,继承 DataFilter 抽象类,实现数据分析接口
public class LogRecAnalyse extends DataFilter implements IDataAnalyse {
    //...前面代码与以前一样,省略
    //实现 IDataAnalyse 接口中数据分析方法
    public Object[] matchData() {
        //创建日志匹配数组
        MatchedLogRec[] matchLogs = new MatchedLogRec[logIns.length];
        //日志匹配数组下标记录
        int index = 0;
        //数据匹配分析
        for (LogRec in : logIns) {
            for (LogRec out : logOuts) {
                if ((in.getUser().equals(out.getUser()))
                        && (in.getIp().equals(out.getIp()))) {
                    //修改 in 和 out 日志状态类型为"匹配"
                    in.setType(DataBase.MATHCH);
                    out.setType(DataBase.MATHCH);
                    //添加到匹配数组中
                    matchLogs[index++] = new MatchedLogRec(in, out);
                }
            }
        }
        try {
            if (index == 0) {
                //没找到匹配的数据,抛出 DataAnalyseException 异常
                throw new DataAnalyseException("没有匹配的日志数据!");
            }
        } catch (DataAnalyseException e) {
            e.printStackTrace();
        }
        return matchLogs;
    }
}
```

修改 TransportAnalyse 类中的 matchData()方法,增加抛出自定义异常对象的代码。

【任务 7-3】 **TransportAnalyse.java**

```
package com.qst.dms.gather;

import com.qst.dms.entity.DataBase;
import com.qst.dms.entity.MatchedTransport;
import com.qst.dms.entity.Transport;
import com.qst.dms.exception.DataAnalyseException;

//物流分析类,继承 DataFilter 抽象类,实现数据分析接口
```

```java
public class TransportAnalyse extends DataFilter implements IDataAnalyse {
    //...前面代码与以前一样,省略
    //实现 IDataAnalyse 接口中数据分析方法
    public Object[] matchData() {
        //创建物流匹配数组
        MatchedTransport[] matchTrans = new MatchedTransport[transSends.length];
        //日志匹配数组下标记录
        int index = 0;
        //数据匹配分析
        for (Transport send : transSends) {
            for (Transport tran : transIngs) {
                for (Transport rec : transRecs) {
                    if ((send.getReciver().equals(tran.getReciver()))
                            && (send.getReciver().equals(rec.getReciver()))) {
                        //修改物流状态类型为"匹配"
                        send.setType(DataBase.MATHCH);
                        tran.setType(DataBase.MATHCH);
                        rec.setType(DataBase.MATHCH);
                        //添加到匹配数组中
                        matchTrans[index++] = new MatchedTransport(send, tran,
                                rec);
                    }
                }
            }
        }
        try {
            if (index == 0) {
                //没找到匹配的数据,抛出 DataAnalyseException 异常
                throw new DataAnalyseException("没有匹配的物流数据!");
            }
        } catch (DataAnalyseException e) {
            e.printStackTrace();
        }
        return matchTrans;
    }
}
```

运行 DataGatherDemo 程序进行测试,运行结果如下所示:

```
第 1 个日志数据采集:
请输入 ID 标识:
1001
请输入地址:
青岛
请输入 登录用户名:
zhaokl
请输入 主机 IP:
192.168.1.1
请输入登录状态:1 是登录,0 是登出
1
```

第2个日志数据采集：
请输入 ID 标识：
1002
请输入地址：
北京
请输入 登录用户名：
zhangsan
请输入 主机 IP：
192.168.1.2
请输入登录状态：1 是登录,0 是登出
1
第3个日志数据采集：
请输入 ID 标识：
1003
请输入地址：
上海
请输入 登录用户名：
lisi
请输入 主机 IP：
192.168.1.3
请输入登录状态：1 是登录,0 是登出
1
com.qst.dms.exception.DataAnalyseException: 没有匹配的日志数据！
第1个物流数据采集：
请输入 ID 标识：
    at com.qst.dms.gather.LogRecAnalyse.matchData(LogRecAnalyse.java:79)
    at com.qst.dms.dos.DataGatherDemo.main(DataGatherDemo.java:29)
2001
请输入地址：
青岛
请输入货物经手人：
zhangsan
请输入 收货人：
lisi
请输入物流状态：1 发货中,2 送货中,3 已签收
1
第2个物流数据采集：
请输入 ID 标识：
2002
请输入地址：
上海
请输入货物经手人：
wangwu
请输入 收货人：
maliu
请输入物流状态：1 发货中,2 送货中,3 已签收
1

第 3 个物流数据采集:
请输入 ID 标识:
2003
请输入地址:
济南
请输入货物经手人:
fengba
请输入 收货人:
tangjiu
请输入物流状态: 1 发货中, 2 送货中, 3 已签收
1
第 4 个物流数据采集:
请输入 ID 标识:
2004
请输入地址:
烟台
请输入货物经手人:
zhaokl
请输入 收货人:
tpp
请输入物流状态: 1 发货中, 2 送货中, 3 已签收
1
com.qst.dms.exception.DataAnalyseException: 没有匹配的物流数据!
    at com.qst.dms.gather.TransportAnalyse.matchData(TransportAnalyse.java:90)
    at com.qst.dms.dos.DataGatherDemo.main(DataGatherDemo.java:50)

运行结果中,采集的数据没有匹配的,因此抛出自定义的 DataAnalyseException 类的对象。

本章总结

小结

- Throwable 是所有异常类的父类, Error 和 Exception 都继承此类
- 异常分为检查型异常和非检查型异常两种
- Java 提供的异常处理机制有两种:使用 try...catch 捕获异常和使用 throws 声明抛出异常
- Java 中常用的捕获异常处理语句是 try...catch...finally 语句
- throw 抛出一个异常对象
- throws 声明抛出一个异常序列
- 自定义异常类都继承 Exception 或 RuntimeException 类
- 从 Java 7 以后,增加了自动关闭资源的 try 语句和多异常捕获,增强了 Java 对异常的处理功能

Q&A

1. 问题：throw 和 throws 的区别。

回答：throw 语句抛出的不是异常类，而是一个异常实例对象，并且每次只能抛出一个异常实例对象。Throws 用来声明方法可能抛出的异常序列，throws 只能在定义方法时使用，后面跟着异常类，而不是异常对象。

2. 问题：简述 finally 语句的功能。

回答：在 Java 程序中，通常使用 finally 回收物理资源。不管 try 块中的代码是否出现异常，也不管哪一个 catch 块被执行，甚至在 try 块或 catch 块中执行了 return 语句，finally 块总会被执行。

章节练习

习题

1. 所有异常类的父类是_____。
   A. Throwable   B. Error
   C. Exception   D. RuntimeException

2. 下面属于非检查型异常的类是_____。
   A. ClassNotFoundException   B. NullPointerException
   C. Exception   D. IOException

3. 能单独和 finally 语句一起使用的块是_____。
   A. try   B. catch   C. throw   D. throws

4. 用来手动抛出异常的关键字是_____。
   A. catch   B. throws   C. pop   D. throw

5. 下列关于异常说法中，错误的是_____。
   A. 一个 try 后面可以跟多个 catch 块
   B. try 后面可以没有 catch 块
   C. try 可以单独使用，后面可以没有 catch、finally 部分
   D. finally 块都会被执行，即使在 try 或 catch 块中遇到 return，也会被执行

6. 下列说法错误的是_____。
   A. 自定义异常类都继承 Exception 或 RuntimeException 类
   B. 使用 throws 声明抛出一个异常序列，使用分号";"隔开
   C. 使用 throw 抛出一个异常对象
   D. 异常分为检查型异常和非检查型异常两种

上机

1. 训练目标：异常处理。

培养能力	异常捕获与处理		
掌握程度	★★★★★	难度	难
代码行数	300	实施方式	编码强化
结束条件	独立编写,不出错		

参考训练内容

(1) 从键盘接收两个数,计算这两个数的加、减、乘和除四种算术运算。

(2) 要求使用异常处理语句,处理可能出现的异常情况

2. 训练目标:自定义异常。

培养能力	自定义异常及处理		
掌握程度	★★★★★	难度	难
代码行数	200	实施方式	编码强化
结束条件	独立编写,不出错		

参考训练内容

(1) 自定义一个异常类 PasswordException。

(2) 当用户输入的密码长度不在 6~10 时就抛出自定义的 PasswordException 异常对象

第 8 章

泛型与集合

任务驱动

本章任务是充分利用泛型集合知识对"Q-DMS 数据挖掘"系统的数据采集、过滤分析以及输出显示功能进行迭代升级：

- 【任务 8-1】 使用泛型集合迭代升级数据分析接口和数据过滤抽象类。
- 【任务 8-2】 使用泛型集合迭代升级日志数据分析类。
- 【任务 8-3】 使用泛型集合迭代升级物流数据分析类。
- 【任务 8-4】 在日志和物流业务类中增加显示泛型集合数据的功能。
- 【任务 8-5】 使用泛型集合迭代升级主菜单驱动并运行测试。

学习路线

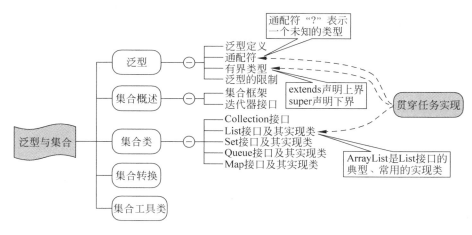

本章目标

知 识 点	Listen（听）	Know（懂）	Do（做）	Revise（复习）	Master（精通）
泛型	★	★	★		
集合概述	★	★	★		
List 集合类	★	★	★	★	★

续表

知　识　点	Listen(听)	Know(懂)	Do(做)	Revise(复习)	Master(精通)
Set、Queue、Map 集合类	★	★	★		
集合转换	★	★	★		
集合工具类	★	★	★		

8.1　泛型

从 JDK 5.0 开始,Java 引入"参数化类型(parameterized type)"的概念,这种参数化类型称为"泛型(Generic)"。泛型是将数据类型参数化,即在编写代码时将数据类型定义成参数,这些类型参数在使用之前再进行指明。泛型提高了代码的重用性,使得程序更加灵活、安全和简洁。

8.1.1　泛型定义

在 JDK 5.0 之前,为了实现参数类型的任意化,都是通过 Object 类型来处理。但这种处理方式所带来的缺点是需要进行强制类型转换,此种强

视频讲解

制类型转换不仅使代码臃肿,而且要求程序员必须对实际所使用的参数类型已知的情况下才能进行,否则容易引起 ClassCastException 异常。

从 JDK 5.0 开始,Java 增加对泛型的支持。使用泛型之后就不会出现上述问题。泛型的好处是在程序编译期会对类型进行检查,捕捉类型不匹配错误,以免引起 ClassCastException 异常;而且泛型不需要进行强制转换,数据类型都是自动转换的。

泛型经常使用在类、接口和方法的定义中,分别称为泛型类、泛型接口和泛型方法。泛型类是引用类型,在内存堆中。

定义泛型类的语法格式如下:

【语法】

```
[访问符] class 类名<类型参数列表>{
    //类体…
}
```

其中:

(1)尖括号中是类型参数列表,可以由多个类型参数组成,多个类型参数之间使用","隔开;

(2)类型参数只是占位符,一般使用大写的 T、U、V 等作为类型参数。

【示例】　泛型类

```
class Node<T> {
    private T data;
    public Node<T> next;
    //省略…
}
```

在实例化泛型类时,需要指定类型参数的具体类型,例如,Integer、String 或一个自定义的类等。实例化泛型类的具体语法格式如下:

【语法】

类名<类型参数列表>对象 = new 类名<类型参数列表>([构造方法参数列表]);

【示例】　实例化泛型类

Node < String > myNode = new Node < String > ();

从 Java 7 开始,实例化泛型类时只需给出一对尖括号"< >"即可,Java 可以推断尖括号中的泛型信息。将两个尖括号放在一起像一个菱形,因此也被称为"菱形"语法。

Java 7"菱形"语法实例化泛型类的格式如下:

【语法】

类名<类型参数列表>对象 = new 类名<>([构造方法参数列表]);

【示例】　**Java 7"菱形"语法实例化泛型类**

Node < String > myNode = new Node <> ();

下述代码定义一个泛型类并实例化。

【代码 8-1】　Generic. java

```java
package com.qst.chapter08;

//泛型类
public class Generic < T > {
    private T data;

    public Generic() {
    }

    public Generic(T data) {
        this.data = data;
    }

    public T getData() {
        return data;
    }

    public void setData(T data) {
        this.data = data;
    }

    public void showDataType() {
        System.out.println("数据的类型是: " + data.getClass().getName());
    }
}
```

上述代码定义了一个名为 Generic<T>的泛型类,并提供两个构造方法(不带参数和带参数的构造方法)。T 实质是变量类型的参数化,可以认为是 Generic 的类型形参。定义时类型私有属性 data 的数据类型采用泛型,可以在使用时再进行指定。showDataType()方法显示 data 属性的具体类型名称,其中 getClass().getName()用于获取对象的类名。

【代码 8-2】 **GenericDemo. java**

```java
package com.qst.chapter08;

public class GenericDemo {

    public static void main(String[] args) {
        //定义泛型类的一个 String 版本
        //使用带参数的泛型构造方法
        Generic<String> strObj = new Generic<String>("欢迎使用泛型类!");
        strObj.showDataType();
        System.out.println(strObj.getData());
        System.out.println("------------------------------------");
        //定义泛型类的一个 Double 版本
        //使用 Java 7"菱形"语法实例化泛型
        Generic<Double> dObj = new Generic<>(3.1415);
        dObj.showDataType();
        System.out.println(dObj.getData());
        System.out.println("------------------------------------");
        //定义泛型类的一个 Integer 版本
        //使用不带参数的泛型构造方法
        Generic<Integer> intObj = new Generic<>();
        intObj.setData(123);
        intObj.showDataType();
        System.out.println(intObj.getData());
    }

}
```

上述代码分别为 Generic 的类型形参 T 传入 String、Double 和 Integer 三种不同类型实参,可视为类型形参 T 分别被全部替换成 String、Double 和 Integer,于是产生了三种新的类型:Generic<String>、Generic<Double>和 Generic<Integer>。

运行结果如下所示。

```
数据的类型是: java.lang.String
欢迎使用泛型类!
------------------------------------
数据的类型是: java.lang.Double
3.1415
------------------------------------
数据的类型是: java.lang.Integer
123
```

8.1.2 通配符

当使用一个泛型类时(包括声明泛型变量和创建泛型实例对象两种情况),都应该为此泛型类传入一个实参,否则编译器会提出泛型警告。假设现在定义一个方法,该方法的参数需要使用泛型,但类型参数是不确定的,此时如果考虑使用 Object 类型来解决,编译时则会出现错误。以之前定义的泛型类 Generic 为例,考虑如下代码:

视频讲解

【代码 8-3】 **NoWildcardDemo.java**

```java
package com.qst.chapter08;

//不使用通配符"?"
public class NoWildcardDemo {
    //泛型类 Generic 的类型参数使用 Object
    public static void myMethod(Generic<Object> g) {
        g.showDataType();
    }

    public static void main(String[] args) {
        //参数类型是 Object
        Generic<Object> gobj = new Generic<Object>("Object");
        myMethod(gobj);
        //参数类型是 Integer
        Generic<Integer> gint = new Generic<Integer>(12);
        //这里将产生一个错误
        myMethod(gint);              //①
        //参数类型是 Double
        Generic<Double> gdbl = new Generic<Double>(3.1415);
        //这里将产生一个错误
        myMethod(gdbl);              //②
    }
}
```

上述代码中定义的 myMethod()方法的参数是泛型类 Generic,该方法的意图是能够处理各种类型参数,但在使用 Generic 类时必须指定具体的类型参数,此处在不使用通配符的情况下只能使用 Generic<Object>的方式。这种方式将造成 main()方法中的①和②处的语句编译时产生类型不匹配的错误,程序无法运行。

上述代码出现的问题,如果使用通配符就可以轻松解决。

通配符是由"?"来表示一个未知类型,从而解决类型被限制、不能动态根据实例进行确定的缺点。

下述代码使用通配符"?"重新实现上述处理过程,实现处理各种类型参数的情况。

【代码 8-4】 **UseWildcardDemo.java**

```java
package com.qst.chapter08;

//使用通配符"?"
```

```
public class UseWildcardDemo {
    //泛型类 Generic 的类型参数使用通配符"?"
    public static void myMethod(Generic<?> g) {
        g.showDataType();
    }

    public static void main(String[] args) {
        //参数类型是 Object
        Generic<Object> gobj = new Generic<Object>("Object");
        myMethod(gobj);
        //参数类型是 Integer
        Generic<Integer> gint = new Generic<Integer>(12);
        myMethod(gint);
        //参数类型是 Double
        Generic<Double> gdbl = new Generic<Double>(3.1415);
        myMethod(gdbl);
    }
}
```

上述代码定义 myMethod()方法时,使用 Generic<?>通配符的方式作为类型参数,如此便能够处理各种类型参数,且程序编译无误,能够正常运行。

运行结果如下所示:

```
数据的类型是: java.lang.String
数据的类型是: java.lang.Integer
数据的类型是: java.lang.Double
```

8.1.3　有界类型

视频讲解

泛型的类型参数可以是各种类型,但有时候需要对类型参数的取值进行一定程度的限制,以便类型参数在指定范围内。针对这种情况,Java 提供了"有界类型",来限制类型参数的取值范围。

有界类型分为两种:

(1) 使用 extends 关键字声明类型参数的上界;

(2) 使用 super 关键字声明类型参数的下界。

1. 上界

使用 extends 关键字可以指定类型参数的上界,限制此类型参数必须继承自指定的父类或父类本身。被指定的父类则称为类型参数的"上界(upper bound)"。

类型参数的上界可以在定义泛型时进行指定,也可以在使用泛型时进行指定,其语法格式分别如下所示:

【语法】

```
//定义泛型时指定类型参数的上界
[访问符] class 类名<类型参数 extends 父类>{
```

```
        //类体…
    }
    //使用泛型时指定类型参数的上界
    泛型类<? extends 父类>
```

【示例】 类型参数的上界

```
    //定义泛型时指定类型参数的上界
    public class Generic< T extends Number >{
        //类体…
    }
    //使用泛型时指定类型参数的上界
    Generic<? extends Number >
```

上述示例代码限制了泛型类 Generic 的类型参数必须是 Number 类的子类(也可以是 Number 本身),因此可以将 Number 类称为此类型参数的上界。

注意　Java 中 Number 类是一个抽象类,所有数值类都继承此抽象类,即 Integer、Long、Float、Double 等用于数值操作的类都继承 Number 类。

下述代码演示使用类型参数的上界。

【代码 8-5】 UpBoundGenericDemo.java

```
package com.qst.chapter08;
//定义泛型 UpBoundGeneric,指定其类型参数的上界
class UpBoundGeneric < T extends Number >{
    private T data;

    public UpBoundGeneric() {
    }

    public UpBoundGeneric(T data) {
        this.data = data;
    }

    public T getData() {
        return data;
    }

    public void setData(T data) {
        this.data = data;
    }

    public void showDataType() {
        System.out.println("数据的类型是: " + data.getClass().getName());
    }
}

public class UpBoundGenericDemo {
    //使用泛型 Generic 时指定其类型参数的上界
```

```
    public static void myMethod(Generic<? extends Number> g) {
        g.showDataType();
    }

    public static void main(String[] args) {
        //参数类型是 Integer
        Generic<Integer> gint = new Generic<Integer>(12);
        myMethod(gint);
        //参数类型是 Double
        Generic<Double> gdbl = new Generic<Double>(3.1415);
        myMethod(gdbl);
        //参数类型是 String
        Generic<String> gstr = new Generic<String>("String");
        //产生错误
        //myMethod(gstr);

        System.out.println("---------------------------------- ");
        //使用已经限定参数类型的泛型 UpBoundGeneric
        UpBoundGeneric<Integer> ubgint = new UpBoundGeneric<Integer>(88);
        ubgint.showDataType();
        UpBoundGeneric<Double> ubgdbl = new UpBoundGeneric<Double>(5.678);
        ubgdbl.showDataType();
        //产生错误
        //UpBoundGeneric<String> ubgstr = new UpBoundGeneric<String>("指定上界");
    }
}
```

上述代码中定义了一个泛型类 UpBoundGeneric,并指定其类型参数的上界是 Number 类。在定义 myMethod()方法时指定泛型类 Generic 的类型参数的上界也是 Number 类。在 main()方法中进行使用时,当类型参数不是 Number 的子类时都会产生错误。因 UpBoundGeneric 类在定义时就已经限定了类型参数的上界,所以出现 UpBoundGeneric <String>就会报错;Generic 类在定义时并没有限定,而是在定义 myMethod()方法时使用 Generic 类才进行限定的,因此出现 Generic<String>不会报错,调用 myMethod(gstr)时才会报错。

运行结果如下所示:

```
数据的类型是: java.lang.Integer
数据的类型是: java.lang.Double
----------------------------------
数据的类型是: java.lang.Integer
数据的类型是: java.lang.Double
```

2. 下界

使用 super 关键字可以指定类型参数的下界,限制此类型参数必须是指定的类型本身或其父类,直至 Object 类。被指定的类则称为类型参数的"下界(lower bound)"。

类型参数的下界通常在使用泛型时进行指定,其语法格式如下所示:

【语法】

> 泛型类<? super 类型>

【示例】 类型参数的下界

> Generic<? super String>

上述示例代码限制了泛型类 Generic 的类型参数必须是 String 类本身或其父类 Object,因此可以将 String 类称为此类型参数的下界。

下述代码演示使用类型参数的下界。

【代码 8-6】 **UpBoundGenericDemo. java**

```java
package com.qst.chapter08;

public class LowBoundGenericDemo {
    //使用泛型 Generic 时指定其类型参数的下界
    public static void myMethod(Generic<? super String> g) {
        g.showDataType();
    }

    public static void main(String[] args) {
        //参数类型是 String
        Generic<String> gstr = new Generic<String>("String类本身");
        myMethod(gstr);
        //参数类型是 Object
        Generic<Object> gobj = new Generic<Object>("String 的父类 Object");
        myMethod(gobj);
        //参数类型是 Integer
        Generic<Integer> gint = new Generic<Integer>(12);
        //产生错误
        //myMethod(gint);              //①
        //参数类型是 Double
        Generic<Double> gdbl = new Generic<Double>(3.1415);
        //产生错误
        //myMethod(gdbl);              //②
    }
}
```

上述代码在定义 myMethod()方法时指定泛型类 Generic 的类型参数的上界是 String 类,因此在 main()方法中进行使用时,当参数类型不是 String 类或其父类 Object 时都会产生错误。例如,代码①和②处将产生错误,因为 Integer 和 Double 不是 String 本身或其父类,所以编译会报错。

> 注意 泛型中使用 extends 关键字限制类型参数必须是指定的类本身或其子类,而 super 关键字限制类型参数必须是指定的类本身或其父类。在泛型中经常使用 extends 关键字指定上界,而很少使用 super 关键字指定下界。

8.1.4　泛型的限制

Java 语言没有真正实现泛型。Java 程序在编译时生成的字节码中是不包含泛型信息的,泛型的类型信息将在编译处理时被擦除掉,这个过程称为类型擦除。这种实现理念造成Java 泛型本身有很多漏洞,虽然 Java 8 对类型推断进行了改进,但依然需要对泛型的使用做一些限制,其中大多数限制都是由类型擦除和转换引起的。

Java 对泛型的限制如下:

(1) 泛型的类型参数只能是类类型(包括自定义类),不能是简单类型;

(2) 同一个泛型类可以有多个版本(不同参数类型),不同版本的泛型类的实例是不兼容的,例如,Generic < String >与 Generic < Integer >的实例是不兼容的;

(3) 定义泛型时,类型参数只是占位符,不能直接实例化,例如,"new T()"是错误的;

(4) 不能实例化泛型数组,除非是无上界的类型通配符,例如,"Generic < String > []a = new Generic < String > [10]"是错误的,而"Generic <?> []a = new Generic <?> [10]"是被允许的;

(5) 泛型类不能继承 Throwable 及其子类,即泛型类不能是异常类,不能抛出也不能捕获泛型类的异常对象,例如,"class GenericException < T > extends Exception""catch(T e)"都是错误的。

8.2　集合概述

Java 的集合类是一些常用的数据结构,例如,队列、栈、链表等。Java 集合就像一种"容器",用于存储数量不等的对象,并按照规范实现一些常用的操作和算法。程序员在使用Java 的集合类时,不必考虑数据结构和算法的具体实现细节,根据需要直接使用这些集合类并调用相应的方法即可,从而提高了开发效率。

8.2.1　集合框架

在 JDK 5.0 之前,Java 集合会丢失容器中所有对象的数据类型,将所有对象都当成 Object 类型进行处理。从 JDK 5.0 增加泛型之后,Java 集合完全支持泛型,可以记住容器中对象的数据类型,从而可以编写更简洁、更健壮的代码。

视频讲解

Java 所有的集合类都在 java. util 包下,从 JDK 5.0 开始为了处理多线程环境下的并发安全问题,又在 java. util. concurrent 包下提供了一些多线程支持的集合类。

Java 的集合类主要由两个接口派生而出:Collection 和 Map,这两个接口派生出一些子接口或实现类。Collection 和 Map 是集合框架的根接口,图 8-1 是 Collection 集合体系的继承树。

Collection 接口有三个子接口:

(1) Set 接口——无序、不可重复的集合;

(2) Queue 接口——队列集合;

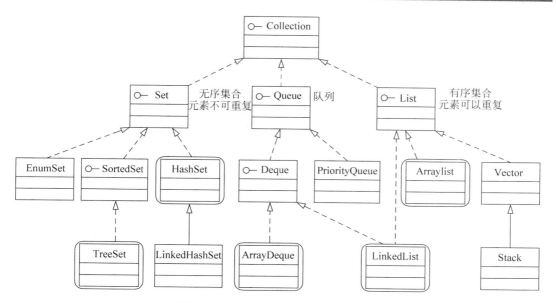

图 8-1　Collection 集合体系的继承树

（3）List 接口——有序、可以重复的集合。

图 8-2 是 Map 集合体系的继承树。

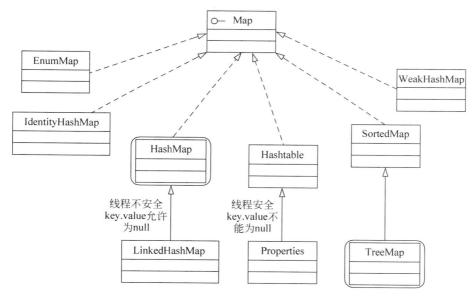

图 8-2　Map 体系的继承树

所有 Map 的实现类用于保存具有映射关系的数据，即 Map 保存的每项数据都是由
key-value 键值对组成的。Map 中的 key 用于标识集合中的每项数据，是不可重复的，可以
通过 key 来获取 Map 集合中的数据项。

Java 中的集合分为三大类：

（1）Set 集合。将一个对象添加到 Set 集合时，Set 集合无法记住添加的顺序，因此 Set

集合中的元素不能重复,否则系统无法识别该元素,访问 Set 集合中的元素也只能根据元素本身进行访问。

(2) List 集合。与数组类似,List 集合可以记住每次添加元素的顺序,因此可以根据元素的索引访问 List 集合中的元素,List 集合中的元素可以重复且长度是可变的。

(3) Map 集合。每个元素都是由 key-value 键值对组成,可以根据每个元素的 key 来访问对应的 value,Map 集合中的 key 不允许重复,value 可以重复。

注意 本章主要介绍常用的集合接口及其实现类,例如,List、Set、Map 和 Queue 集合接口,以及对应的实现类 ArrayList、HashSet、HashMap 和 LinkedList。

8.2.2 迭代器接口

迭代器(Iterator)可以采用统一的方式对 Collection 集合中的元素进行遍历操作,开发人员无须关心 Collection 集合中的内容,也不必实现 IEnumerable 或者 IEnumerator 接口就能够使用 foreach 循环遍历集合中的部分或全部元素。

Java 从 JDK 5.0 开始增加了 Iterable 新接口,该接口是 Collection 接口的父接口,因此所有实现了 Iterable 的集合类都是可迭代的,都支持 foreach 循环遍历。Iterable 接口中的 iterator()方法可以获取每个集合自身的迭代器 Iterator。Iterator 是集合的迭代器接口,定义了常见的迭代方法,用于访问、操作集合中的元素。Iterator 接口中的方法如表 8-1 所示。

表 8-1　Iterator 接口中的方法

方　　法	功　能　描　述
default void forEachRemaining (Consumer<? super E> action)	默认方法,对所有元素执行指定的动作
boolean hasNext()	判断是否有下一个可访问的元素,如有则返回 true,否则返回 false
E next()	返回可访问的下一个元素
void remove()	移除迭代器返回的最后一个元素,该方法必须紧跟在一个元素的访问后执行

注意 Collection 集合中的实现类都实现了 Iterable 接口中的 iterator()方法,因此都可以通过 iterator()方法获取集合自身的迭代器。Java 8 为 Iterable 接口新增了一个默认 forEach()方法,该方法所需的参数是 Lambda 表达式,更加简化了集合的迭代操作。有关 Java 8 对集合接口的改进内容参见《Java 8 高级应用与开发》一书。

8.3　集合类

8.3.1　Collection 接口

Collection 接口是 Set、Queue 和 List 接口的父接口,该接口中定义的方法可以操作这三个接口中的任一个集合。Collection 接口中常用的方法如表 8-2 所示。

表 8-2　Collection 接口中的方法

方　　法	功 能 描 述
boolean add(E obj)	添加元素,成功则返回 true
boolean addAll(Collection<? extends E> c)	添加集合 c 的所有元素
void clear( )	清除所有元素
boolean contains(Object obj)	判断是否包含指定的元素,包含则返回 true
boolean containsAll(Collection<?> c)	判断是否包含集合 c 的所有元素
int hashCode( )	返回该集合的哈希码
boolean isEmpty( )	判断是否为空,若为空则返回 true
Iterator<E> iterator( )	返回集合的迭代接口
boolean remove(Object obj)	移除元素
boolean removeAll(Collection<?> c)	移除集合 c 的所有元素
boolean retainAll(Collection<?> c)	仅保留集合 c 的所有元素,其他元素都删除
int size( )	返回元素的个数
Object[ ] toArray( )	返回包含集合所有元素的数组
<T> T[ ]toArray(T[ ] a)	返回指定类型的包含集合所有元素的数组

使用 Collection 需要注意以下几点问题:

(1) add()、addAll()、remove()、removeAll()和 retainAll()方法可能会引发不支持该操作的 UnsupportedOperationException 异常;

(2) 将一个不兼容的对象添加到集合中时,将产生 ClassCastException 异常;

(3) Collection 接口没有提供获取某个元素的方法,但可以通过 iterator()方法获取迭代器来遍历集合中的所有元素;

(4) 虽然 Collection 中可以存储任何 Object 对象,但不建议在同一个集合容器中存储不同类型的对象,建议使用泛型增强集合的安全性,以免引起 ClassCastException 异常。

8.3.2　List 接口及其实现类

List 是 Collection 接口的子接口,可以使用 Collection 接口中的全部方法。因为 List 是有序、可重复的集合,所以 List 接口中又增加一些根据索引操作集合元素的方法,如表 8-3 所示。

视频讲解

表 8-3　List 接口中的方法

方　　法	功 能 描 述
void add(int index, E element)	在列表的指定索引位置插入指定元素
boolean addAll(int index, Collection<? extends E> c)	在列表的指定索引位置插入集合 c 所有元素
E get(int index)	返回列表中指定索引位置的元素
int indexOf(Object o)	返回列表中第一次出现指定元素的索引,如果不包含该元素则返回 -1

续表

方　　法	功　能　描　述
int lastIndexOf(Object o)	返回列表中最后出现指定元素的索引,如果不包含该元素则返回－1
E remove(int index)	移除指定索引位置上的元素
E set(int index,E element)	用指定元素替换列表中指定索引位置的元素
ListIterator＜E＞listIterator()	返回列表元素的列表迭代器
ListIterator＜E＞listIterator(int index)	返回列表元素的列表迭代器,从指定索引位置开始
List＜E＞subList(int fromIndex, int toIndex)	返回列表指定的 fromIndex(包括)和 toIndex(不括)之间的元素列表

List 集合默认按照元素添加顺序设置元素的索引,索引从 0 开始,例如,第一次添加的元素索引为 0,第二次添加的元素索引为 1,第 n 次添加的元素索引为 n－1。当使用无效的索引时将产生 IndexOutOfBoundsException 异常。

ArrayList 和 Vector 是 List 接口的两个典型实现类,完全支持 List 接口的所有功能方法。ArrayList 称为"数组列表",而 Vector 称为"向量",两者都是基于数组实现的列表集合,但该数组是一个动态的、长度可变的、并允许再分配的 Object[]数组。

ArrayList 和 Vector 在用法上几乎完全相同,但由于 Vector 从 JDK 1.0 开始就有了,所以 Vector 中提供了一些方法名很长的方法,例如 addElement()方法,该方法跟 add()方法没有任何区别。

ArrayList 和 Vector 都提供了如表 8-4 所示的两个方法对 Object[]数组进行重新分配。

表 8-4　ArrayList 和 Vector 类中的方法

方　　法	功　能　描　述
void ensureCapacity(int minCapacity)	增加容量,使 Object[]数组的长度增加到大于或等于 minCapacity
void trimToSize()	调整容量,释放 Object[]数组中没用到的空间,使数组长度为当前元素的个数,该方法可以减少集合对象所占用的空间

ArrayList 和 Vector 虽然在用法上相似,但两者在本质上还是存在区别的:

(1) ArrayList 是非线程安全的,当多个线程访问同一个 ArrayList 集合时,如果多个线程同时修改 ArrayList 集合中的元素,则程序必须手动保证该集合的同步性;

(2) Vector 是线程安全的,程序无须手动保证该集合的同步性。正因为 Vector 是线程安全的,所以 Vector 的性能要比 ArrayList 低。在实际应用中,即使要保证线程安全,也不推荐使用 Vector,因为可以使用 Collections 工具类将一个 ArrayList 变成线程安全的。

Vector 还提供一个 Stack 子类,用于模拟"栈"这种数据结构。栈具有"后进先出(LIFO)"的特性,最后入栈的元素最先出栈。Stack 常用的方法如表 8-5 所示。

表 8-5　Stack 类中的方法

方　　法	功　能　描　述
E peek()	查看栈顶元素,但并不将该元素从栈中移除
E pop()	出栈,即移除栈顶元素,并将该元素返回
E push(E item)	入栈,即将指定的 item 元素压入栈顶

下述代码演示 ArrayList 的使用。

【代码 8-7】 **ArrayListDemo.java**

```java
package com.qst.chapter08;

import java.util.ArrayList;
import java.util.Iterator;

public class ArrayListDemo {

    public static void main(String[] args) {
        //使用泛型 ArrayList 集合
        ArrayList<String> list = new ArrayList<String>();
        //向集合中添加元素
        list.add("北京");
        list.add("上海");
        list.add("天津");
        list.add("济南");
        list.add("青岛");
        //错误,只能添加字符串
        //list.add(1);
        //使用 foreach 语句遍历
        System.out.println("使用 foreach 语句遍历:");
        for (String e : list) {
            System.out.println(e);
        }
        System.out.println("-------------------");
        System.out.println("使用迭代器遍历:");
        //获取 ArrayList 的迭代器
        Iterator<String> iterator = list.iterator();
        //使用迭代器遍历
        while (iterator.hasNext()) {
            System.out.println(iterator.next());
        }
        System.out.println("-------------------");
        //删除下标索引是 1 的元素,即第二个元素"上海"
        list.remove(1);
        //删除指定元素
        list.remove("青岛");
        System.out.println("删除后剩下的数据:");
        for (String e : list) {
            System.out.println(e);
        }
    }
}
```

上述代码分别使用 foreach 循环和 Iterator 迭代器遍历 ArrayList 集合中的元素。

运行结果如下所示:

```
使用 foreach 语句遍历:
北京
上海
天津
济南
青岛
--------------------
使用迭代器遍历:
北京
上海
天津
济南
青岛
--------------------
删除后剩下的数据:
北京
天津
济南
```

下述代码演示 Vector 和 Stack 的使用。

【代码 8-8】　VectorStackDemo. java

```java
package com.qst.chapter08;

import java.util.Iterator;
import java.util.Stack;
import java.util.Vector;

public class VectorStackDemo {
    //定义一个方法,使用迭代器遍历输出集合中的元素
    public static void show(Iterator <?> iterator) {
        while (iterator.hasNext()) {
            System.out.println(iterator.next());
        }
    }

    public static void main(String[] args) {
        //使用泛型 Vector 集合
        Vector < Integer > v = new Vector < Integer >();
        //使用循环向 Vector 中添加元素
        for (int i = 1; i <= 5; i++) {
            v.add(i);
        }
        System.out.println("Vector 中的元素: ");
        //调用 show()方法,遍历 Vector 中的元素
        show(v.iterator());
```

```
            System.out.println(" --------------------- ");
            //删除下标索引是 2 的元素
            v.remove(2);
            System.out.println("Vector 删除后剩下的数据:");
            show(v.iterator());
            System.out.println(" --------------------- ");

            //使用泛型 Stack 集合
            Stack<String> s = new Stack<String>();
            //循环入栈
            for (int i = 10; i <= 15; i++) {
                s.push(String.valueOf(i));
            }
            System.out.println("Stack 中的元素:");
            //调用 show()方法,遍历 Stack 中的元素
            show(s.iterator());
            System.out.println(" --------------------- ");
            System.out.println("Stack 出栈: ");
            //循环出栈
            while (!s.isEmpty()) {
                System.out.println(s.pop());
            }
        }
    }
```

上述代码定义一个 show()方法,该方法的参数是迭代器 Iterator 对象,传递任一集合的迭代器都可以对该集合中的元素进行遍历输出。例如,使用"show(v.iterator())"显示 Vector 集合中的所有元素;使用"show(s.iterator())"显示 Stack 集合中的所有元素。

运行结果如下所示:

```
Vector 中的元素:
1
2
3
4
5
---------------------
Vector 删除后剩下的数据:
1
2
4
5
---------------------
Stack 中的元素:
10
11
12
```

```
13
14
15
------------------
Stack 出栈:
15
14
13
12
11
10
```

通过运行结果可以发现 Stack 出栈的顺序与入栈的顺序正好相反。

注意 Vector 和 Stack 是非常古老的集合类,都是基于线程安全的、性能比较差、且具有很多缺点,因此尽量少使用 Vector 和 Stack。

8.3.3　Set 接口及其实现类

视频讲解

Set 集合类似一个罐子,可以将多个元素丢进罐子里,但不能记住元素的添加顺序,因此不允许包含相同的元素。Set 接口继承 Collection 接口,没有提供任何额外的方法,其用法与 Collection 一样,只是特性不同(Set 中的元素不重复)。

Set 接口常用的实现类包括 HashSet、TreeSet 和 EnumSet,这三个实现类各具特色:

(1) HashSet 是 Set 接口的典型实现类,大多数使用 Set 集合时都使用该实现类。HashSet 使用 Hash 算法来存储集合中的元素,具有良好的存、取以及可查找性。

(2) TreeSet 采用 Tree(树)的数据结构来存储集合元素,因此可以保证集合中的元素处于排序状态。TreeSet 支持两种排序方式:自然排序和定制排序,默认情况下采用自然排序。

(3) EnumSet 是一个专为枚举类设计的集合类,其所有元素必须是指定的枚举类型。EnumSet 集合中的元素也是有序的,按照枚举值顺序进行排序。

HashSet 及其子类都是采用 Hash 算法来决定集合中元素的存储位置,并通过 Hash 算法来控制集合的大小。Hash 表中可以存储元素的位置称为"桶(bucket)",通常情况下,单个桶只存储一个元素,此时性能最佳,Hash 算法可以根据 HashCode 值计算出桶的位置,并从桶中取出元素。但当发生 Hash 冲突时,单个桶会存储多个元素,这些元素以链表的形式存储,图 8-3 是 Hash 表保存元素时发生 Hash 冲突的示意图。

下述代码演示 HashSet 的使用。

【代码 8-9】　**HashSetDemo. java**

```java
package com.qst.chapter08;

import java.util.HashSet;
import java.util.Iterator;
```

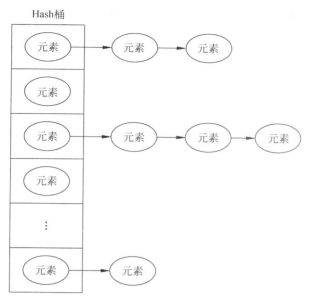

图 8-3 Hash 表中存储元素

```
public class HashSetDemo {

    public static void main(String[] args) {
        //使用泛型 HashSet
        HashSet < String > hs = new HashSet < String >();
        //向 HashSet 中添加元素
        hs.add("第一个");
        //添加重复元素
        hs.add("第一个");
        hs.add("第二个");
        hs.add("第三个");
        hs.add("第四个");
        //直接输出 HashSet 集合对象
        System.out.println(hs);

        //使用 foreach 循环遍历
        for (String str : hs) {
            System.out.println(str);
        }
        System.out.println("--------------------");

        //删除元素
        hs.remove("第一个");
        System.out.println("删除后剩下的数据：");
        //获取 HashSet 的迭代器
        Iterator < String > iterator = hs.iterator();
        //使用迭代器遍历
        while (iterator.hasNext()) {
```

```
                System.out.println(iterator.next());
            }
        }
    }
```

上述代码向 HashSet 集合中添加重复"第一个"元素,以便测试 Set 集合中不能包含相同元素。在遍历输出 HashSet 集合中的元素时,分别采用了 foreach 循环语句和 Iterator 迭代器两种方式。

运行结果如下所示:

```
[第二个, 第四个, 第三个, 第一个]
第二个
第四个
第三个
第一个
--------------------
删除后剩下的数据:
第二个
第四个
第三个
```

通过运行结果可以发现 HashSet 集合中的元素是无序的,且没有重复元素。

TreeSet 类实现了 SortedSet 接口,并继承了 AbstractSet 抽象类。它是一个有序集合,对集合中的元素采用红黑树进行排列,默认情况下,元素以升序进行排序。当对该集合进行迭代遍历时,各元素将自动以排序后的顺序出现。

下述代码演示 TreeSet 的使用。

【代码 8-10】 **TreeSetDemo.java**

```java
package com.qst.chapter08;

import java.util.Iterator;
import java.util.TreeSet;

public class TreeSetDemo {
    public static void main(String[] args) {
        //使用泛型 TreeSet
        TreeSet < String > hs = new TreeSet < String >();
        //向 TreeSet 中添加元素
        hs.add("第 1 个");
        //添加重复元素
        hs.add("第 1 个");
        //添加顺序无序
        hs.add("第 3 个");
        hs.add("第 4 个");
        hs.add("第 2 个");
        //直接输出 TreeSet 集合对象
        System.out.println(hs);
```

```
        //使用 foreach 循环遍历
        for (String str : hs) {
            System.out.println(str);
        }
        System.out.println(" ------------------- ");

        //删除元素
        hs.remove("第 1 个");
        System.out.println("删除后剩下的数据：");
        //获取 TreeSet 的迭代器
        Iterator < String > iterator = hs.iterator();
        //使用迭代器遍历
        while (iterator.hasNext()) {
            System.out.println(iterator.next());
        }
    }
}
```

上述代码在向 TreeSet 集合中添加数据时，添加了一个重复元素，且添加的元素是无序的，以便测试 TreeSet 集合的特性。

运行结果如下所示：

```
[第 1 个, 第 2 个, 第 3 个, 第 4 个]
第 1 个
第 2 个
第 3 个
第 4 个
-------------------
删除后剩下的数据：
第 2 个
第 3 个
第 4 个
```

通过运行结果可以发现 TreeSet 中的元素按照字符串的内容进行排序，输出的元素都是有序的。TreeSet 集合中也不能包含重复元素。

TreeSet 排序时，会调用元素的 compareTo 方法，或根据创建 set 时提供的 Comparator 进行排序，这意味着 TreeSet 中的元素要实现 Comparable 接口，或者有一个自定义的比较器 Comparator。

下述代码演示元素实现 Comparable 接口，TreeSet 根据元素覆写的 compareTo 方法进行排序。

【代码 8-11】　ComparableTreeSet. java

```
package com.qst.chapter08;
import java.util. * ;
class USACO2 implements Comparable< USACO2 >{//利用 TreeSet 的类必须实现 Comparable 接口
    private String src;                    //排放源
    private double discharge;              //排放量
```

```java
    public USACO2(String src, double discharge) {
        this.src = src;
        this.discharge = discharge;
    }
    public String toString(){
        return "排放源:" + src + " 排放量:" + discharge;
    }
    public boolean equals(Object obj){          //覆写 equals 方法
        if(this == obj){                        //地址相等,则肯定是同一个对象
            return true;
        }
        if(!(obj instanceof USACO2)){           //不是同一类对象
            return false;
        }
        USACO2 usa = (USACO2) obj;              //向下转型
        //如果两个对象的来源和排放量相同,则表明是同一个对象
        if(this.src.equals(usa.src)&&this.discharge == usa.discharge)
            return true;
        return false;
    }
    public int hashCode(){                      //覆写 hashCode 方法
        return this.src.hashCode();             //指定哈希码的编码公式
    }
    public int compareTo(USACO2 usa){           //必须覆写 Comparable 接口的方法
        //按照 co2 的排放量从小到大排序
        if(this.discharge > usa.discharge)
            return 1;
        else if(this.discharge < usa.discharge)
            return -1;
        else
        //如果没有这个比较,那么若 discharge 相同,则 TreeSet 认为是同一个对象,拒绝加入
            return this.src.compareTo(usa.src);
            //return 0;    //取消这个注释,并注释上面的 return 语句,观察结果
    }
}
public class ComparableTreeSet {
    public static void main(String[] args) {
        Set < USACO2 > myTree = new TreeSet < USACO2 >();
        myTree.add(new USACO2("空气",2609));
        myTree.add(new USACO2("热空调",10132));
        myTree.add(new USACO2("其他",3168));
        System.out.println(myTree);}
}
```

运行结果如下所示:

[排放源:空气 排放量:2609.0, 排放源:其他 排放量:3168.0, 排放源:热空调 排放量:10132.0]

输出结果显示集合中的对象按照 CO_2 的排放量进行升序排序。

视频讲解

注意　因 EnumSet 涉及枚举类型,其具体使用参见"在实践中成长"丛书中《Java 8 高级应用与开发》一书中第 7 章的内容。

8.3.4　Queue 接口及其实现类

队列 Queue 通常以"先进先出(FIFO)"的方式排序各个元素,即最先入队的元素最先出队。Queue 接口继承 Collection 接口,除了 Collection 接口中的基本操作外,还提供了队列的插入、提取和检查操作,且每个操作都存在两种形式:一种操作失败时抛出异常;另一种操作失败时返回一个特殊值(null 或 false)。

Queue 接口中的方法如表 8-6 所示。

表 8-6　Queue 接口中的方法

方　　法	功　能　描　述
E element()	获取队头元素,但不移除此队列的头
boolean offer(E e)	将指定元素插入此队列,当队列有容量限制时,该方法通常要优于 add() 方法,后者可能无法插入元素,而只是抛出一个异常
E peek()	查看队头元素,但不移除此队列的头,如果此队列为空,则返回 null
E poll()	获取并移除此队列的头,如果此队列为空,则返回 null
E remove()	获取并移除此队列的头

Deque(double ended queue,双端队列)是 Queue 的子接口,支持在队列的两端插入和移除元素。Deque 接口中定义在双端队列两端插入、移除和检查元素的方法,其常用方法如表 8-7 所示。

表 8-7　Deque 接口中的方法

方　　法	功　能　描　述
void addFirst(E e)	将指定元素插入此双端队列的开头,插入失败将抛出异常
void addLast(E e)	将指定元素插入此双端队列的末尾,插入失败将抛出异常
E getFirst()	获取但不移除此双端队列的第一个元素
E getLast()	获取但不移除此双端队列的最后一个元素
boolean offerFirst(E e)	将指定的元素插入此双端队列的开头
boolean offerLast(E e)	将指定的元素插入此双端队列的末尾
E peekFirst()	获取但不移除此双端队列的第一个元素,如果此双端队列为空,则返回 null
E peekLast()	获取但不移除此双端队列的最后一个元素,如果此双端队列为空,则返回 null
E pollFirst()	获取并移除此双端队列的第一个元素,如果此双端队列为空,则返回 null
E pollLast()	获取并移除此双端队列的最后一个元素,如果此双端队列为空,则返回 null
E removeFirst()	获取并移除此双端队列的第一个元素
E removeLast()	获取并移除此双端队列的最后一个元素

链接列表 LinkedList 是 Deque 和 List 两个接口的实现类,兼具队列和列表两种特性,是最常使用的集合类之一。LinkedList 不是基于线程安全的,如果多个线程同时访问一个 LinkedList 实例,而其中至少有一个线程从结构上修改该列表时,则必须由外部代码手动保

持同步。

下述代码演示 LinkedList 的使用。

【代码 8-12】 LinkedListDemo.java

```java
package com.qst.chapter08;

import java.util.Iterator;
import java.util.LinkedList;

public class LinkedListDemo {
    public static void main(String[] args) {
        //使用泛型 LinkedList 集合
        LinkedList<String> books = new LinkedList<>();
        //在队尾添加元素
        books.offer("Java 8 程序设计");
        //在队头添加元素
        books.push("Java EE 企业应用开发");
        //在队头添加元素
        books.offerFirst("C++程序设计");
        //在队尾添加元素
        books.offerLast("C# 应用开发");

        //直接输出 LinkedList 集合对象
        System.out.println(books);

        System.out.println("foreach 遍历: ");
        //使用 foreach 循环遍历
        for (String str : books) {
            System.out.println(str);
        }
        System.out.println("-------------------");

        System.out.println("按索引访问遍历: ");
        //以 List 的方式(按索引访问的方式)来遍历集合元素
        for (int i = 0; i < books.size(); i++) {
            System.out.println(books.get(i));
        }
        System.out.println("-------------------");

        //访问、并不删除栈顶的元素
        System.out.println("peekFirst: " + books.peekFirst());
        //访问、并不删除队列的最后一个元素
        System.out.println("peekLast: " + books.peekLast());
        //将栈顶的元素弹出"栈"
        System.out.println("pop: " + books.pop());
        //访问、并删除队列的最后一个元素
        System.out.println("pollLast: " + books.pollLast());
        System.out.println("-------------------");
```

```
            System.out.println("删除后剩下的数据: ");
            //获取 LinkedList 的迭代器
            Iterator<String> iterator = books.iterator();
            //使用迭代器遍历
            while (iterator.hasNext()) {
                System.out.println(iterator.next());
            }
        }
    }
```

上述代码创建一个泛型 LinkedList 集合,并调用各种方法对该集合进行操作,运行结果如下所示:

```
[C++程序设计, Java EE 企业应用开发, Java8 程序设计, C#应用开发]
foreach 遍历:
C++程序设计
Java EE 企业应用开发
Java 8 程序设计
C#应用开发
--------------------
按索引访问遍历:
C++程序设计
Java EE 企业应用开发
Java 8 程序设计
C#应用开发
--------------------
peekFirst: C++程序设计
peekLast: C#应用开发
pop: C++程序设计
pollLast: C#应用开发
删除后剩下的数据:
Java EE 企业应用开发
Java 8 程序设计
```

ArrayDeque 称为"数组双端队列",是 Deque 接口的实现类,其特点如下:

(1) ArrayDeque 没有容量限制,可以根据需要增加容量;

(2) ArrayDeque 不是基于线程安全的,在没有外部代码同步时,不支持多个线程的并发访问;

(3) ArrayDeque 禁止添加 null 元素;

(4) ArrayDeque 在用作堆栈时快于 Stack,在用作队列时快于 LinkedList。

下述代码演示 ArrayDeque 的使用。

【代码 8-13】 **ArrayDequeDemo. java**

```java
package com.qst.chapter08;

import java.util.ArrayDeque;
import java.util.Iterator;
```

```java
public class ArrayDequeDemo {

    public static void main(String[] args) {
        //使用泛型 ArrayDeque 集合
        ArrayDeque<String> queue = new ArrayDeque<>();
        //在队尾添加元素
        queue.offer("Java8 程序设计");
        //在队头添加元素
        queue.push("Java EE 企业应用开发");
        //在队头添加元素
        queue.offerFirst("C++程序设计");
        //在队尾添加元素
        queue.offerLast("C♯应用开发");
        //直接输出 ArrayDeque 集合对象
        System.out.println(queue);
        System.out.println("------------------");
        //访问队列头部的元素
        System.out.println("peek: " + queue.peek());
        System.out.println("peek 后: " + queue);
        System.out.println("------------------");
        //poll 出第一个元素
        System.out.println(queue.poll());
        System.out.println("queue 后: " + queue);
        System.out.println("------------------");

        System.out.println("foreach 遍历: ");
        //使用 foreach 循环遍历
        for (String str : queue) {
            System.out.println(str);
        }
        System.out.println("------------------");

        System.out.println("迭代器遍历: ");
        //获取 ArrayDeque 的迭代器
        Iterator<String> iterator = queue.iterator();
        //使用迭代器遍历
        while (iterator.hasNext()) {
            System.out.println(iterator.next());
        }
    }
}
```

运行结果如下所示：

```
[C++程序设计, Java EE 企业应用开发, Java 8 程序设计, C♯应用开发]
------------------
peek: C++程序设计
peek 后: [C++程序设计, Java EE 企业应用开发, Java 8 程序设计, C♯应用开发]
------------------
C++程序设计
```

```
queue 后: [Java EE 企业应用开发, Java 8 程序设计, C#应用开发]
-------------------
foreach 遍历:
Java EE 企业应用开发
Java 8 程序设计
C#应用开发
-------------------
迭代器遍历:
Java EE 企业应用开发
Java8 程序设计
C#应用开发
```

PriorityQueue 是 Queue 接口的实现类,是基于优先级的、无界队列,通常称为"优先级队列"。优先级队列的元素按照其自然顺序进行排序,或定制排序,优先级队列不允许使用null 元素。依靠自然顺序的优先级队列不允许插入不可比较的对象。

下述代码演示 PriorityQueue 的使用。

【代码 8-14】　PriorityQueueDemo. java

```java
package com.qst.chapter08;

import java.util.Iterator;
import java.util.PriorityQueue;

public class PriorityQueueDemo {

    public static void main(String[] args) {
        //使用泛型 PriorityQueue 集合
        PriorityQueue < Integer > pq = new PriorityQueue <>();
        //添加元素
        pq.offer(6);
        pq.offer( - 3);
        pq.offer(20);
        pq.offer(18);
        //直接输出 PriorityQueue 集合对象
        System.out.println(pq); //输出[ - 3, 6, 20, 18]
        //访问队列第一个元素
        System.out.println("poll: " + pq.poll());
        System.out.println("------------------ ");

        System.out.println("foreach 遍历: ");
        //使用 foreach 循环遍历
        for (Integer e : pq) {
            System.out.println(e);
        }
        System.out.println(" ------------------ ");

        System.out.println("迭代器遍历: ");
        //获取 PriorityQueue 的迭代器
        Iterator < Integer > iterator = pq.iterator();
        //使用迭代器遍历
        while (iterator.hasNext()) {
```

```
            System.out.println(iterator.next());
        }
    }
}
```

运行结果如下所示：

```
[ - 3, 6, 20, 18]
poll: - 3
--------------------
foreach 遍历:
6
18
20
--------------------
迭代器遍历:
6
18
20
```

通过运行结果可以发现 PriorityQueue 优先队列中的元素是有序的。

8.3.5　Map 接口及其实现类

Map 接口是集合框架的另一个根接口，与 Collection 接口并列。Map 是以 key-value 键值对映射关系存储的集合，其 key-value 键值对映射关系的示意图如图 8-4 所示。

视频讲解

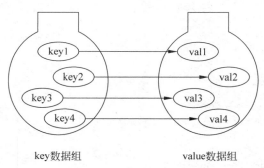

key数据组　　　　　　　　value数据组

图 8-4　Map 的 key-value 映射

Map 接口中常用的方法如表 8-8 所示。

表 8-8　Map 接口中常用的方法

方　　法	功　能　描　述
void clear( )	移除所有映射关系
boolean containsKey(Object key)	判断是否包含指定键的映射关系,包含则返回 true
boolean containsValue(Object key)	判断是否包含指定值的映射关系,包含则返回 true
Set < Map,Entry < K,V >> entrySet( )	返回此映射中包含的映射关系的 Set 视图

续表

方　　法	功 能 描 述
V get(Object key)	返回指定键所映射的值,如果没有则返回 null
int hashCode( )	返回此映射的哈希码值
boolean isEmpty( )	判断是否为空,为空则返回 true
Set < K > keySet( )	返回此映射中包含的键的 Set 视图
V put(K key, V value)	将指定的值与此映射中的指定键关联
void putAll(Map<? extends K,? extends V> m)	从指定映射中将所有映射关系复制到此映射中
V remove(Object key)	移除指定键的映射关系
int size()	返回此映射中的关系数,即大小
Collection < V > values()	返回此映射中包含的值的 Collection 视图

HashMap 和 TreeMap 是 Map 体系中两个常用实现类,其特点如下:

(1) HashMap 是基于哈希算法的 Map 接口的实现类,该实现类提供所有映射操作,并允许使用 null 键和 null 值,但不能保证映射的顺序,即是无序的映射集合;

(2) TreeMap 是基于"树"结构来存储的 Map 接口实现类,可以根据其键的自然顺序进行排序,或定制排序方式。

下述代码演示 HashMap 的使用。

【代码 8-15】 **HashMapDemo. java**

```java
package com.qst.chapter08;

import java.util.HashMap;

public class HashMapDemo {

    public static void main(String[] args) {
        //使用泛型 HashMap 集合
        HashMap< Integer, String > hm = new HashMap<>();
        //添加数据,key - value 键值对形式
        hm.put(1, "zhangsan");
        hm.put(2, "lisi");
        hm.put(3, "wangwu");
        hm.put(4, "maliu");
        hm.put(5, "zhaokel");
        hm.put(null,null);
        //根据 key 获取 value
        System.out.println(hm.get(1));
        System.out.println(hm.get(3));
        System.out.println(hm.get(5));
        System.out.println(hm.get(null));
        //根据 key 删除
        hm.remove(1);
        //key 为 1 的元素已经删除,返回 null
        System.out.println(hm.get(1));
    }
}
```

上述代码允许向 HashMap 中添加 null 键和 null 值,当使用 get()方法获取元素时,没用指定的键时会返回 null。

运行结果如下所示:

```
zhangsan
wangwu
zhaokel
null
null
```

注意　　HashMap 类除了非同步和允许使用 null 之外,与 Hashtable 类的使用大致相同。

下述代码演示 TreeMap 的使用。

【代码 8-16】　**TreeMapDemo. java**

```java
package com.qst.chapter08;

import java.util.TreeMap;

public class TreeMapDemo {

    public static void main(String[] args) {
        //使用泛型 TreeMap 集合
        TreeMap < Integer, String > tm = new TreeMap <>();
        //添加数据,key - value 键值对形式
        tm.put(1, "zhangsan");
        tm.put(2, "lisi");
        tm.put(3, "wangwu");
        tm.put(4, "maliu");
        tm.put(5, "zhaokel");
        //错误,不允许 null 键和 null 值
        //tm.put(null, null);
        //根据 key 获取 value
        System.out.println(tm.get(1));
        System.out.println(tm.get(3));
        System.out.println(tm.get(5));
        //错误,不允许 null 键
        //System.out.println(tm.get(null));
        //根据 key 删除
        tm.remove(1);
        //key 为 1 的元素已经删除,返回 null
        System.out.println(tm.get(1));
    }
}
```

上述代码在使用 TreeMap 时,不允许使用 null 键和 null 值,当使用 get()方法获取元素时,没用指定的键时会返回 null。

运行结果如下所示:

```
zhangsan
wangwu
zhaokel
null
```

HashMap 没有对存放的元素进行排序，TreeMap 按照存放元素的 key 值进行排序，如果 key 是自定义元素，则需要实现 Comparable 接口，TreeMap 排序时，会调用元素覆写的 compareTo(T o)方法。

下述代码演示 TreeMap 使用自定义 key 类型进行排序。

【代码 8-17】 **TreeMapDemo. java**

```java
package com. qst. chapter08;
import java. util. *;
class Student implements Comparable<Student>{//定义学生类,实现比较接口
    private String name;                      //姓名
    private int age;                          //年龄
    public Student(String name, int age) {
        this. name = name;
        this. age = age;
    }
    public String toString(){
        return "姓名:" + name + ",年龄:" + age;
    }
    public int compareTo(Student o) {
        return this. name. compareTo(o. name);     //按照姓名排序
    }
}
public class ComparableTreeMap {
    public static void main(String[] args) {
        //实例化 Map 集合,key 为 Student,value 为 String,表示学校名称
        Map<Student, String> map = new TreeMap<Student, String>();
        Student std1 = new Student("谢伟",22);   //向 Map 集合增加 key->value
        Student std2 = new Student("邱婉婷",19);//向 Map 集合增加 key->value
        Student std3 = new Student("向雪苗",21);//向 Map 集合增加 key->value
        map. put(std1,"吉首大学");              //向 Map 集合加入 key->value,value 为大学名称
        map. put(std2,"湖南大学");              //向 Map 集合加入 key->value,value 为大学名称
        map. put(std3,"中南大学");              //向 Map 集合加入 key->value,value 为大学名称
        System. out. println(map);              //输出 Map 集合
    }
}
```

运行结果如下所示：

```
{姓名:向雪苗,年龄:21 = 中南大学, 姓名:谢伟,年龄:22 = 吉首大学, 姓名:邱婉婷,年龄:19 = 湖南
大学}
```

可以看出 TreeMap 中元素已经按照姓名进行了排序，需要注意的是：Student 类覆写 compareTo 方法时，直接调用了 String 类的 compareTo 方法。

8.4 集合转换

视频讲解

Java 集合框架有两大体系：Collection 和 Map,两者虽然从本质上是不同的,各自具有自身的特性,但可以将 Map 集合转换为 Collection 集合。

将 Map 集合转换为 Collection 集合有三个方法。

(1) entrySet()：返回一个包含了 Map 中元素的集合,每个元素都包括键和值；

(2) keySet()：返回 Map 中所有键的集合；

(3) values()：返回 Map 中所有值的集合。

下述代码演示如何将 Map 集合转换成 Collection 集合。

【代码 8-18】 MapChangeCollectionDemo. java

```java
package com.qst.chapter08;

import java.util.Collection;
import java.util.HashMap;
import java.util.Map;
import java.util.Map.Entry;
import java.util.Set;

public class MapChangeCollectionDemo {

    public static void main(String[] args) {
        //使用泛型 HashMap 集合
        HashMap< Integer, String > hm = new HashMap<>();
        //添加数据,key - value 键值对形式
        hm.put(1, "zhangsan");
        hm.put(2, "lisi");
        hm.put(3, "wangwu");
        hm.put(4, "maliu");
        hm.put(5, "zhaokel");
        hm.put(null, null);
        //使用 entrySet()方法获取 Entry 键值对集合
        Set < Entry < Integer, String >> set = hm.entrySet();
        System.out.println("所有 Entry: ");
        //遍历所有元素
        for (Entry< Integer, String> entry : set) {
            System.out.println(entry.getKey() + " : " + entry.getValue());
        }
        System.out.println(" -------------------------- ");
        //使用 keySet()方法获取所有键的集合
        Set < Integer > keySet = hm.keySet();
        System.out.println("所有 key: ");
        for (Integer key : keySet) {
            System.out.println(key);
```

```
    }
    System.out.println(" ------------------------ ");
    //使用 values()方法获取所有值的集合
    Collection<String> valueSet = hm.values();
    System.out.println("所有 value: ");
    for (String value : valueSet) {
        System.out.println(value);
    }
    }
}
```

上述代码分别使用 entrySet()方法获取 Entry 键值对集合，使用 keySet()方法获取所有键的集合，使用 values()方法获取所有值的集合，并使用 foreach 循环对集合遍历输出。

运行结果如下所示：

```
所有 Entry:
null : null
1 : zhangsan
2 : lisi
3 : wangwu
4 : maliu
5 : zhaokel
------------------------
所有 key:
null
1
2
3
4
5
------------------------
所有 value:
null
zhangsan
lisi
wangwu
maliu
zhaokel
```

8.5　集合工具类

Java 集合框架中还提供了两个非常实用的辅助工具类：Collections 和 Arrays。

Collections 工具类提供了一些对 Collection 集合常用的静态方法，例如排序、复制、查找以及填充等操作。Collections 工具类中常用的静态方法如表 8-9 所示。

视频讲解

表 8-9　Collections 工具类中常用的静态方法

方　　法	功 能 描 述
static < T > void copy(List <? super T > dest, List <? extends T > src)	将所有元素从一个列表复制到另一个列表
static < T > void fill(List<? super T > list, T obj)	使用指定元素替换指定列表中的所有元素
static < T extends Object&Comparable <? super T >> T max(Collection <? extends T > coll)	根据自然排序,返回给定集合的最大元素
static < T > Tmax(Collection <? extends T > coll, Comparator <? super T > comp)	根据指定的比较器排序,返回给定集合的最大元素
static < T extends Object&Comparable <? super T >> T min(Collection <? extends T > coll)	根据自然排序,返回给定集合的最小元素
static < T > T min(Collection <? extends T > coll, Comparator <? super T > comp)	根据指定的比较器排序,返回给定集合的最小元素
static < T extends Comparable <? super T >> void sort(List < T > list)	根据自然排序,对指定列表按升序进行排序
static < T > void sort(List < T > list, Comparator <? super T > c)	根据指定的比较器排序,对指定列表进行排序
static void swap(List <?> list, int i, int j)	在指定列表的指定位置处交换元素
static < T > Collection < T > synchronizedCollection (Collection < T > c)	返回线程安全支持同步的 collection
static < T > List < T > synchronizedList(List < T > list)	返回线程安全支持同步的列表
static < K, V > Map < K, V > synchronizedMap(Map < K, V > m)	返回线程安全支持同步的映射
static < T > Set < T > synchronizedSet(Set < T > s)	返回线程安全支持同步的 set

使用 Collections 工具类为集合进行排序时,集合中的元素必须是 Comparable 可比较的。Java 提供一个 Comparable 接口,该接口中只有一个 compareTo()比较方法。如果一个类实现 Comparable 接口,则该类的对象就可以整体进行比较排序,这种排序方式被称为类的"自然排序",compareTo()方法被称为"自然比较方法"。

下述代码定义一个 Person 类,该类实现 Comparable 接口,并重写 Comparable 接口中的 compareTo()比较方法。

【代码 8-19】　Person. java

```java
package com.qst.chapter08.entity;

//声明 Person 类,实现 Comparable 接口
public class Person implements Comparable < Person > {
    /* 属性,成员变量 */
    //姓名
    private String name;
    //年龄
    private int age;
    //地址
```

```java
        private String address;
        //默认构造方法
        public Person() {
        }
        //构造方法
        public Person(String name, int age, String address) {
            this.name = name;
            this.age = age;
            this.address = address;
        }
        /* 方法,属性对应的获取和设置方法(get/set) */
        public String getName() {
            return name;
        }
        public void setName(String name) {
            this.name = name;
        }
        public int getAge() {
            return age;
        }
        public void setAge(int age) {
            this.age = age;
        }
        public String getAddress() {
            return address;
        }
        public void setAddress(String address) {
            this.address = address;
        }
        //重写 toString()方法
        public String toString() {
            return "姓名:" + name + ",年龄:" + age + ",地址:" + address;
        }
        //重写 Comparable 接口中的 compareTo()方法
        public int compareTo(Person p) {
            if (this.age < p.age) {
                //小于
                return - 1;
            } else if (this.age == p.age) {
                //等于
                return 0;
            } else {
                //大于
                return 1;
            }
        }
    }
```

上述代码在重写 Comparable 接口中的 compareTo()方法时,根据年龄进行比较,如果当前对象小于、等于或大于指定对象时,则分别返回负整数、零或正整数。

下述代码使用 Collections 工具类对 ArrayList 集合中的 Person 对象元素进行排序。

【代码 8-20】 **CollectionsDemo. java**

```java
package com.qst.chapter08;

import java.util.ArrayList;
import java.util.Collections;

import com.qst.chapter08.entity.Person;

public class CollectionsDemo {

    public static void main(String[] args) {
        //创建 ArrayList 集合
        ArrayList<Person> list = new ArrayList<>();
        //添加 Person 对象
        list.add(new Person("张三", 13, "北京"));
        list.add(new Person("李四", 8, "上海"));
        list.add(new Person("王五", 50, "济南"));
        list.add(new Person("马六", 46, "烟台"));
        list.add(new Person("赵克玲", 35, "青岛"));
        //foreach 输出
        for (Person e : list) {
            System.out.println(e);
        }
        System.out.println("-------------------------");

        //使用 Collections 工具类排序
        Collections.sort(list);
        System.out.println("排序后: ");
        for (Person e : list) {
            System.out.println(e);
        }

        System.out.println("-------------------------");
        System.out.println("年龄最大: " + Collections.max(list));
        System.out.println("年龄最小: " + Collections.min(list));
    }
}
```

上述代码使用 Collections. sort()方法对集合进行排序,使用 Collections. max()获取集合中最大元素,使用 Collections. min()获取集合中最小元素。

运行结果如下所示:

```
姓名:张三,年龄:13,地址:北京
姓名:李四,年龄:8,地址:上海
姓名:王五,年龄:50,地址:济南
姓名:马六,年龄:46,地址:烟台
```

```
姓名：赵克玲,年龄：35,地址：青岛
------------------------------
排序后：
姓名：李四,年龄：8,地址：上海
姓名：张三,年龄：13,地址：北京
姓名：赵克玲,年龄：35,地址：青岛
姓名：马六,年龄：46,地址：烟台
姓名：王五,年龄：50,地址：济南
------------------------------
年龄最大：姓名：王五,年龄：50,地址：济南
年龄最小：姓名：李四,年龄：8,地址：上海
```

Arrays 工具类则提供了针对数组的各种静态方法,例如排序、复制、查找等操作。Arrays 工具类常用的静态方法如表 8-10 所示。

表 8-10　Arrays 工具类中常用的静态方法

方　　法	功 能 描 述
static int binarySearch(Object[] a, Object key)	使用二分搜索法搜索指定的对象数组,以获得指定对象
static < T > int binarySearch(T[] a, T key, Comparator <? super T > c)	使用二分搜索法搜索指定的泛型数组,以获得指定对象
static < T > T[] copyOf(T[] original, int newLength)	复制指定的数组,如有必要需截取或用 null 填充,以使副本具有指定的长度
static < T > T[]copyOfRange(T[] original, int from, int to)	将指定数组的指定范围复制到一个新数组
static void fill(Object[] a, Object val)	将指定的值填充到指定数组的每个元素
static int hashCode(Object[] a)	基于指定数组的内容返回哈希码
static void sort(Object[] a)	根据元素的自然顺序对指定数组进行升序排序
static < T > void sort(T[] a, Comparator <? super T > c)	根据指定比较器对指定数组进行排序
static String toString(Object[] a)	返回指定数组内容的字符串表示形式

下述代码使用 Arrays 工具类对对象数组进行排序。

【代码 8-21】　**ArraysDemo. java**

```java
package com.qst.chapter08;

import java.util.Arrays;

import com.qst.chapter08.entity.Person;

public class ArraysDemo {

    public static void main(String[] args) {
        //创建一个 Person 对象数组
        Person[] p = new Person[5];
        //实例化对象数组中的元素
```

```
p[0] = new Person("张三", 13, "北京");
p[1] = new Person("李四", 8, "上海");
p[2] = new Person("王五", 50, "济南");
p[3] = new Person("马六", 46, "烟台");
p[4] = new Person("赵克玲", 35, "青岛");
//foreach 输出
for (Person e : p) {
    System.out.println(e);
}
System.out.println("------------------------");

//使用 Arrays 工具类进行排序
Arrays.sort(p);
System.out.println("排序后: ");
for (Person e : p) {
    System.out.println(e);
}

System.out.println("------------------------");
//将数组中的内容转换成字符串
System.out.println(Arrays.toString(p));

System.out.println("------------------------");
//数组拷贝
Person[] copy = Arrays.copyOfRange(p, 1, 4);
System.out.println("拷贝后: ");
for (Person e : copy) {
    System.out.println(e);
}
    }
}
```

上述代码使用 Arrays 工具类实现对数组的排序、转换以及复制操作。

运行结果如下所示:

```
姓名: 张三,年龄: 13,地址: 北京
姓名: 李四,年龄: 8,地址: 上海
姓名: 王五,年龄: 50,地址: 济南
姓名: 马六,年龄: 46,地址: 烟台
姓名: 赵克玲,年龄: 35,地址: 青岛
------------------------
排序后:
姓名: 李四,年龄: 8,地址: 上海
姓名: 张三,年龄: 13,地址: 北京
姓名: 赵克玲,年龄: 35,地址: 青岛
姓名: 马六,年龄: 46,地址: 烟台
姓名: 王五,年龄: 50,地址: 济南
------------------------
```

[姓名:李四,年龄:8,地址:上海, 姓名:张三,年龄:13,地址:北京, 姓名:赵克玲,年龄:35,地址:青岛, 姓名:马六,年龄:46,地址:烟台, 姓名:王五,年龄:50,地址:济南]

拷贝后:
姓名:张三,年龄:13,地址:北京
姓名:赵克玲,年龄:35,地址:青岛
姓名:马六,年龄:46,地址:烟台

如果在开发类时没有实现 Comparable 接口,但是在应用类对象时,需要对类对象进行排序,这种情况可实现 Comparator 接口作为一种补救办法,该接口有一个方法 compare (T o1,T o2),在进行排序时需要指定该接口的实例作为比较器。

下述代码利用 Compartor 接口实现 Person 类对象之间的比较。

【代码 8-22】 **PersonComparator. java**

```java
package com.qst.chapter08.entity;
import java.util.Arrays;
import java.util.Comparator;
public class PersonComparator implements Comparator<Person>{
    //重写 Comparator 接口中的 compare()方法
    public int compare(Person o1, Person o2) {
        if (o1.getAge() < o2.getAge()) {
            //小于
            return - 1;
        } else if (o1.getAge() == o2.getAge()) {
            //等于
            return 0;
        } else {
            //大于
            return 1;
        }
    }
    public static void main(String[] args) {
    Person[] p = new Person[5];
    //实例化对象数组中的元素
    p[0] = new Person("张三", 13, "北京");
    p[1] = new Person("李四", 8, "上海");
    p[2] = new Person("王五", 50, "济南");
    p[3] = new Person("马六", 46, "烟台");
    p[4] = new Person("赵克玲", 35, "青岛");
    PersonComparator pc = new PersonComparator();    //实例化 Comparator 比较器
    Arrays.sort(p,pc); //使用比较器对 Person 数组 p 排序
    for (Person e : p) {
        System.out.println(e);
    }
    }
}
```

上述代码假设 Person 类没有实现 Comparable 接口,然后定义 Compartor 比较器实现 Person 类对象之间的比较,最后输出排序后的结果。

运行结果如下所示:

```
姓名:李四,年龄:8,地址:上海
姓名:张三,年龄:13,地址:北京
姓名:赵克玲,年龄:35,地址:青岛
姓名:马六,年龄:46,地址:烟台
姓名:王五,年龄:50,地址:济南
```

8.6 贯穿任务实现

8.6.1 实现【任务 8-1】

下述代码实现 Q-DMS 贯穿项目中的【任务 8-1】使用泛型集合迭代升级数据分析接口和数据过滤抽象类。

【任务 8-1】 IDataAnalyse.java

```java
package com.qst.dms.gather;

import java.util.ArrayList;

//数据分析接口
public interface IDataAnalyse {
    //进行数据匹配,返回泛型 ArrayList 集合
    ArrayList <?> matchData();
}
```

上述代码将数据分析接口 IDataAnalyse 中的 matchData()方法的返回类型改为"ArrayList<?>"泛型集合类型,且 ArrayList 的类型参数使用通配符"?",以便 ArrayList 中的数据类型可以是任意类型。

【任务 8-1】 DataFilter.java

```java
package com.qst.dms.gather;

import java.util.ArrayList;

import com.qst.dms.entity.DataBase;

//数据过滤抽象类
public abstract class DataFilter {
    //数据集合,使用泛型集合
    private ArrayList <? extends DataBase> datas;

    public ArrayList <? extends DataBase> getDatas() {
        return datas;
    }

    public void setDatas(ArrayList <? extends DataBase> datas) {
```

```
        this.datas = datas;
    }

    //构造方法
    public DataFilter() {

    }

    public DataFilter(ArrayList<? extends DataBase> datas) {
        this.datas = datas;
    }

    //数据过滤抽象方法
    public abstract void doFilter();
}
```

上述代码将数据过滤抽象类 DataFilter 中的 datas 属性的数据类型改为"ArrayList <? extends DataBase>"泛型集合类型,且 ArrayList 的类型参数是有界的(DataBase 的子类)。

8.6.2 实现【任务 8-2】

下述代码实现 Q-DMS 贯穿项目中的【任务 8-2】使用泛型集合迭代升级日志数据分析类。

【任务 8-2】 **LogRecAnalyse. java**

```java
package com.qst.dms.gather;

import java.util.ArrayList;

import com.qst.dms.entity.DataBase;
import com.qst.dms.entity.LogRec;
import com.qst.dms.entity.MatchedLogRec;
import com.qst.dms.exception.DataAnalyseException;

//日志分析类,继承 DataFilter 抽象类,实现数据分析接口
public class LogRecAnalyse extends DataFilter implements IDataAnalyse {
    //"登录"集合
    private ArrayList<LogRec> logIns = new ArrayList<>();
    //"登出"集合
    private ArrayList<LogRec> logOuts = new ArrayList<>();

    //构造方法
    public LogRecAnalyse() {
    }

    public LogRecAnalyse(ArrayList<LogRec> logRecs) {
        super(logRecs);
    }
```

```
//实现 DataFilter 抽象类中的过滤抽象方法
public void doFilter() {
    //获取数据集合
    ArrayList<LogRec> logs = (ArrayList<LogRec>) this.getDatas();

    //遍历,对日志数据进行过滤,根据日志登录状态分别放在不同的数组中
    for (LogRec rec : logs) {
        if (rec.getLogType() == LogRec.LOG_IN) {
            //添加到"登录"日志集合中
            logIns.add(rec);
        } else if (rec.getLogType() == LogRec.LOG_OUT) {
            //添加到"登出"日志集合中
            logOuts.add(rec);
        }
    }
}

//实现 IDataAnalyse 接口中数据分析方法
public ArrayList<MatchedLogRec> matchData() {
    //创建日志匹配集合
    ArrayList<MatchedLogRec> matchLogs = new ArrayList<>();

    //数据匹配分析
    for (LogRec in : logIns) {
        for (LogRec out : logOuts) {
            if ((in.getUser().equals(out.getUser()))
                    && (in.getIp().equals(out.getIp()))) {
                //修改 in 和 out 日志状态类型为"匹配"
                in.setType(DataBase.MATHCH);
                out.setType(DataBase.MATHCH);
                //添加到匹配集合中
                matchLogs.add(new MatchedLogRec(in, out));
            }
        }
    }
    try {
        if (matchLogs.size() == 0) {
            //没找到匹配的数据,抛出 DataAnalyseException 异常
            throw new DataAnalyseException("没有匹配的日志数据!");
        }
    } catch (DataAnalyseException e) {
        e.printStackTrace();
    }
    return matchLogs;
}
```

上述代码将日志数据分析类 LogRecAnalyse 中原来使用对象数组的代码都改为泛型集合的方式,使用泛型集合后使代码更加简练、清晰。

8.6.3　实现【任务 8-3】

下述代码实现 Q-DMS 贯穿项目中的【任务 8-3】使用泛型集合迭代升级物流数据分析类。

【任务 8-3】　**TransportAnalyse. java**

```java
package com.qst.dms.gather;

import java.util.ArrayList;

import com.qst.dms.entity.DataBase;
import com.qst.dms.entity.MatchedTransport;
import com.qst.dms.entity.Transport;
import com.qst.dms.exception.DataAnalyseException;

//物流分析类,继承 DataFilter 抽象类,实现数据分析接口
public class TransportAnalyse extends DataFilter implements IDataAnalyse {
    //发货集合
    private ArrayList<Transport> transSends = new ArrayList<>();
    //送货集合
    private ArrayList<Transport> transIngs = new ArrayList<>();
    //已签收集合
    private ArrayList<Transport> transRecs = new ArrayList<>();

    //构造方法
    public TransportAnalyse() {
    }

    public TransportAnalyse(ArrayList<Transport> trans) {
        super(trans);
    }

    //实现 DataFilter 抽象类中的过滤抽象方法
    public void doFilter() {
        //获取数据集合
        ArrayList<Transport> trans = (ArrayList<Transport>) this.getDatas();

        //遍历,对物流数据进行过滤,根据物流状态分别放在不同的集合中
        for (Transport tran : trans) {
            if (tran.getTransportType() == Transport.SENDDING) {
                transSends.add(tran);
            } else if (tran.getTransportType() == Transport.TRANSPORTING) {
                transIngs.add(tran);
            } else if (tran.getTransportType() == Transport.RECIEVED) {
                transRecs.add(tran);
            }
        }
```

```
        }

        //实现 IDataAnalyse 接口中数据分析方法
        public ArrayList<MatchedTransport> matchData() {
            //创建物流匹配集合
            ArrayList<MatchedTransport> matchTrans = new ArrayList<>();
            //数据匹配分析
            for (Transport send : transSends) {
                for (Transport tran : transIngs) {
                    for (Transport rec : transRecs) {
                        if ((send.getReciver().equals(tran.getReciver()))
                                && (send.getReciver().equals(rec.getReciver()))) {
                            //修改物流状态类型为"匹配"
                            send.setType(DataBase.MATHCH);
                            tran.setType(DataBase.MATHCH);
                            rec.setType(DataBase.MATHCH);
                            //添加到匹配集合中
                            matchTrans.add(new MatchedTransport(send, tran, rec));
                        }
                    }
                }
            }
            try {
                if (matchTrans.size() == 0) {
                    //没找到匹配的数据,抛出 DataAnalyseException 异常
                    throw new DataAnalyseException("没有匹配的物流数据!");
                }
            } catch (DataAnalyseException e) {
                e.printStackTrace();
            }
            return matchTrans;
        }
    }
```

上述代码将日志数据分析类 TransportAnalyse 中原来使用对象数组的代码都改为泛型集合的方式,使用泛型集合后使代码更加简练、清晰。

8.6.4　实现【任务 8-4】

下述代码实现 Q-DMS 贯穿项目中的【任务 8-4】在日志和物流业务类中增加显示泛型集合数据的功能。

【任务 8-4】　**LogRecService.java**

```
package com.qst.dms.service;

import java.util.ArrayList;
import java.util.Date;
import java.util.Scanner;
```

```
import com.qst.dms.entity.DataBase;
import com.qst.dms.entity.LogRec;
import com.qst.dms.entity.MatchedLogRec;


//日志业务类
public class LogRecService {
    //日志数据采集
    public LogRec inputLog() {
        LogRec log = null;
        //建立一个从键盘接收数据的扫描器
        Scanner scanner = new Scanner(System.in);
        try{
            //提示用户输入 ID 标识
            System.out.println("请输入 ID 标识: ");
            //接收键盘输入的整数
            int id = scanner.nextInt();
            //获取当前系统时间
            Date nowDate = new Date();
            //提示用户输入地址
            System.out.println("请输入地址: ");
            //接收键盘输入的字符串信息
            String address = scanner.next();
            //数据状态是"采集"
            int type = DataBase.GATHER;

            //提示用户输入登录用户名
            System.out.println("请输入登录用户名: ");
            //接收键盘输入的字符串信息
            String user = scanner.next();
            //提示用户输入主机 IP
            System.out.println("请输入 主机 IP:");
            //接收键盘输入的字符串信息
            String ip = scanner.next();
            //提示用户输入登录状态、登出状态
            System.out.println("请输入登录状态:1 是登录,0 是登出");
            int logType = scanner.nextInt();
            //创建日志对象
            log = new LogRec(id, nowDate, address, type, user, ip, logType);
        } catch (Exception e) {
            System.out.println("采集的日志信息不合法");
        }
        //返回日志对象
        return log;
    }


    //日志信息输出
    public void showLog(LogRec... logRecs) {
        for (LogRec e : logRecs) {
            if (e != null) {
                System.out.println(e.toString());
```

```
            }
        }
    }

    //匹配日志信息输出,可变参数
    public void showMatchLog(MatchedLogRec... matchLogs) {
        for (MatchedLogRec e : matchLogs) {
            if (e != null) {
                System.out.println(e.toString());
            }
        }
    }
    //匹配日志信息输出,参数是集合
    public void showMatchLog(ArrayList < MatchedLogRec > matchLogs) {
        for (MatchedLogRec e : matchLogs) {
            if (e != null) {
                System.out.println(e.toString());
            }
        }
    }
}
```

【任务 8-4】　TransportService. java

```
package com.qst.dms.service;

import java.util.ArrayList;
import java.util.Date;
import java.util.Scanner;

import com.qst.dms.entity.DataBase;
import com.qst.dms.entity.MatchedTransport;
import com.qst.dms.entity.Transport;

public class TransportService {
    //物流数据采集
    public Transport inputTransport() {
        Transport trans = null;

        //建立一个从键盘接收数据的扫描器
        Scanner scanner = new Scanner(System.in);
        try{
            //提示用户输入 ID 标识
            System.out.println("请输入 ID 标识: ");
            //接收键盘输入的整数
            int id = scanner.nextInt();
            //获取当前系统时间
            Date nowDate = new Date();
            //提示用户输入地址
            System.out.println("请输入地址: ");
```

```
            //接收键盘输入的字符串信息
            String address = scanner.next();
            //数据状态是"采集"
            int type = DataBase.GATHER;

            //提示用户输入登录用户名
            System.out.println("请输入货物经手人：");
            //接收键盘输入的字符串信息
            String handler = scanner.next();
            //提示用户输入主机 IP
            System.out.println("请输入收货人：");
            //接收键盘输入的字符串信息
            String reciver = scanner.next();
            //提示用于输入物流状态
            System.out.println("请输入物流状态：1 发货中,2 送货中,3 已签收");
            //接收物流状态
            int transportType = scanner.nextInt();
            //创建物流信息对象
            trans = new Transport(id, nowDate, address, type, handler, reciver,
                    transportType);
        } catch (Exception e) {
            System.out.println("采集的日志信息不合法");
        }
        //返回物流对象
        return trans;
    }


    //物流信息输出
    public void showTransport(Transport... transports) {
        for (Transport e : transports) {
            if (e != null) {
                System.out.println(e.toString());
            }
        }
    }


    //匹配的物流信息输出,可变参数
    public void showMatchTransport(MatchedTransport... matchTrans) {
        for (MatchedTransport e : matchTrans) {
            if (e != null) {
                System.out.println(e.toString());
            }
        }
    }
    //匹配的物流信息输出,参数是集合
    public void showMatchTransport(ArrayList < MatchedTransport > matchTrans) {
        for (MatchedTransport e : matchTrans) {
            if (e != null) {
                System.out.println(e.toString());
            }
```

```
            }
        }
    }
```

上述代码在日志业务类 LogRecService 和物流业务类 TransportService 中都重载了匹配信息输出的方法,该方法的参数是泛型集合,以便对传递过来的集合数据进行遍历输出。

8.6.5　实现【任务 8-5】

下述代码实现 Q-DMS 贯穿项目中的【任务 8-5】使用泛型集合迭代升级主菜单驱动并运行测试。

【任务 8-5】　MenuDriver.java

```java
package com.qst.dms.dos;

import java.util.ArrayList;
import java.util.Scanner;

import com.qst.dms.entity.LogRec;
import com.qst.dms.entity.MatchedLogRec;
import com.qst.dms.entity.MatchedTransport;
import com.qst.dms.entity.Transport;
import com.qst.dms.gather.LogRecAnalyse;
import com.qst.dms.gather.TransportAnalyse;
import com.qst.dms.service.LogRecService;
import com.qst.dms.service.TransportService;

public class MenuDriver {
    public static void main(String[] args) {
        //建立一个从键盘接收数据的扫描器
        Scanner scanner = new Scanner(System.in);

        //创建一个泛型 ArrayList 集合存储日志数据
        ArrayList<LogRec> logRecList = new ArrayList<>();
        //创建一个泛型 ArrayList 集合存储物流数据
        ArrayList<Transport> transportList = new ArrayList<>();

        //创建一个日志业务类
        LogRecService logService = new LogRecService();
        //创建一个物流业务类
        TransportService tranService = new TransportService();

        //日志数据匹配集合
        ArrayList<MatchedLogRec> matchedLogs = null;
        //物流数据匹配集合
        ArrayList<MatchedTransport> matchedTrans = null;

        try {
```

```
while (true) {
    //输出菜单
    System.out.println("**************************");
    System.out.println("* 1、数据采集   2、数据匹配   *");
    System.out.println("* 3、数据记录   4、数据显示   *");
    System.out.println("* 5、数据发送   0、退出应用   *");
    System.out.println("**************************");
    //提示用户输入要操作的菜单项
    System.out.println("请输入菜单项(0~5)：");

    //接收键盘输入的选项
    int choice = scanner.nextInt();

    switch (choice) {
    case 1: {
        System.out.println("请输入采集数据类型：1.日志    2.物流");
        //接收键盘输入的选项
        int type = scanner.nextInt();
        if (type == 1) {
            System.out.println("正在采集日志数据,请输入正确信息,
                确保数据的正常采集!");
            //采集日志数据
            LogRec log = logService.inputLog();
            //将采集的日志数据添加到 logRecList 集合中
            logRecList.add(log);
        } else if (type == 2) {
            System.out.println("正在采集物流数据,请输入正确信息,
                确保数据的正常采集!");
            //采集物流数据
            Transport tran = tranService.inputTransport();
            //将采集的物流数据添加到 transportList 集合中
            transportList.add(tran);
        }
    }
        break;
    case 2: {
        System.out.println("请输入匹配数据类型：1.日志    2.物流");
        //接收键盘输入的选项
        int type = scanner.nextInt();
        if (type == 1) {
            System.out.println("正在日志数据过滤匹配...");
            //创建日志数据分析对象
            LogRecAnalyse logAn = new LogRecAnalyse(logRecList);
            //日志数据过滤
            logAn.doFilter();
            //日志数据分析
            matchedLogs = logAn.matchData();
            System.out.println("日志数据过滤匹配完成!");
        } else if (type == 2) {
            System.out.println("正在物流数据过滤匹配...");
```

```
                            //创建物流数据分析对象
                            TransportAnalyse transAn = new TransportAnalyse(
                                    transportList);
                            //物流数据过滤
                            transAn.doFilter();
                            //物流数据分析
                            matchedTrans = transAn.matchData();
                            System.out.println("物流数据过滤匹配完成!");
                        }
                    }
                        break;
                    case 3:
                        System.out.println("数据记录中...");
                        break;
                    case 4: {
                        System.out.println("显示匹配的数据: ");
                        if (matchedLogs == null || matchedLogs.size() == 0) {
                            System.out.println("匹配的日志记录是 0 条!");
                        } else {
                            //输出匹配的日志信息
                            logService.showMatchLog(matchedLogs);
                        }
                        if (matchedTrans == null || matchedTrans.size() == 0) {
                            System.out.println("匹配的物流记录是 0 条!");
                        } else {
                            //输出匹配的物流信息
                            tranService.showMatchTransport(matchedTrans);
                        }
                    }
                        break;
                    case 5:
                        System.out.println("数据发送中...");
                        break;
                    case 0:
                        //应用程序退出
                        System.exit(0);
                    default:
                        System.out.println("请输入正确的菜单项(0~5)!");
                }

            }
        } catch (Exception e) {
            System.out.println("输入的数据不合法!");
        }
    }
}
```

上述代码使用泛型集合迭代升级主菜单驱动 MenuDriver 类,并将菜单中的 1、2、4 三个菜单功能进行实现。

运行并测试,结果如下所示:

```
********************
* 1、数据采集　2、数据匹配　*
* 3、数据记录　4、数据显示　*
* 5、数据发送　0、退出应用　*
********************
请输入菜单项(0～5):
1
请输入采集数据类型:1.日志　　2.物流
1
正在采集日志数据,请输入正确信息,确保数据的正常采集!
请输入 ID 标识:
1001
请输入地址:
青岛
请输入 登录用户名:
zhaokl
请输入 主机 IP:
192.168.1.1
请输入登录状态:1是登录,0是登出
1
********************
* 1、数据采集　2、数据匹配　*
* 3、数据记录　4、数据显示　*
* 5、数据发送　0、退出应用　*
********************
请输入菜单项(0～5):
1
请输入采集数据类型:1.日志　　2.物流
1
正在采集日志数据,请输入正确信息,确保数据的正常采集!
请输入 ID 标识:
1002
请输入地址:
青岛
请输入 登录用户名:
zhaokl
请输入 主机 IP:
192.168.1.1
请输入登录状态:1是登录,0是登出
0
********************
* 1、数据采集　2、数据匹配　*
* 3、数据记录　4、数据显示　*
* 5、数据发送　0、退出应用　*
********************
请输入菜单项(0～5):
1
请输入采集数据类型:1.日志　　2.物流
```

1
正在采集日志数据,请输入正确信息,确保数据的正常采集!
请输入 ID 标识:
1003
请输入地址:
北京
请输入 登录用户名:
zhangsan
请输入 主机 IP:
192.168.1.8
请输入登录状态:1 是登录,0 是登出
1

```
************************
* 1、数据采集  2、数据匹配  *
* 3、数据记录  4、数据显示  *
* 5、数据发送  0、退出应用  *
************************
```
请输入菜单项(0~5):
1
请输入采集数据类型:1.日志   2.物流
2
正在采集物流数据,请输入正确信息,确保数据的正常采集!
请输入 ID 标识:
2001
请输入地址:
烟台
请输入货物经手人:
zhangsan
请输入 收货人:
zhaokl
请输入物流状态:1 发货中,2 送货中,3 已签收
1

```
************************
* 1、数据采集  2、数据匹配  *
* 3、数据记录  4、数据显示  *
* 5、数据发送  0、退出应用  *
************************
```
请输入菜单项(0~5):
1
请输入采集数据类型:1.日志   2.物流
2
正在采集物流数据,请输入正确信息,确保数据的正常采集!
请输入 ID 标识:
2002
请输入地址:
济南
请输入货物经手人:
lisi
请输入 收货人:
zhaokl

请输入物流状态:1发货中,2送货中,3已签收

2

```
***********************
* 1、数据采集   2、数据匹配   *
* 3、数据记录   4、数据显示   *
* 5、数据发送   0、退出应用   *
***********************
```

请输入菜单项(0～5):

1

请输入采集数据类型:1.日志   2.物流

2

正在采集物流数据,请输入正确信息,确保数据的正常采集!

请输入 ID 标识:

2003

请输入地址:

青岛

请输入货物经手人:

wangwu

请输入 收货人:

zhaokl

请输入物流状态:1发货中,2送货中,3已签收

3

```
***********************
* 1、数据采集   2、数据匹配   *
* 3、数据记录   4、数据显示   *
* 5、数据发送   0、退出应用   *
***********************
```

请输入菜单项(0～5):

2

请输入匹配数据类型:1.日志   2.物流

1

正在日志数据过滤匹配...

日志数据过滤匹配完成!

```
***********************
* 1、数据采集   2、数据匹配   *
* 3、数据记录   4、数据显示   *
* 5、数据发送   0、退出应用   *
***********************
```

请输入菜单项(0～5):

2

请输入匹配数据类型:1.日志   2.物流

2

正在物流数据过滤匹配...

物流数据过滤匹配完成!

```
***********************
* 1、数据采集   2、数据匹配   *
* 3、数据记录   4、数据显示   *
* 5、数据发送   0、退出应用   *
***********************
```

请输入菜单项(0～5):

4
显示匹配的数据：
1001,Wed Nov 26 13:08:18 CST 2014,青岛,2,zhaokl,192.168.1.1,1｜1002,Wed Nov 26 13:09:18 CST
2014,青岛,2,zhaokl,192.168.1.1,0
2001,Wed Nov 26 13:10:50 CST 2014,烟台,2,zhangsan,1｜2002,Wed Nov 26 13:12:23 CST 2014,济南,
2,lisi,2｜2003,Wed Nov 26 13:13:09 CST 2014,青岛,2,wangwu,3
＊＊＊＊＊＊＊＊＊＊＊＊＊＊＊＊＊＊＊＊＊
＊ 1、数据采集　2、数据匹配　＊
＊ 3、数据记录　4、数据显示　＊
＊ 5、数据发送　0、退出应用　＊
＊＊＊＊＊＊＊＊＊＊＊＊＊＊＊＊＊＊＊＊＊
请输入菜单项(0~5)：
0

本章总结

小结

- Java 引入"参数化类型"的概念，这种参数化类型称为"泛型"
- 通配符是由"?"来表示一个未知类型，从而解决类型限制的问题
- "有界类型"来限制类型参数的取值范围，使用 extends 关键字声明类型参数的上界，使用 super 关键字声明类型参数的下界
- 泛型的使用有一些限制，其中大多数限制都是由类型擦除和转换引起的
- Java 的集合类主要由两个接口派生而出：Collection 和 Map
- Collection 接口是 Set、Queue 和 List 接口的父接口
- Set 是无序、不可重复的集合
- Queue 是队列集合
- List 是有序、可以重复的集合
- Map 集合中的每个元素都是由 key-value 键值对组成
- 可以将 Map 集合转换为 Collection 集合
- Java 集合框架中还提供了两个非常实用的辅助工具类：Collections 和 Arrays

Q&A

1. 问题：泛型的限制。

回答：泛型的类型参数只能是类类型（包括自定义类），不能是简单类型；同一个泛型类可以有多个版本（不同参数类型），不同版本的泛型类的实例是不兼容的，例如，"Generic＜String＞"与"Generic＜Integer＞"的实例是不兼容的；定义泛型时，类型参数只是占位符，不能直接实例化，例如，"new T()"是错误的；不能实例化泛型数组，除非是无上界的类型通配符，例如，"Generic＜String＞[]a ＝ new Generic＜String＞[10]"是错误的，而

"Generic <?> []a ＝ new Generic <?> [10]"是被允许的；泛型类不能继承 Throwable 及其子类，即泛型类不能是异常类，不能抛出也不能捕获泛型类的异常对象，例如，"class GenericException < T > extends Exception""catch(T e)"都是错误的。

2. 问题：简述集合框架结构。

回答：Collection 和 Map 是集合框架的根接口，其中 Collection 接口是 Set、Queue 和 List 接口的父接口；Map 是以 key-value 键值对映射关系存储的集合。

章节练习

习题

1. 下面_____类是不属于 Collection 集合体系的。

    A. ArrayList   B. LinkedList   C. TreeSet   D. HashMap

2. 创建一个 ArrayList 集合实例，该集合中只能存放 String 类型数据，下列_____代码是正确的。

    A. ArrayList myList＝new ArrayList ()

    B. ArrayList < String > myList＝new ArrayList <> ()

    C. ArrayList <> myList＝new ArrayList < String > ()

    D. ArrayList <> myList＝new List <> ()

3. 下面集合类能够体现 FIFO 特点的是_____。

    A. LinkedList   B. Stack   C. TreeSet   D. HashMap

4. 在 Java 中 LinkedList 类和 ArrayList 类同属于集合框架类，下列_____选项中的方法是这两个类都有的。

    A. addFirst(Object o)   B. getFirst()

    C. removeFirst()   D. add(Object o)

5. 下列关于集合框架特征的说法中，不正确的是_____。

    A. Map 集合中的键对象不允许重复、有序

    B. List 集合中的元素允许重复、有序

    C. Set 集合中的元素不允许重复、无序

    D. Collection 集合中的元素允许重复、无序

6. 下列不是 Map 接口中的方法的是_____。

    A. clear()   B. peek()

    C. get(Object key)   D. remove(Object key)

7. 下列关于 Iterator 接口说法中，错误的是_____。

    A. Iterator 接口是 Collection 接口的父接口

    B. 从 JDK5 开始，所有实现了 Iterable 的集合类都是可迭代的，都支持 foreach 循环遍历

    C. 可以通过 hasNext()方法获取下一个元素

    D. remove()方法移除迭代器返回的最后一个元素

上机

1. 训练目标：泛型集合。

培养能力	泛型集合的使用		
掌握程度	★★★★★	难度	难
代码行数	300	实施方式	编码强化
结束条件	独立编写，不出错		

参考训练内容

(1) 从键盘接收整数存入泛型集合中。

(2) 对集合进行排序并输出

2. 训练目标：泛型集合。

培养能力	泛型集合的使用		
掌握程度	★★★★★	难度	中
代码行数	200	实施方式	编码强化
结束条件	独立编写，不出错		

参考训练内容

(1) 定义一个 Book 类并能根据价格进行比较。

(2) 创建一个泛型集合存放图书，对图书进行排序并输出

附 录 A
Eclipse 集成开发环境

A.1 Eclipse 简介

Eclipse 是著名的跨平台的 IDE 集成开发环境。Eclipse 最初主要用来进行 Java 语言开发，如今也有一些开发人员通过插件使其作为其他语言如 C++ 和 PHP 的开发工具。Eclipse 本身只是一个框架平台，众多插件的支持使得 Eclipse 具有更高的灵活性，这也是其他功能相对固定的 IDE 工具很难做到的。Eclipse 是一个开放源代码的、可扩展开发平台，许多软件开发商以 Eclipse 为框架开发自己的 IDE。

Eclipse 发行版本如表 A-1 所示，本书采用 Luna(月神)版本。

表 A-1　Eclipse 版本

版 本 代 号	发 行 日 期	平 台 版 本
Callisto(卡利斯托)	2006 年 6 月 30 日	3.2
Europa(欧罗巴)	2007 年 6 月 29 日	3.3
Ganymede(盖尼米得)	2008 年 6 月 25 日	3.4
Galileo(伽利略)	2009 年 6 月 26 日	3.5
Helios(太阳神)	2010 年 6 月 23 日	3.6
Indigo(靛蓝)	2011 年 6 月 24 日	3.7
Juno(朱诺)	2012 年 6 月 27 日	4.2
Kepler(开普勒)	2013 年 6 月 26 日	4.3
Luna(月神)	2014 年 6 月 25 日	4.4
Mars(火星)	2015 年 6 月 24 日	4.5
Neon(霓虹灯)	2016 年 6 月 22 日	4.6

 注意　在使用 Eclipse 之前，需要安装并配置好 JDK。

A.2 Eclipse 下载及安装

【步骤 1】　下载 Eclipse

进入 Eclipse 官方网站可以下载 Eclipse 安装文件。

Eclipse 官方网站 http://www.eclipse.org

Eclipse 下载地址 http://www.eclipse.org/downloads/download.php?file=/technology/epp/downloads/release/luna/R/eclipse-jee-luna-R-win32.zip

Eclipse 下载页面如图 A-1 所示。

图 A-1　Eclipse 下载页面

【步骤 2】　安装 Eclipse

将下载的 Eclipse 安装文件 eclipse-jee-luna-R-win32.zip,直接解压即可使用,解压后的目录如图 A-2 所示。

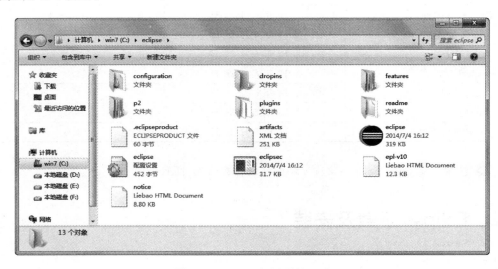

图 A-2　Eclipse 解压后的目录

【步骤3】　选择 Eclipse 工作区

单击 eclipse.exe 启动开发环境,第一次运行 Eclipse,启动向导会让用户选择 Workspace(工作区),如图 A-3 所示。

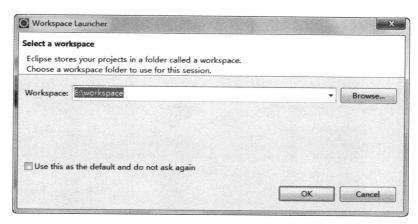

图 A-3　工作区目录设置

在 Workspace 中输入某个路径,例如"E:\workspace",这表示接下来的代码和项目设置都将保存到该工作目录下。

上述步骤做完后,单击 OK 按钮进行启动。

【步骤4】　Eclipse 启动

Eclipse 启动时会显示如图 A-4 所示画面。

图 A-4　Eclipse 启动画面

启动成功后,如果是第一次运行 Eclipse,则会显示如图 A-5 所示的欢迎页面。

单击 Welcome 标签页上的关闭按钮关闭欢迎画面,将显示开发环境布局界面,如图 A-6 所示。

开发环境分为如下几个部分:

- 顶部为菜单栏、工具栏;
- 右上角为 IDE 的透视图,用于切换 Eclipse 不同的视图外观;通常根据开发项目的需要切换不同的视图,如普通的 Java 项目则选择 Java ,而 Java EE 项目则选择 Java EE ;还有许多其他透视图可以单击 显示;

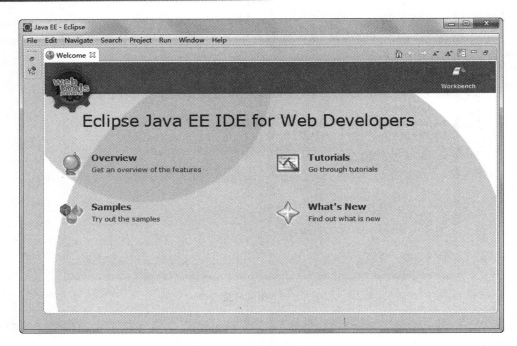

图 A-5　Eclipse 欢迎页面

图 A-6　Eclipse 开发环境布局

- 左侧为项目资源导航,主要有包资源管理器;
- 右侧为程序文件分析工具,主要有大纲、任务列表;
- 底部为显示区域,主要有编译问题列表、运行结果输出等;
- 中间区域为代码编辑区。

A.3　Eclipse 常用操作

Eclipse 集成开发环境中常用的操作集中在项目新建、创建类、编写代码、运行、查看结果这几个方面,下述内容针对这些常用操作分别进行详细介绍。

【步骤 1】　新建 Java 项目

选择 File→New→Project 菜单项,如图 A-7 所示。或直接在项目资源管理器空白处右击,在弹出菜单中选择 New→Project 菜单项。

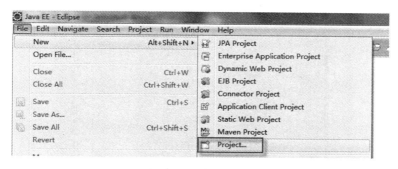

图 A-7　新建项目菜单

弹出 New Project 向导对话框,如图 A-8 所示,选择 Java Project 选项并单击 Next 按钮。

图 A-8　选择项目类型

如图 A-9 所示,在弹出的创建项目对话框中输入项目名称,并选择相应的 JRE,单击 Next 按钮。

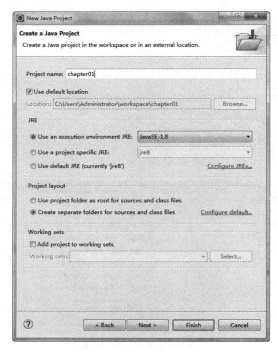

图 A-9　新建项目

　　如图 A-10 所示,进入项目设置对话框,在该对话框中不需要做任何改动,直接单击 Finish 按钮。

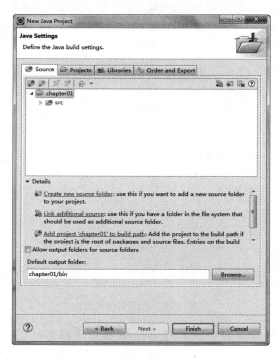

图 A-10　新建项目完成

此时，如果 Eclipse 当前的透视图不是 Java 透视图，则会弹出如图 A-11 所示的提示对话框，该对话框是询问是否要切换到 Java 透视图。Java 透视图是 Eclipse 专门为 Java 项目设置的开发环境布局，开发过程中会更方便快捷。直接单击 Yes 按钮。

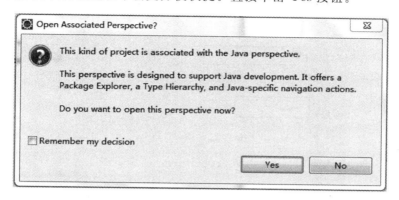

图 A-11　切换视图

【步骤 2】　新建类

在 Hello 项目中的 src 节点上右击，在弹出菜单中选择 New→Class，如图 A-12 所示。

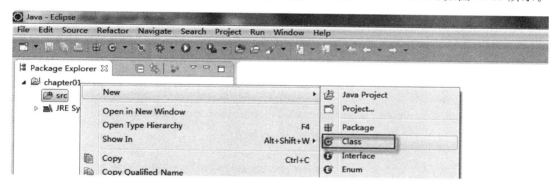

图 A-12　新建类菜单

如图 A-13 所示，弹出新建类对话框。在 Name 文本框中输入 Hello，选中 public static void main(String[] args)选项，然后单击 Finish 按钮。

【步骤 3】　编写 Java 代码

新建类后，Eclipse 会自动打开新建类的代码编辑窗口，在 main()中输入如图 A-14 所示代码：

```
System.out.println("Hello World!");
```

单击工具栏中的存盘按钮，或者按 Ctrl＋S 快捷键保存代码。

【步骤 4】　运行程序

单击工具栏上的运行按钮，选择 Run As→Java Application 选项，如图 A-15 所示，运行 Hello.java 程序。

【步骤 5】　查看运行结果

New Java Class
Java Class
Create a new Java class.
Source folder:
chapter01/src
Browse...
Package:
com.qst.chapter01
包名
Browse...
Enclosing type:
Browse...
Name:
Hello
类名
Modifiers:
public
package
private
protected
abstract
final
static
Superclass:
java.lang.Object
Browse...
Interfaces:
Add...
Remove
Which method stubs would you like to create?
public static void main(String[] args)
创建main()方法
Constructors from superclass
Inherited abstract methods
Do you want to add comments? (Configure templates and default value here)
Generate comments
Finish
Cancel

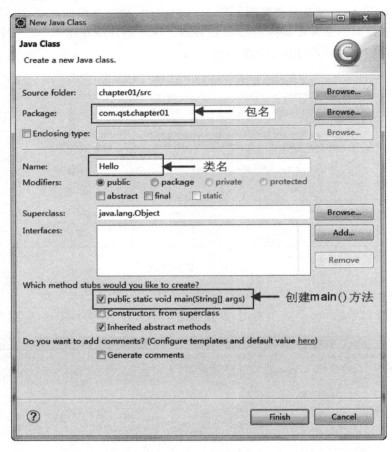

图 A-13　新建类

Hello.java
package com.qst.chapter01;
public class Hello {
public static void main(String[] args) {
System.out.println("Hello World!");
}
}

图 A-14　编写代码

程序运行后，会在 Eclipse 底部的 Console 选项卡中输出运行结果，如图 A-16 所示。

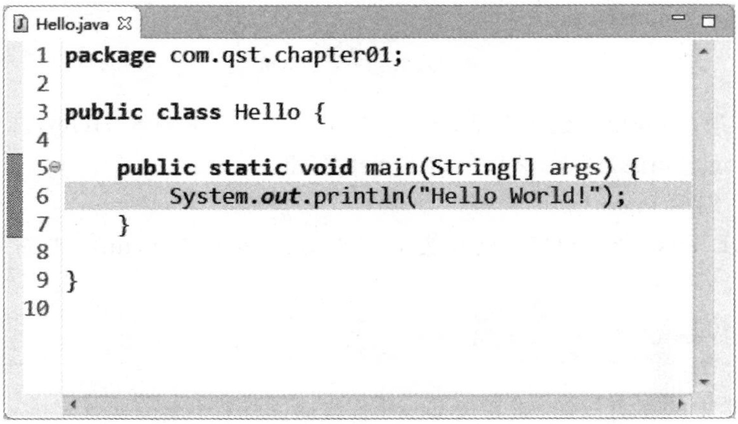

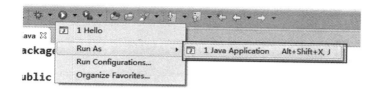

图 A-15　运行

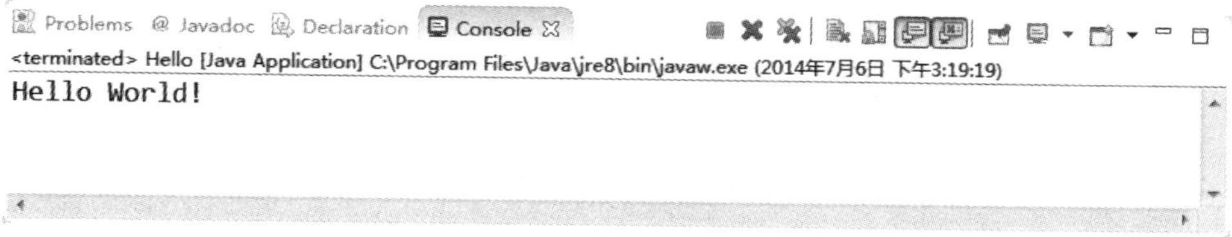

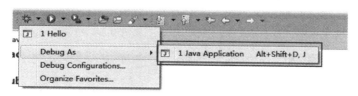

图 A-16　运行结果

A.4　Eclipse 调试

【步骤 1】　设置断点

如图 A-17 所示，单击需要设置断点的行的左侧边框，会出现一个蓝色的断点标识。

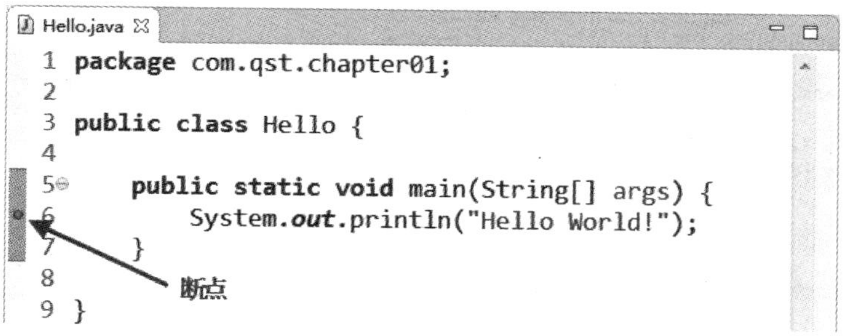

图 A-17　设置断点

【步骤 2】　调试程序

单击工具栏上的调试按钮 ，选择 Debug As→Java Application 选项，如图 A-18 所示，调试 Hello.java 程序。

图 A-18　调试运行

此时弹出一个对话框如图 A-19 所示，询问是否切换到 Debug 透视图，单击 Yes 按钮。程序调试界面如图 A-20 所示。

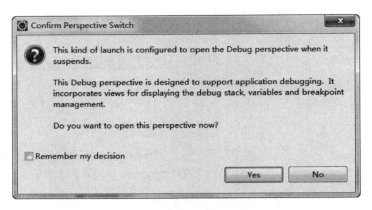

图 A-19　切换到调试视图

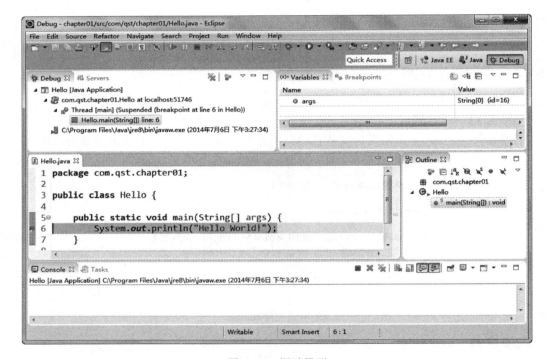

图 A-20　调试界面

单击调试工具栏中的 🔁 或 🔁 按钮,观察 Variables 窗口中的局部变量的变化,以及输出的变化,对代码进行调试并运行。

A.5　Eclipse 导入

在开发过程中,经常会需要从其他位置复制已有的项目,这些项目不需要重新创建,可以通过 Eclipse 的导入功能,将这些项目导入到 Eclipse 的工作空间。

首先,选择 File→Import 菜单项,如图 A-21 所示。

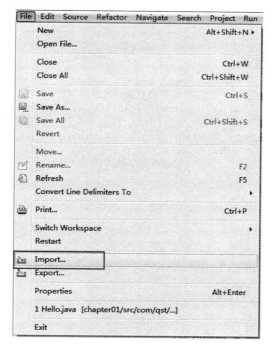

图 A-21   导入菜单

然后,在弹出的窗口中选择 General→Existing Projects into Workspace 选项,如图 A-22 所示。

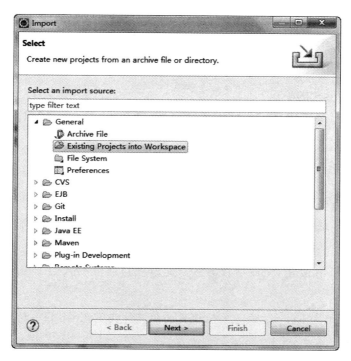

图 A-22   项目类型

单击 Next 按钮,弹出导入项目窗口,如图 A-23 所示。

图 A-23　导入项目

可以导入两种形式的项目:

- 项目根目录,即该项目以文件夹形式存放,则单击 Browse 按钮指定项目的根目录即可。
- 项目压缩存档文件,即整个项目压缩成 zip 文件,则单击 Browse 按钮指定其项目压缩存档文件即可。

以项目压缩存档文件为例,选择 Select archive file 选项,并单击该选项后面的 Browse 按钮,选择要导入的项目压缩存档文件,在 Projects 框中选择要导入的项目名称,如图 A-24 所示。

最后,单击 Finish 按钮,完成项目导入。此时项目已经引入到 Eclipse 工作空间中,如图 A-25 所示。

注意　能够向 Eclipse 中导入的项目必须是使用 Eclipse 导出的项目。导出项目与导入项目正好相反,选择 File→Export 菜单项。

图 A-24　项目压缩文档

图 A-25　项目导入完成

A.6　Eclipse 快捷键

常用的几个 Eclipse 快捷键如表 A-2 所示。

表 A-2　Eclipse 常用快捷键

快　捷　键	功　　能	作　用　域
Ctrl＋Shift＋F	格式化	Java 编辑器
Ctrl＋/	注释或取消注释	
Ctrl＋Shift＋M	添加导入	
Ctrl＋Shift＋O	组织导入	
Ctrl＋Shift＋B	添加/去除断点	全局
F5	单步跳入	
F6	单步跳过	
F7	单步返回	
F8	继续运行	

附录 B

javac 命令

javac 是 Java 编译器工具，可以将后缀为".java"的源文件编译成字节码".class"文件。
javac 命令的语法格式如下所示：

【语法】 javac 命令

```
javac [options] [sourceFiles] [@argFiles]
```

其中：

- options 是命令选项；
- sourceFiles 是一个或多个源文件；
- @argFiles 是一个或多个参数文件，参数文件中的内容是选项和源文件名称的列表。
  根据 javac 命令的语法格式，将源代码文件名传递给 javac 工具有以下两种方式：
  - ◆ 如果源文件数量少，使用 sourceFiles 参数直接在命令行上列出文件名即可；
  - ◆ 如果源文件数量多，则可以使用@argFiles 参数将源文件名列在参数文件中，名字
    之间使用空格或回车行进行分隔，再在 javac 命令行中使用该参数文件名即可，但
    该文件名前冠以@字符。

B.1 选项

选项是用来向 javac 传递指令的，例如，告知 javac 工具到哪里查找源文件中引用的类，
将生成的类文件放在哪里等。选项有两种类型：标准选项和非标准选项。

1. 标准选项

1）-classpath 类路径

如果在源文件中引用了不属于 Java 标准类库的其他 Java 类型，此时需要使用
-classpath 选项告知 javac 工具如何找到这些外部类。-classpath 选项的值包含被引用的
Java 类的目录路径或 jar 包路径，可以是当前目录的绝对路径或相对路径，路径之间使用英
文的分号";"隔开。例如：下面命令行编译 MyClass. java，该文件引用位于"C:\program\
classes"目录下的 primer. FileObject 类。

```
javac - classpath C:\program\classes  MyClass. java
```

如果引用 jar 包必须传递完整的路径,例如:

```
javac - classpath d:\lib\MyLib.jar MyClass.java
```

代替-classpath 选项的另一种做法是配置 CLASSPATH 环境变量,但是,如果已经有-classpath 选项,CLASSPATH 环境变量的值就会被覆盖。

2)-d 目录

-d 选项用于指定类文件的目标目录,即编译输出的.class 文件的位置。javac 将编译后的类文件放在包所对应的目录中,必要时创建所需的目录。例如,MyClass 类在 com.qst.yaypackage 包中,则其.class 文件的目录结构应为"com\qst\yaypackage\MyClass.class"。若未指定-d 选项,则 javac 会将类文件放到与源文件相同的目录中。

3)-deprecation

-deprecation 选项用于列出某个已弃用的成员或类的使用或覆盖情况说明,无该选项时将显示使用或覆盖已弃用的成员或类的源文件的名称。

4)-encoding 编码

-encoding 选项用于设置源文件的编码字符集,例如:

```
javac - encoding utf - 8 MyClass.java
```

5)-g 调试

-g 选项用于输出调试信息,包括本地局部变量。默认情况下,只生成行号和源文件信息。

6)-g:none

-g:none 不生成任何调试信息。

7)-g:{关键字列表}

-g 只生成某几种类型的调试信息,这些类型由逗号分隔的关键字列表来指定。有效的关键字包括 source(源文件调试信息)、lines(行号调试信息)、vars(局部变量调试信息)。

8)-help

-help 选项用于输出标准选项的描述。

9)-nowarn

-nowarn 选项用于关闭警告信息。

10)-sourcepath 源路径

-sourcepath 选项用于设置源代码的路径,指定用来查找类或接口定义的源代码路径。源路径可以是目录、jar 文件或 zip 文件,源路径之间使用英文分号";"进行间隔。如果使用的是包,则目录或归档文件中的本地路径名必须与包名称相对应。若未指定-sourcepath 选项,则将在用户类路径中查找类文件和源文件。

注意 通过 CLASSPATH 类路径查找的类,如果找到了其源文件,则会自动进行重新编译。

11)-verbose

-verbose 选项包含所加载的每一个类的信息,以及所编译的每一个源文件的信息。

2. 非标准选项

1）-X

显示非标准选项的有关信息并退出。

2）-Xdepend

递归地搜索所有可获得的类，以寻找要重编译的最新源文件。该选项将更可靠地查找需要编译的类，但会使编译进程的速度大为减慢。

3）-Xstdout

将编译器信息发送到指定的文件，默认情况下，编译器信息发送到 System. err 中。

4）-Xverbosepath

说明如何搜索路径和标准扩展以查找源文件和类文件。

5）-J 选项

将选项传给 javac 调用的 java 启动器。例如，-J-Xms48m 将启动内存设为 48MB，虽然不以-X 开头，但不是 javac 的标准选项。用-J 将选项传给执行用 Java 编写的应用程序的虚拟机是一种公共约定。

B.2　命令行参数文件

当给 javac 传递参数时，可以将参数保存在一个文件中，并且将这个文件传递给 javac。参数文件可以包含 javac 选项和源文件名称的任意组合。在一个参数文件中，可以用一个空格分隔参数，也可以将每个参数放在不同的行中。javac 工具允许使用多个参数文件。

下面的命令将 MyArguments 参数文件传递给 javac 工具：

```
javac @MyArguments
```

下面的命令将 MyArg1 和 MyArg2 两个参数文件传递给 javac 工具：

```
javac @ MyArg1 @MyArg2
```

java 命令是运行 Java 程序的一个工具,其语法格式有如下两种形式:

【语法】 **java 命令**

```
java [options] class [argument...]
```

或

```
java [options] - jar jarFile [argument...]
```

其中:

- options 表示命令行选项;
- class 是指要运行的字节码文件名(不包括后缀),即类的名称;
- jarFile 是指要运行的 jar 文件的名称;
- argument 是指传递给要执行的 main 方法的参数。

选项是用来向 java 传递指令的,与 javac 一样有两种类型选项可以传递给 java,即标准选项和非标准选项。

1. 标准选项

- -client

选择 Java HotSpot Client VM。

- -server

选择 Java HotSpot Server VM。

- -agentlib:libraryName[=options]

加载本机代理类库的 libraryName,例如 hprof,jdwp=help 和 hprof=help。

- -agentpath:pathname[=options]

加载完整路径名称的本机代理类库。

- -classpath classpath

指定一系列查找类文件的目录、jar 文件夹和 zip 文件夹,路径之间使用英文的分号";"间隔。-classpath 选项也可以缩写成"-cp",使用方式都是相同的。

- -Dproperty=value

设置一个系统的属性值。

- -d32 / -d64

指定程序运行的系统环境是在 32 位还是 64 位环境中运行。目前,只有 Java HotSpot Server VM 支持 64 位操作,-server 选项也隐含使用 64 位。如果-d32 和-d64 都没指定,则默认在 32 位环境下运行。不同的 JDK 版本有可能不同。

- -enableassertions[:< package name >"..."|:< class name >]

启用断言(assertion),默认情况下禁用,-enableassertions 选项也可以缩写成-ea。

- -disableassertions[:< package name >"..."|:< class name >]

禁用断言(默认值),-disableassertions 选项也可以缩写成-da。

- -enablesystemassertions

启用所有系统类中的断言,将系统类的默认断言状态设置为 true,-enablesystemassertions 选项可以缩写成-esa。

- -disablesystemassertions

禁用所有系统类中的断言,-disablesystemassertions 选项可以缩写成-dsa。

- -jar

从 jar 文件中执行一个 Java 类。-jar 选项的第一个参数是 jar 文件名,而不是启动类名。为了通知 java 工具要调用哪个类,jar 文件清单必须包含一行"Main-Class:类名",此处的类名是包含程序入口 main()方法的类的名称。

- -javaagent:jarpath[=options]

加载一个 Java 编程语言代理。

- -verbose:class

显示所有加载的每个类的信息,-verbose:class 选项与-verbose 功能一样。

- -verbose:gc

报告每一个垃圾回收事件。

- -verbose:jni

报告使用本机方法和其他 Java Native Interface 活动的信息。

- -version

显示 JRE 版本信息并退出。

- -showversion

显示 JRE 版本信息并继续。

- -help

显示用法信息并退出,-help 选项也可以缩写成"-?"。

2. 非标准选项

- -X

显示非标准选项的信息并退出。

- -Xint

仅以解释模式运行(Interpret-Only)。本机代码的编译被禁用,并且所有字节码均由翻译器来执行,无法享受到 Java HotSpot VM 的自适应编译器带来的好处。

● -Xbatch

禁用后台编译,以便所有方法的编译都作为前台任务来执行,直到其完成为止。如果无此选项,VM 会将该方法作为一个后台任务进行处理,并且以解释模式运行该方法,直到后台编译完成。

● -Xbootclasspath:bootclasspath

指定要在其中查找启动类文件的一系列目录、jar 文件和 zip 文件夹。条目之间使用英文的分号";"间隔。

● -Xbootclasspath/a:path

指定一系列要添加到默认启动类路径中的目录、jar 文件和 zip 文件夹。条目之间使用英文的分号";"间隔。

● -Xcheck:jni

执行对 Java Native Interface(JNI)功能的额外查找。尤其是 Java Virtual Machine 在处理 JNI 请求之前,先验证传递给 JNI 功能的参数,以及运行时环境数据。如果遇到任何无效的数据,即表示本机代码有问题,在这种情况下,JVM 就会以一个致命的错误而结束。使用该选项必然会导致性能受损。

● -Xfuture

执行严格的类文件格式检查。为了能够向后兼容,由 Java 2 SDK 的虚拟机执行的默认格式检查,不如 JDK1.1X 执行的检查严格。-Xfuture 选项启用更加严格的类文件格式检查,强制更加严格的遵守类文件格式规范。提倡使用该标记,因为更严格的检查在 Java 应用程序启动器未来的版本中将会成为默认特性。

● -Xnoclassgc

禁用类垃圾收集。

● -Xincgc

启用增量垃圾收集。增量垃圾收集默认是关闭的,增量垃圾收集有时会与程序同时执行,因此会减少程序可用的处理器能力。

● -Xloggc:file

与-verbose:gc 一样,报告每一次垃圾收集事件,但-Xloggc:file 选项将数据记录到文件中。除了-verbose:gc 提供的信息之外,从第一个垃圾收集事件开始,所报告的每一次事件都将提前(默认是以秒为单位)。-Xloggc:file 选项总是用本机文件系统来保存这个文件,以避免因网络等待时间而延迟 JVM。当文件系统已经满时,文件可能会缩短,并且会继续在缩短的文件中记录日志。如果-Xloggc:file 选项与-verbose:gc 同时存在,则前者会覆盖后者选项。

● -Xmsn

指定内存分配池的初始大小(以字节为单位)。初始值必须大于 1MB,并且是 1024 的倍数。在后面添加 k 或 K 表示千字节位,m 或 M 则表示兆字节位。默认值为 2MB。例如:

```
- Xms6291456
- Xms6144K
- Xms6m
```

- -Xmxn

指定内存分配池的最大尺寸(以字节为单位)。最大尺寸必须大于 2MB,并且是 1024
的倍数。例如:

```
- Xmx83880000
- Xmx8192k
- Xms86M
```

- -Xprof

对正在运行的程序进行剖析,并将剖析数据发送到标准的输出。这个选项在程序开发
中进行问题剖析很有用,但不应该用在正式的生产环境中。

- -Xrunhprof[:help][:< suboption >=< value >,…]

启用中央处理器(CPU)、堆(heap)或者显示器(monitor)剖析。这个选项后面通常跟一
个以逗号分隔的"< suboption >=< value >"选项值对列表。

可以通过运行命令"java - Xrunhprof:help"来列出一个子选项列表及默认值。

- -Xrs

减少 Java 虚拟机(JVM)对操作系统信号的使用。

- -Xssn

设置 Java 线程栈大小。

- -XX:+UseAltSigs

JVM 默认使用 SIGUSR1 和 SIGUSR2,有时会与信号链 SIGUSR1 和 SIGUSR2 的应
用程序发生冲突。这个选项会导致 JVM 使用 SIGUSR1 和 SIGUSR2 之外的信号作为默
认值。

附录 D

jar 包

jar 是 Java archive 的简称，是将 Java 类文件和其他相关资源打包成一个 jar 文件的一种工具。jar 工具在 JDK 中，创建的初衷是为了让 Applet 类及其他相关资源能够与一个 HTTP 请求一起下载。在过去，jar 不仅是打包 Applet 的工具，还是打包任何 Java 类的最好方法。

jar 格式是基于 zip 格式的，因此可以将一个 jar 文件的扩展名改为 .zip，并用 ZIP 查看器来查看。jar 文件也可以包含保存包和扩展配置数据的 META-INF 目录，包括安全、版本、扩展和服务。jar 也是唯一允许对代码进行数字签名的格式。

D.1 jar 命令语法

可以利用 jar 来创建、更新、解压缩和列出 jar 文件的内容。jar 命令的语法格式如下所示。

【语法】 创建 jar 文件

```
jar c[v0M]f jarFile [ - C dir] inputFiles [ - Joption]
jar c[v0]mf manifest jarFile [ - C dir] inputFiles [ - Joption]
jar c[v0M] [ - C dir] inputFiles [ - Joption]
jar c[v0]m manifest [ - C dir] inputFiles [ - Joption]
```

【示例】 将当前目录中的所有目录和文件都打包成一个名为 MyJar.jar 的文件中

```
jar cf MyJar.jar *
```

【语法】 更新 jar 文件

```
jar u[v0M]f jarFile [ - C dir] inputFiles [ - Joption]
jar u[v0]mf manifest jarFile [ - C dir] inputFiles [ - Joption]
jar u[v0M] [ - C dir] inputFiles [ - Joption]
jar u[v0]m manifest [ - C dir] inputFiles [ - Joption]
```

【示例】 更新 MyJar.jar 文件，将 MathUtil.class 类添加到该 jar 文件中

```
jar uf MyJar.jar MathUtil.class
```

【语法】 解压缩 **jar** 文件

```
jar x[v]f jarFile [inputFiles] [ – Joption]
jar x[v] [inputFiles] [ – Joption]
```

【示例】 解压缩 **MyJar. jar** 文件中的所有文件到当前目录中

```
jar xf MyJar.jar
```

【语法】 列出 **jar** 文件内容

```
jar t[v]f jarFile [inputFiles] [ – Joption]
jar t[v] [inputFiles] [ – Joption]
```

【示例】 列出 **MyJar. jar** 文件的内容

```
jar tf MyJar.jar
```

【语法】 将索引添加到 **jar** 文件中

```
jar i jarFile [ – Joption]
```

【示例】 将 **INDEX. LIST** 索引文件添加到 **MyJar. jar** 文件中

```
jar I MyJar.jar
```

参数介绍如下:
- cuxtivoMmf 是控制 jar 命令的选项,这些选项的详细说明参见 D. 2 节。
- jarFiles 是要创建、更新、解压缩的 jar 文件,可以查看 jar 文件的内容,或者给该文件添加索引。默认为 f 选项时,jarFile 表示接收来自标准输入的输入(在解压缩和查看内容时),或者将输出发送到标准的输出(用来创建和更新)。
- inputFiles 是要压缩成 jar 文件(在创建和更新时),或者要从 jarFile 中解压缩或者列出的文件或者目录,文件间用空格进行间隔。所有的目录都会递归处理。除非使用选项 0,否则会压缩该文件。
- manifest 是预先存在的文件清单,其 name:value 对包含在 jar 文件的 MANIFEST. MF 中的那些。选项 m 和 f 在 manifest 和 jarFile 中出现的顺序必须相同。
- -C dir 在处理后面的 inputFiles 参数时,暂时将目录改为 dir。允许设置多个-C dir inputFiles。
- -Joption 要传递到 Java 运行时环境的选项,注意-J 和 option 之间不能有空格。

D.2 选项

可以在 jar 命令中使用的选项如下:
- c 表示调用 jar 命令,以创建一个新的 jar 文件。
- u 表示调用 jar 命令,以更新指定的 jar 文件。
- x 表示调用 jar 命令,以解压缩指定的 jar 文件;如果有 inputFiles,那么将只解压缩那些指定的文件和目录,否则将解压缩所有的文件和目录。

- t 表示调用 jar 命令,以列出指定 jar 文件的内容;如果有 inputFiles,那么将只列出那些指定的文件和目录,否则将列出所有的文件和目录。
- i 为指定的 jarFile 及其依赖的 jar 文件生成索引信息。
- f 指定要创建、更新、解压缩、索引或者查看的 jarFile 文件。
- v 在标准输出中生成详细输出。
- 0 是一个零,表示该文件应该不压缩就进行保存。
- M 表示不应该为了创建和更新而创建一个清单文件条目,该选项告诉 jar 工具要删除更新期间的任何清单。
- m 将指定清单文件中的 name:value 属性对放在清单文件 META-INF/MANIFEST. MF 中;除非已经存在同名的 name:value 对,否则会进行添加;如果已经存在,则其值会被更新。
- -C dir 更改为指定的目录并包含其中的文件,如果有任何目录文件,则对其进行递归处理。
- -Joption 将选项传递给 Java 运行时环境,该选项时 Java 应用启动程序参考页面中所描述的选项之一,例如,-J-Xmx32M 将最大内存设置为 32MB。

D.3　设置应用程序的入口点

Java 工具允许在一个 jar 文件中调用一个类,其语法如下所示:

```
java - jar jarFile
```

为了让 Java 能够调用正确的类,需要将具有以下入口的清单放在 jar 文件中:

```
Main - Class:className
```

静态自由块通常用于初始化静态变量，也可以进行其他初始化操作。其语法格式如下：

【语法】

```
static {
//...任意代码
}
```

静态自由块可以看成一个特殊的方法，这个方法没有方法名，没有输入参数，没有返回值，不能进行方法的调用，但是当类被加载到 JVM 中时，静态代码块开始执行。示例代码如下：

【示例】 静态块

```
public class MyCount {
    private static int countNum;
    static {
        System.out.println("静态块被执行!");
        countNum = 1;
    }
    public static int getTotalCount() {
        return countNum;
    }
    public static void main(String[] args) {
        System.out.println("countNum 的值为：" + getTotalCount());
    }
}
```

上述代码定义了一个静态 int 类型变量 countNum，然后在 static 自由块中初始化这个变量。运行结果如下所示：

```
静态块被执行!
countNum 的值为：1
```

从运行结果可以分析出，当 MyCount 类被加载时，static 静态代码块执行，并且输出结果。

附录 F

常用的类

类 名	常用方法和属性	描 述
System	currentTimeMillis()	返回以毫秒为单位的当前时间
	exit(int status)	终止当前正在运行的 Java 虚拟机
	gc()	运行垃圾回收器
	getProperties()	确定当前的系统属性
	setProperties(Properties props)	将系统属性设置为 Properties 参数
	in	"标准"输入流
	out	"标准"输出流
	err	"标准"错误输出流
Math	abs(double a)	返回 double 值的绝对值；该方法重载，也可以对 float、int、long 等类型进行操作
	exp(double a)	返回欧拉数 e 的 double 次幂的值
	floor(double a)	返回最大的(最接近正无穷大)double 值,该值小于等于参数,并等于某个整数
	max(double a, double b)	返回两个 double 值中较大的一个；该方法重载,也可以对 float、int、long 等类型进行操作
	min(double a, double b)	返回两个 double 值中较小的一个；该方法重载,也可以对 float、int、long 等类型进行操作
	pow(double a, double b)	返回第一个参数的第二个参数次幂的值
	random()	返回带正号的 double 值,该值大于等于 0.0 且小于 1.0
	round(double a)	返回最接近参数的 long；该方法重载,也可以对 float 类型进行操作
	sqrt(double a)	返回正确舍入的 double 值的正平方根
	log(double a)	返回 double 值的自然对数(底数是 e)
	log10(double a)	返回 double 值的底数为 10 的对数
	cos(double a)	返回角的三角余弦
	sin(double a)	返回角的三角正弦
	tan(double a)	返回角的三角正切
	toDegrees(double angrad)	将用弧度表示的角转换为近似相等的用角度表示的角
	toRadians(double angdeg)	将用角度表示的角转换为近似相等的用弧度表示的角
	E	比任何其他值都更接近 e(自然对数的底数)的 double 值
	PI	比任何其他值都更接近 pi(即圆的周长与直径之比)的 double 值

类　名	常用方法和属性	描　述
Scanner	hasNext()	如果此扫描器的输入中有另一个标记,则返回 true
	next()	查找并返回来自此扫描器的下一个完整标记
	useDelimiter(Pattern pattern)	将此扫描器的分隔模式设置为指定模式
	nextBigDecimal()	将输入信息的下一个标记扫描为一个 BigDecimal
	nextBoolean()	扫描解释为一个布尔值的输入标记并返回该值
	nextByte()	将输入信息的下一个标记扫描为一个 byte
	nextDouble()	将输入信息的下一个标记扫描为一个 double
	nextFloat()	将输入信息的下一个标记扫描为一个 float
	nextInt()	将输入信息的下一个标记扫描为一个 int
	nextShort()	将输入信息的下一个标记扫描为一个 short
	nextLong()	将输入信息的下一个标记扫描为一个 long
	nextLine()	此扫描器执行当前行,并返回跳过的输入信息
	reset()	重置此扫描器
	skip(String pattern)	跳过与从指定字符串构造的模式匹配的输入信息
	match()	返回此扫描器所执行的最后扫描操作的匹配结果
Arrays	binarySearch (double [ ] a, double key)	使用二分搜索法来搜索指定的 double 型数组,以获得指定的值;该方法被重载,可以对 byte、char、float、int、long、short、Object 等数据类型进行操作
	binarySearch (double[] a, int fromIndex, int toIndex, double key)	使用二分搜索法来搜索指定的 double 型数组的范围,以获得指定的值;该方法被重载,可以对 byte、char、float、int、long、short、Object 等数据类型进行操作
	copyOf(double[] original, int newLength)	复制指定的数组,截取或使用 0 填充(如有必要),以使副本具有指定的长度;该方法被重载,可以对 boolean、byte、char、float、int、long、short、Object 等数据类型进行操作
	copyOfRange(double[] original, int from, int to)	将指定数组的指定范围复制到一个新数组;该方法被重载,可以对 boolean、byte、char、float、int、long、short、Object 等数据类型进行操作
	sort(double[] a)	对指定的 double 型数组按数字升序进行排序;该方法被重载,可以对 byte、char、float、int、long、short、Object 等数据类型进行操作
	sort(double[] a, int fromIndex, int toIndex)	对指定 double 型数组的指定范围按数字升序进行排序;该方法被重载,可以对 byte、char、float、int、long、short、Object 等数据类型进行操作
	toString(double[] a)	返回指定数组内容的字符串表示形式;该方法被重载,可以对 byte、char、float、int、long、short、Object 等数据类型进行操作

续表

类 名	常用方法和属性	描 述
Collections	addAll(Collection <? super T > c, T... elements)	将所有指定元素添加到指定 collection 中
	max(Collection <? extends T > coll)	根据元素的自然顺序,返回给定 collection 的最大元素
	min(Collection <? extends T > coll)	根据元素的自然顺序,返回给定 collection 的最小元素
	replaceAll(List < T > list, T oldVal, T newVal)	使用另一个值替换列表中出现的所有某一指定值
	reverse(List <?> list)	反转指定列表中元素的顺序
	sort(List < T > list)	根据元素的自然顺序,对指定列表按升序进行排序
	sort(List < T > list, Comparator <? super T > c)	根据指定比较器产生的顺序对指定列表进行排序
	swap(List <?> list, int i, int j)	在指定列表的指定位置处交换元素

ASCII 表

ASCII 值	控制字符	ASCII 值	控制字符	ASCII 值	控制字符	ASCII 值	控制字符
0	NUT	32	（space）	64	@	96	、
1	SOH	33	！	65	A	97	a
2	STX	34	”	66	B	98	b
3	ETX	35	♯	67	C	99	c
4	EOT	36	$	68	D	100	d
5	ENQ	37	％	69	E	101	e
6	ACK	38	&.	70	F	102	f
7	BEL	39	,	71	G	103	g
8	BS	40	（	72	H	104	h
9	HT	41	）	73	I	105	i
10	LF	42	＊	74	J	106	j
11	VT	43	＋	75	K	107	k
12	FF	44	,	76	L	108	l
13	CR	45	—	77	M	109	m
14	SO	46	.	78	N	110	n
15	SI	47	/	79	O	111	o
16	DLE	48	0	80	P	112	p
17	DCI	49	1	81	Q	113	q
18	DC2	50	2	82	R	114	r
19	DC3	51	3	83	S	115	s
20	DC4	52	4	84	T	116	t
21	NAK	53	5	85	U	117	u
22	SYN	54	6	86	V	118	v
23	TB	55	7	87	W	119	w
24	CAN	56	8	88	X	120	x
25	EM	57	9	89	Y	121	y
26	SUB	58	:	90	Z	122	z
27	ESC	59	;	91	〔	123	{
28	FS	60	＜	92	/	124	|
29	GS	61	＝	93	〕	125	}
30	RS	62	＞	94	^	126	～
31	US	63	?	95	—	127	DEL

表中的标识含义如下：

NUL 空	VT 垂直制表	SYN 空转同步
SOH 标题开始	FF 走纸控制	ETB 信息组传送结束
STX 正文开始	CR 回车	CAN 作废
ETX 正文结束	SO 移位输出	EM 纸尽
EOY 传输结束	SI 移位输入	SUB 换置
ENQ 询问字符	DLE 空格	ESC 换码
ACK 承认	DC1 设备控制1	FS 文字分隔符
BEL 报警	DC2 设备控制2	GS 组分隔符
BS 退一格	DC3 设备控制3	RS 记录分隔符
HT 横向列表	DC4 设备控制4	US 单元分隔符
LF 换行	NAK 否定	DEL 删除

图 书 资 源 支 持

感谢您一直以来对清华版图书的支持和爱护。为了配合本书的使用，本书提供配套的资源，有需求的读者请扫描下方的"书圈"微信公众号二维码，在图书专区下载，也可以拨打电话或发送电子邮件咨询。

如果您在使用本书的过程中遇到了什么问题，或者有相关图书出版计划，也请您发邮件告诉我们，以便我们更好地为您服务。

我们的联系方式：

地　　址：北京海淀区双清路学研大厦 A 座 707

邮　　编：100084

电　　话：010－62770175－4604

资源下载：http://www.tup.com.cn

电子邮件：weijj@tup.tsinghua.edu.cn

QQ：883604(请写明您的单位和姓名)

用微信扫一扫右边的二维码，即可关注清华大学出版社公众号"书圈"。

资源下载、样书申请

书 圈